# SSM（Spring+SpringMVC+MyBatis）轻量级框架应用开发和项目实战

赵昕晖 蒙 杰 刘 勇 杨生举 ◎ 著

科学技术文献出版社
SCIENTIFIC AND TECHNICAL DOCUMENTATION PRESS
·北京·

图书在版编目（CIP）数据

SSM（Spring+SpringMVC+MyBatis）轻量级框架应用开发和项目实战 / 赵昕晖等著. —北京：科学技术文献出版社，2023.11
 ISBN 978–7–5235–1115–2

Ⅰ.①S… Ⅱ.①赵… Ⅲ.① JAVA 语言—程序设计 Ⅳ.① TP312.8

中国国家版本馆 CIP 数据核字（2023）第 245174 号

## SSM（Spring+SpringMVC+MyBatis）轻量级框架应用开发和项目实战

策划编辑：魏宗梅　责任编辑：李　鑫　责任校对：王瑞瑞　责任出版：张志平

| | |
|---|---|
| 出 版 者 | 科学技术文献出版社 |
| 地　　　址 | 北京市复兴路15号　邮编 100038 |
| 出 版 部 | （010）58882941，58882087（传真） |
| 发 行 部 | （010）58882868，58882870（传真） |
| 邮 购 部 | （010）58882873 |
| 官 方 网 址 | www.stdp.com.cn |
| 发 行 者 | 科学技术文献出版社发行　全国各地新华书店经销 |
| 印 刷 者 | 北京厚诚则铭印刷科技有限公司 |
| 版　　　次 | 2023 年 11 月第 1 版　2023 年 11 月第 1 次印刷 |
| 开　　　本 | 787×1092　1/16 |
| 字　　　数 | 475千 |
| 印　　　张 | 21.75 |
| 书　　　号 | ISBN 978–7–5235–1115–2 |
| 定　　　价 | 78.00元 |

版权所有　违法必究

购买本社图书，凡字迹不清、缺页、倒页、脱页者，本社发行部负责调换

# 前 言

随着 Web 应用的规模、复杂度不断升级，对软件基础架构的复用性、敏捷性、可靠性都提出了更高要求，通过集成整合主流开发框架，并基于轻量级复合框架技术开发 Web 应用，已成为软件行业的主要技术和重点研究领域。Spring 以其完整的生态架构、稳定的性能、良好的扩展性及严格的安全性，在轻量级 Java EE 企业开发平台中占绝对优势。本书重点介绍目前 Java 领域广泛使用的 SSM（Spring+SpringMVC+MyBatis）轻量级 Web 框架，深入剖析了 Spring、SpringMVC 和 MyBatis 的核心技术和整合应用，在讲解知识点的同时配以大量案例，旨在为读者学习和使用 SSM 框架提供指导和参考。

本书以实际应用为导向，取舍明确、重点突出、案例丰富、内容全面，共分为 9 个章节，主要内容如下。

第一章 Java EE 应用概述，主要对 Java EE 的发展历程、体系结构和核心技术进行了系统阐述。

第二章软件框架，重点对软件框架的特点、使用软件框架的好处、轻量级软件框架与重量级软件框架的区别等进行了论述。

第三章 Spring 框架详解，详细介绍了 Spring 的优点和整体架构，以及 Spring IoC 容器、Spring 依赖注入、Spring Beans 自动装配、Spring 基于注解的配置、Spring AOP、Spring 事务管理等核心模块的基础知识和技术原理。

第四章 SpringMVC 框架详解，主要对 SpringMVC 框架的总体架构和工作流程、详细配置、注解及示例、标签库、拦截器、重定向和转发、文件上传和下载等内容进行了详细介绍。

第五章 MyBatis 框架详解，主要对 MyBatis 框架的总体架构和工作流程、XML 配置文件、注解和示例、动态 SQL、关联查询、事务管理、缓存，以及 Spring 与 MyBatis 的集成整合等内容进行了系统讲解。

第六章 Java EE 轻量级集成框架，系统介绍了 SSH（Struts+Spring+Hibernate）框架的主要特点和工作原理、SSM（Spring+SpringMVC+MyBatis）框架的总体配置和主要优势、SSH 框架和 SSM 框架的对比分析，以及全新框架 SpringBoot 的整体情况和核心功能。

第七、第八、第九章主要从系统功能设计、业务流程设计、数据库设计、系统实现、系统安全等方面对精选的 3 个项目案例进行了详细介绍。

本书第一章 1.1、1.2、1.3、1.4、1.5、1.6，第二章 2.1、2.2、2.3、2.4、2.5，第三章 3.9、3.10、3.11，第八章 8.3、8.4，第九章 9.1、9.2 由赵昕晖编写（约 13 万字）；第三章 3.5、

3.6、3.7、3.8，第四章4.4、4.5、4.6、4.7、4.8、4.9，第五章5.7、5.8，第六章6.1、6.2，第七章7.5、7.6、7.7由蒙杰编写（约12万字）；第一章1.7、1.8、1.9、1.10，第三章3.1、3.2、3.3、3.4，第四章4.1、4.2、4.3，第五章5.1、5.2、5.3、5.4、5.5、5.6，第六章6.3、6.4，第九章9.3、9.4由刘勇编写（约12万字）；第四章4.10、4.11、4.12，第五章5.9、5.10、5.11、5.12、5.13，第七章7.1、7.2、7.3、7.4，第八章8.1、8.2，第九章9.5、9.6由杨生举编写（约11万字）。

编写者赵昕晖，副研究员，具有十多年的软件设计与研发经历。编写者蒙杰，硕士研究生，高级工程师，信息系统项目管理师，具有丰富的Java理论知识和项目开发经验。编写者刘勇，硕士研究生，研究员，负责多项软件系统的总体设计和业务指导。编写者杨生举，硕士研究生，研究员，主持和参与多项软件开发项目。

本书的出版得到了甘肃省科学技术情报研究所的资助和大力支持，在此表示衷心的感谢。

受限于学识水平和知识范围，本书难免有疏漏和不足之处，恳请各位专家、读者批评指正。

# 目 录

## 第一章 Java EE 应用概述 .................................................. 1
1.1 认识 Java EE ............................................................. 1
1.2 Java EE 的产生与发展 ................................................... 1
1.3 Java EE 应用架构的分层 ................................................. 3
1.4 Java EE 核心技术和核心规范 ............................................. 4
1.5 Java EE 组件、服务和 API ............................................... 5
1.6 Java EE 多层体系结构 ................................................... 9
1.7 Java EE 应用的组件 ..................................................... 9
1.8 Java EE 应用的结构和优势 .............................................. 10
1.9 Java EE 和 Java Web 的区别 ............................................ 11
1.10 J2EE 与 .NET 比较 .................................................... 12

## 第二章 软件框架 ........................................................ 13
2.1 什么是框架？ .......................................................... 13
2.2 什么是软件框架？ ...................................................... 13
2.3 为什么要使用软件框架？ ................................................ 14
2.4 软件框架的特点 ........................................................ 14
2.5 轻量级框架与重量级框架 ................................................ 14

## 第三章 Spring 框架详解 ................................................. 17
3.1 什么是 Spring？ ....................................................... 17
3.2 Spring 的优点 ......................................................... 18
3.3 Spring 整体架构 ....................................................... 18
3.4 Spring 快速入门 ....................................................... 20
3.5 Spring IoC 容器 ....................................................... 23
3.6 Spring 依赖注入（DI） ................................................. 39
3.7 Spring Beans 自动装配 ................................................. 49

- 1 -

3.8　Spring 基于注解的配置 ............................................................. 54
3.9　SpringAOP ............................................................................... 61
3.10　Spring JDBC 框架 ................................................................. 73
3.11　Spring 事务管理 ..................................................................... 80

# 第四章　SpringMVC 框架详解 ............................................................. 93

4.1　SpringMVC 简介 ...................................................................... 93
4.2　SpringMVC 快速入门 .............................................................. 94
4.3　SpringMVC 工作流程 ............................................................ 101
4.4　SpringMVC 的特性 ................................................................ 102
4.5　SpringMVC 三大组件 ............................................................ 103
4.6　SpringMVC 注解 .................................................................... 111
4.7　SpringMVC 重定向和转发 .................................................... 120
4.8　SpringMVC 类型转换器与数据格式化 ................................ 121
4.9　SpringMVC 标签库 ................................................................ 131
4.10　SpringMVC JSON 数据交互 ............................................... 136
4.11　SpringMVC 拦截器 .............................................................. 143
4.12　SpringMVC 文件上传和下载 .............................................. 150

# 第五章　MyBatis 框架详解 .................................................................. 165

5.1　MyBatis 概述 ......................................................................... 165
5.2　MyBatis 架构设计 ................................................................. 165
5.3　MyBatis 入门 ......................................................................... 166
5.4　MyBatis 工作流程 ................................................................. 173
5.5　MyBatis 核心对象 ................................................................. 174
5.6　MyBatis 的 XML 配置文件 ................................................... 175
5.7　MyBatis 的 SQL 映射文件 .................................................... 184
5.8　MyBatis 开发 DAO 层的两种方式 ....................................... 202
5.9　MyBatis 的动态 SQL ............................................................. 215
5.10　MyBatis 关联查询 ................................................................ 220
5.11　MyBatis 事务管理 ................................................................ 229
5.12　MyBatis 缓存 ........................................................................ 236
5.13　MyBatis 整合 Spring ............................................................ 243

## 第六章　Java EE 轻量级集成框架 ... 253

### 6.1　SSH 集成框架 ... 253
### 6.2　SSM 集成框架 ... 263
### 6.3　SSH 和 SSM 对比 ... 271
### 6.4　SpringBoot 框架 ... 274

## 第七章　SSM 框架实战项目之一：科技项目管理信息系统 ... 283

### 7.1　系统简介 ... 283
### 7.2　系统建设背景分析 ... 283
### 7.3　系统建设目标 ... 283
### 7.4　需求分析 ... 284
### 7.5　技术路线 ... 292
### 7.6　系统设计 ... 293
### 7.7　系统实现 ... 303

## 第八章　SSM 框架实战项目之二：科技报告管理系统 ... 311

### 8.1　系统简介 ... 311
### 8.2　系统设计 ... 311
### 8.3　系统实现 ... 315
### 8.4　核心代码 ... 319

## 第九章　SSM 框架实战项目之三：科技专家库管理信息系统 ... 323

### 9.1　系统简介 ... 323
### 9.2　系统设计 ... 323
### 9.3　系统实现 ... 327
### 9.4　系统安全 ... 333
### 9.5　系统部署 ... 333
### 9.6　核心代码 ... 334

## 参考文献 ... 338

# 第一章 Java EE 应用概述

## 1.1 认识 Java EE

Java EE（Java enterprise edition）是 Java 平台上的企业级 Web 应用解决方案，用于开发和运行可移植、可扩展且安全健壮的服务器端应用程序和服务。Java EE 是在 Java SE（Java standard edition）的基础上构建的，提供 Web 服务、组件模型、管理和通信 API 等一系列符合相关标准的组件和服务，可以实现企业级面向服务的体系结构（service-oriented architecture，SOA）和 Web 应用程序。

## 1.2 Java EE 的产生与发展

在 1999 年 6 月的 JavaOne 年会上，时任 Sun 公司 Java 企业开发部门主管 Mala Chandra 兴奋地预告了 Java 世界的新成员——J2EE。J2EE 因具有多层企业开发架构、以容器和组件形式提供服务、厂商中立的开放技术规范、对开发者隐藏了不同平台和中间件、实现了企业级应用间的"无缝集成"等特点，受到软件开发人员的极大关注。

对于厂商而言，J2EE 意味着一套开放标准，加入这个标准，他们的产品就可以在各种不同的操作系统和工作环境中运行，成为成熟企业运算体系可替换的部件。对于开发者来说，J2EE 是一套现成的解决方案，采用这套方案，企业应用开发中的很多技术难题就会迎刃而解，"信息像一条不间断的河流，经过各种各样的平台和设备，从企业应用系统的一端流向另一端"。首先，它为 Java 企业开发提供了一幅清晰的全景，各项分支技术在这个领域中的地位和作用得到了客观、准确的定义。至此大家才对一个 Java 企业解决方案的构成要素有了基本共识。另外，它使用容器、组件等概念描绘了 Java 企业系统的一般架构，明确地划分了中间件厂商和应用开发者的职责所在。最后，J2EE 通过一套公开标准规定了应用服务器产品的具体行为，在执行此标准的厂商产品之间实现了一定程度的可替换性和互操作性。

Java EE 发展历程如下。

1999 年 12 月 7 日发布了 J2EE 1.2 版本，这也是 Java 企业级规范的第一个版本。Java 从一种语言发展成为一种开发平台，出现 Sun ONE 体系结构，以 Java 语言为核心，包括以下 3 个版本：J2SE（Java 2 platform, standard edition），该平台中包含核心 Java 类和 GUI 类；J2EE（Java 2 platform, enterprise edition），该包中包含开发 Web 应用程序所需的类和接口，有 Servlet、JavaServer Page 及 Enterprise JavaBean 等；J2ME（Java 2 platform, Micro edition)，该包体现了 Java 的传统优势，为消费类产品提供了一个已优化的运行环

境，用于传呼机、手机或汽车导航系统等。

2001年8月22日发布了J2EE 1.3版本，主要包含Applet容器、Application Client容器、Web容器、EJB容器，以及Web Component、EJB Component、Application Client Component等组件，引入了Java消息服务（定义了JMS的一组API）、J2EE连接器技术（定义了扩展J2EE服务到非J2EE应用程序的标准）及XML解析器的一组Java API。

2003年11月24日发布了J2EE 1.4版本，增加了对Web服务的支持，主要是Web Service、JAX-RPC、SAAJ、JAXR，还对EJB的消息传递机制进行了完善（EJB2.1），同时新版本的Servlet 2.4和JSP 2.0使得Web应用更容易。

2006年12月11日，Sun公司正式发布了Java SE6.0。此时，对Java各种版本进行了更名，取消其中的数字"2"。J2EE更名为Java EE，J2SE更名为Java SE，J2ME更名为Java ME。Java SE 6.0不仅在性能、易用性方面得到了前所未有的提高，而且还提供了如脚本、全新的API（Swing和AWT等API已经被更新）支持。

Java EE是J2EE的一个新的名称，之所以改名是为了让大家清楚J2EE只是Java企业应用，需要一个跨J2SE/WEB/EJB的微容器来保护业务核心组件（中间件），而不是依赖J2SE/J2EE版本。

2011年7月28日，Oracle公司发布了Java SE 7，也是Sun被Oracle收购以来发行的第一个版本。Java SE 7引入了二进制整数、支持字符串的Switch语句、棱形语法、多异常捕抓、自动关闭资源，新的垃圾回收机制等新特性。同时Java SE 7的虚拟机对多种动态程序语言增加了支持，如Rubby、Python等，极大地提升了Java虚拟机的能力。

2013年6月15日，Java EE 7正式发布，Java EE 7扩展了Java EE 6，利用更加透明的JCP和社区参与来引入新功能，主要包括加强对HTML5动态可伸缩应用程序的支持、提高开发人员的生产力和满足苛刻的企业需求。

2017年11月，Oracle公司宣布将Java EE移交给开源组织Eclipse基金会。随后，Eclipse基金会开源项目总监Wayne Beaton在GitHub上公开表示，Java EE项目需要新社区提供一组新的规范名称，于是Eclipse基金会选出了"Jakarta EE"和"Enterprise Profile"两个后续备选名，最终Jakarta EE以64.4%的票数获胜，Eclipse基金会宣布：Java EE正式更名为Jakarta EE。

2019年9月10日，Eclipse基金会发布了Jakarta EE 8的完整平台、Web配置规范及相关兼容套件（TCK）的完全开源。Jakarta EE 8规范与Java EE 8规范完全兼容，Jakarta EE 8同样包含了Java开发者一贯使用的编程模型中的API和Javadoc。Jakarta EE 8 TCK与Java EE 8 TCK也是完全兼容的，意味着企业版用户不用对程序做任何修改就可以将项目迁移到Jakarta EE 8上。

2020年6月23日，开源软件基金会（Eclipse Foundation）在线召开Jakarta EE 9里程碑发布会，正式发布Jakarta EE 9的第一个里程碑版本。为支持Jakarta EE 9的发布，自2019年12月开始，平台及组件更新了版本，命名空间从javax.*变更为jakarta.*。Jakarta EE 9版本也标志着Jakarta EE平台实现了从Java EE的最终转变，将使数百万的Java EE

开发人员能够利用 Jakarta EE 将其 Java 基础架构的关键任务迁移到开放的云原生世界。

2022 年 9 月 22 日，Jakarta EE 10 发布，Jakarta EE 10 引入跨 Jakarta EE 技术（如 Jakarta EE Platform、Web 和新的 Core Profile）构建现代化、简化和轻量级云原生 Java 应用程序新的功能。Jakarta EE 10 是现代微服务和容器时代 Jakarta EE 的大版本，通过版本更新在 20 多个组件规范中提供了新功能，主要包括 Jakarta Contexts and Dependency Injection、Jakarta RESTful Web 服务、Jakarta Security、OpenID Connect 和 Jakarta Persistence 等，同时增加了新的 Core Profile，作为现有平台和 Web Profile 的补充。

## 1.3　Java EE 应用架构的分层

Java EE 应用架构大致可分为如下几层。

①领域对象（domain object）层：此层由一系列的 POJO（Plain Old Java Object，普通的、传统的 Java 对象）组成，这些对象是该系统的 Domain Object，往往包含各自所需实现的业务逻辑方法。

②数据访问对象（data access object，DAO）层：此层由一系列的 DAO 组件组成，这些 DAO 实现了对数据库的创建、查询、更新和删除（CRUD) 等原始操作。

提示：在经典 Java EE 应用中，DAO 层也被称为 EAO 层，EAO 层组件的作用与 DAO 层组件的基本相似。只是 EAO 层主要完成对实体（entity) 的 CRUD 操作，因此简称为 EAO 层。

③业务逻辑层：此层由一系列的业务逻辑对象组成，这些业务逻辑对象实现了系统所需的业务逻辑方法。这些业务逻辑方法可能仅仅用于暴露 Domain Object 对象所实现的业务逻辑方法，也可能是依赖 DAO 组件实现的业务逻辑方法。

④MVC 的控制器层：此层由一系列控制器组成，这些控制器用于拦截用户请求，并调用业务逻辑组件的业务逻辑方法，处理用户请求，并将处理结果转发至不同表现层的组件。

⑤表现层：此层由一系列的 JSP 页面、velocity 页面、PDF 文档视图组件组成，负责收集用户请求，并显示处理结果。

Java EE 应用架构的分层模型如图 1-1 所示。

各层的 Java EE 组件之间以松耦合的方式耦合在一起，各组件并不以硬编码方式耦合，是为了应用后的扩展性。从上向下，上面组件的实现依赖下面组件的功能；从下向上，下面组件支持上面组件的实现。

至于以 EJB3、JPA 为核心的 Java EE 应用的结构，与图 1-1 的应用结构大致相似，只是它的 DAO 层（一般称为 EAO 层）组件、业务逻辑层组件都由 EJB 充当。

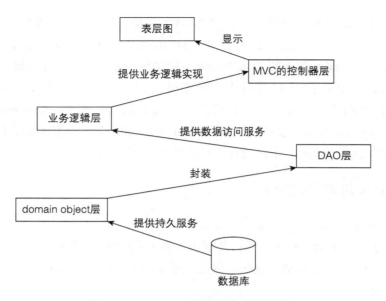

图 1-1　Java EE 应用架构的分层模型

## 1.4　Java EE 核心技术和核心规范

### 1.4.1　Java EE 核心技术

　　Java EE 组成了一个完整企业级应用的不同部分纳入不同的容器（container），每个容器中都包含若干组件（这些组件是需要部署在相应容器中的），同时各种组件都能使用不同类型的 J2EE Service/API。Java EE 核心技术结构如图 1-2 所示。

　　① Web 容器。服务器端容器，包括两种组件 JSP 和 Servlet，JSP 和 Servlet 都是 Web 服务器的功能扩展，接受 Web 请求，返回动态的 Web 页面。Web 容器中的组件可使用 EJB 容器中的组件完成复杂的商务逻辑。

　　② EJB 容器。服务器端容器，包含的组件为 EJB（enterprise java beans），它是 J2EE 的核心之一，主要用于服务器端的商业逻辑实现。EJB 规范定义了一个开发和部署分布式商业逻辑的框架，以简化企业级应用的开发，使其较容易地具备可伸缩性、可移植性、分布式事务处理、多用户和安全性等。

　　③ Applet 容器。客户端容器，包含的组件为 Applet。Applet 是嵌在浏览器中的一种轻量级客户端，一般而言，仅当使用 Web 页面无法充分地表现数据或应用界面时，才使用它。Applet 是一种替代 Web 页面的手段，我们仅能够使用 J2SE 开发 Applet，为了安全性考虑，Applet 无法使用 J2EE 的各种 Service 和 API。

　　④ Application Client 容器。客户端容器，包含的组件为 Application Client。Application Client 相对 Applet 而言是一种较重量级的客户端，能够使用 J2EE 的大多数 Service 和 API。

　　通过这 4 个容器，J2EE 能够灵活地实现前面描述的企业级应用架构。

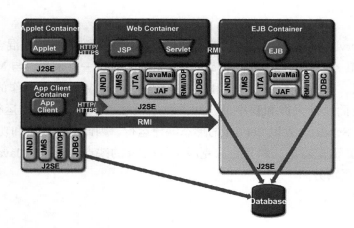

图 1-2　Java EE 核心技术结构

### 1.4.2　Java EE 核心规范

Java EE 核心规范是 Enterprise Java Beans（EJB）。依照特性的不同，目前 EJB 分为 3 种，即 Session Bean、Entity Bean 及 Message Driven Bean 。其中 Session Bean 与 Entity Bean 是 EJB 的始祖，这两种 EJB 规格在 EJB 1.x 版本推出时就已经存在了，而 Message Driven Bean 则是存在于 EJB 2.0 的规格中。

## 1.5　Java EE 组件、服务和 API

（1）Servlet

Servlet 是 Java 平台上的 CGI 技术。Servlet 是一些运行于 Web 服务器端的 Java 小程序，在服务器端运行，动态地生成 Web 页面，用来扩展 Web 服务器功能。与传统的 CGI 技术和许多其他类似 CGI 的技术相比，Servlet 具有更高的效率且更容易使用，它继承了 Java 的所有特性（跨平台 / 多线程 /OO 等）。对于 Servlet，重复的请求不会导致同一程序的多次转载，它是依靠线程的方式来支持并发访问的。Servlet 代码示例如下：

```
public class hello extends HttpServlet {
    public void doGet(HttpServletRequest request, HttpServletResponse response)
                throws ServletException, IOException {
        response.setContentType("text/html");
        PrintWriter out = response.getWriter();
        out.println( "<HTML>"
                + "<BODY BGCOLOR=red>"
                + " <CENTER><H1>Hello World!</H1></CENTER>"
                + "</BODY>"
                + "</HTML>");
        out.flush();   out.close();   }
}
```

```
http://localhost:8080/testWeb/servlet/hello
```
网站项目名　　　　　　　Servlet URL (Web.xml)

（2）JSP

JSP（Java server page）是一种实现普通静态 HTML 和动态页面输出混合编码的技术，JSP 页面由 HTML 代码和嵌入其中的 Java 代码组成。从这一点来看，与 Microsoft ASP、PHP 等技术类似，借助形式上的内容和外观表现的分离，Web 页面制作的任务可以比较方便地划分给页面设计人员和程序员，并方便地通过 JSP 来合成。在运行时态，JSP 将会被首先转换成 Servlet，并以 Servlet 的形态编译运行，因此它的效率和功能与 Servlet 一样，都很高。JSP 面向对象，跨平台，克服了 Servlet 的缺点，可以和 JavaBean 结合，将界面表现和业务逻辑分离。

JSP 代码示例如下：

```
<%@ page language="java"  import="java.util.*"  pageEncoding="ISO-8859-1"%>
<html>
<body>
    <% for(int i=1; i<=5; i++) { %>
            <font size= <%=i%> >测试JSP<br>
    <% } %>
</body>
</html>
```

（3）EJB

EJB 定义了一组可重用的组件——Enterprise Beans。开发人员可以利用这些组件，像搭积木一样建立分布式应用。在装配组件时，所有的 Enterprise Beans 都需要配置到 EJB 服务器（一般的 Weblogic、WebSphere 等 J2 EE 应用服务器都是 EJB 服务器）中。EJB 服务器作为容器和低层平台的桥梁管理着 EJB 容器，并向该容器提供访问系统服务的能力。所有的 EJB 实例都运行在 EJB 容器中。EJB 容器提供了系统级的服务，控制了 EJB 的生命周期。EJB 容器为它的开发人员代管了诸如安全性、远程连接、生命周期管理及事务管理等技术环节，简化了商业逻辑的开发。运行在 EJB 容器中的服务器端组件，用于实现可重用的业务逻辑，最大的用处是部署分布式应用程序。

EJB 定义了 3 种 Enterprise Beans，即 Session Beans、Entity Beans 和 Message-driven Beans。

（4）JDBC

Java 数据库连接（Java database connectivity，JDBC)API 是一个标准结构化查询语言（Structured query language，SQL) 数据库访问接口，它使数据库开发人员能够用标准 Java API 编写数据库应用程序，为访问不同数据库提供统一的连接方法。JDBC API 主要用来连接数据库和直接调用 SQL 命令执行各种 SQL 语句。利用 JDBC API 可执行一般的 SQL 语句、动态 SQL 语句及带 IN 和 OUT 参数的存储过程。Java 中的 JDBC 相当于 Microsoft 平台中的 ODBC（Open database connectivity）。JDBC 对数据库的访问具有平台无关性。JDBC 结构如图 1-3 所示。

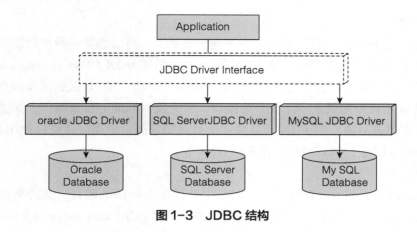

图 1-3  JDBC 结构

JDBC 连接数据库代码示例如下：

```jsp
<%@ page language="java" import="java.util.*" pageEncoding="GB2312"%>
<%@ page import="java.sql.*"%>
<%
    String url ="jdbc:mysql://localhost:3306/school"; //school数据库连接字符串
    Class.forName("org.gjt.mm.mysql.Driver").newInstance();   //加载驱动程序
    Connection conn= DriverManager.getConnection(url,"root","dba");  //建立连接
    Statement stmt=conn.createStatement();   //创建SQL容器
    String sql="select * from teacher";   //表为teacher
    ResultSet rs=stmt.executeQuery(sql);   //获得结果集
    while( rs.next() ) {  //处理结果集
       out.print(rs.getString("id")+"  ");
       out.print(rs.getString("name")+"  ");
       out.print(rs.getString("address")+"  ");
       out.print(rs.getString("year")+"<br>");
    }
    rs.close();     stmt.close();    conn.close();
%>
```

（5）JMS

JMS（Java message service，Java 消息服务）是一组 Java 应用接口，它提供创建、发送、接收、读取消息的服务。JMS API 定义了一组公共的应用程序接口和相应语法，使得 Java 应用能够和各种消息中间件进行通信，这些消息中间件包括 IBM MQ-Series、Microsoft MSMQ 及纯 Java 的 SonicMQ。通过使用 JMS API，开发人员无须掌握不同消息产品的使用方法，也可以使用统一的 JMS API 来操纵各种消息中间件。通过使用 JMS，能够最大限度地提升消息应用的可移植性。JMS 既支持点对点的消息通信，也支持发布/订阅式的消息通信。

（6）JNDI

由于 J2EE 应用程序组件一般分布在不同的机器上，所以需要一种机制以便组件客户使用者查找和引用组件及资源。在 J2EE 体系中，使用 JNDI（Java naming and directory interface）定位各种对象，这些对象包括 EJB、数据库驱动、JDBC 数据源及消息连接等。JNDI API 为应用程序提供了一个统一的接口，来完成对标准的目录操作，如通过对象属性来查找和定位该对象。由于 JNDI 是独立于目录协议的，应用时还可以使用 JNDI 访问各种特定的目录服务，如 LDAP、NDS 和 DNS 等。

（7）JTA

JTA（Java transaction API）提供了 J2EE 中处理事务的标准接口，支持事务的开始、回滚和提交。同时在一般的 J2EE 平台上，总提供一个 JTS（Java transaction service）作为标准的事务处理服务，开发人员可以通过 JTA 来使用 JTS。

（8）JCA

JCA（J2EE connector architecture）是 J2EE 体系架构的一部分，为开发人员提供了一套连接各种企业信息系统（EIS，包括 ERP、SCM、CRM 等）的体系架构，对于 EIS 开发商而言，它们只需开发一套基于 JCA 的 EIS 连接适配器，开发人员就能够在任何的 J2EE 应用服务器中连接并使用它。基于 JCA 连接适配器的实现，需要涉及 J2EE 中的事务管理、安全管理及连接管理等服务组件。

（9）JMX

JMX（Java management extensions）的前身是 JMAPI。JMX 致力于解决分布式系统管理问题。JMX 是一种应用编程接口、可扩展对象和方法的集合体，可以跨越各种异构操作系统平台、系统体系结构和网络传输协议，开发无缝集成的面向系统、网络和服务的管理应用。JMX 是一个完整的网络管理应用程序开发环境，它同时提供厂商需要收集的完整的特性清单、可生成资源清单表格、图形化用户接口，访问 SNMP 的网络 API，主机间远程过程调用，数据库访问方法等。

（10）JAAS

JAAS（Java authentication and authorization service）实现了一个 Java 版本的标准 PAM（Pluggable authentication module）框架。JAAS 可用来进行用户身份的鉴定，从而能够可靠并安全地确定谁在执行 Java 代码。同时 JAAS 还能通过对用户进行授权，实现基于用户的访问控制。

（11）JACC

JACC（Java authorization service provider contract for containers）在 J2EE 应用服务器和特定的授权认证服务器之间定义了一个连接的协约，以便将各种授权认证服务器插入 J2EE 产品。

（12）JAX-RPC

通过使用 JAX-RPC（Java API for XML-based RPC），已有的 Java 类或 Java 应用都能够被重新包装，并以 Web Services 的形式发布。JAX-RPC 提供了将 RPC 参数（in/out）编码和解码的 API，使开发人员可以方便地使用 SOAP 消息来完成 RPC 调用。对于那些使用 EJB（Enterprise Java Beans) 的商业应用而言，同样可以使用 JAX-RPC 来包装成 Web 服务，而这一 Web Service 的 WSDL 界面是与原先 EJB 的方法是一一对应的。JAX-RPC 为用户包装了 Web 服务的部署和实现，对 Web 服务的开发人员而言，SOAP/WSDL 变得透明，这有利于加速 Web 服务的开发周期。

（13）JAXR

JAXR（Java API for XML Registries）提供了与多种类型注册服务进行交互的 API。JAXR 运行客户端访问与 JAXR 规范相兼容的 Web Services，这里的 Web Services 即为注册服务。一般来说，注册服务总是以 Web Services 的形式运行的。JAXR 支持 3 种注册服务类型：JAXR Pluggable Provider、Registry-specific JAXR Provider、JAXR Bridge Provider（支持 UDDI Registry 和 ebXML Registry/Repository 等）。

（14）SAAJ

SAAJ（SOAP with attachemnts API for java) 是 JAX-RPC 的一个增强，为进行低层次的 SOAP 消息操纵提供支持。

## 1.6  Java EE 多层体系结构

典型的 Java EE 包括 4 层：客户层，包括浏览器（html 或者 applet）、桌面应用程序；表示层（web 层），包括 Servlet（Server+Applet）、JSP（Java server page）；业务逻辑层，包括 EJB（Enterprise bean) 容器；企业信息系统层，包括 Database、ERP、大型机事务处理和其他遗留信息系统。Java EE 多层体系结构如图 1-4 所示。

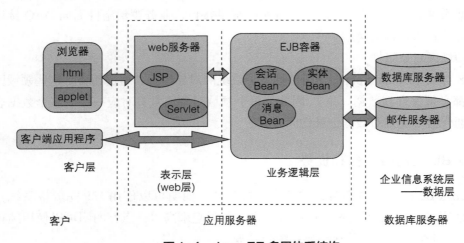

图 1-4  Java EE 多层体系结构

## 1.7  Java EE 应用的组件

Java EE 架构提供了良好的分离，隔离了各组件之间的代码依赖。总体而言，Java EE 应用大致包括如下几类组件。

### （1）表现层组件

主要负责收集用户输入数据，或者向客户显示系统状态。最常用的表现层技术是 JSP，但 JSP 并不是唯一的表现层技术。表现层还可由 Velocity、FreeMarker 和 Tapestry 等技术完成，或者使用普通的应用程序来充当表现层组件，甚至可以使用小型智能设备来充当。

### （2）控制器组件

对于 Java EE 的框架而言，框架提供一个前端核心控制器，而核心控制器负责拦截用户请求，并将请求转发给用户实现的控制器组件。而这些用户实现的控制器则负责处理调用业务逻辑方法、处理用户请求。

### （3）业务逻辑组件

它是系统的核心组件，实现系统的业务逻辑。通常，一个业务逻辑方法应该是一个整体，因此要求对业务逻辑方法增加事务性。业务逻辑方法仅仅负责实现业务逻辑，不应该进行数据库访问。因此，业务逻辑组件中不应该出现原始的 Hibernate、JDBC 等 API，保证业务逻辑方法的实现，与具体的访问层技术分离。当系统需要在不同持久层技术之间切换时，系统的业务逻辑无须任何改变。

### （4）DAO 组件

DAO（Data access object）组件，也被称为数据访问对象。这个类型的对象比较缺乏变化，每个 DAO 组件都提供 Domain Object 对象基本的创建、查询、更新和删除等操作，这些操作对应于数据表的 CRUD（创建、查询、更新和删除）等操作。当然，如果采用不同的持久层访问技术，DAO 组件的实现会完全不同。为了业务逻辑组件的实现与 DAO 组件的实现分离，程序应该为每个 DAO 组件提供接口，业务逻辑组件面向 DAO 接口编程，这样才能提供更好的解耦。

### （5）领域区对象组件

领域区对象（Domain object）组件抽象了系统的对象模型。通俗而言，这些领域区对象的状态都必须保存在数据库里。因此，每个领域对象通常只对应一个或多个数据表，领域对象通常需要提供对数据记录访问方式。

## 1.8 Java EE 应用的结构和优势

对于 Java EE 的初学者而言，常常有一些问题：明明可以使用 JSP 完成该系统，为什么还要使用 Hibernate 等技术？难道仅仅是为了听起来高深一点？明明可以使用纯粹的 JSP 就能完成整个系统，为什么还要系统分层呢？

要回答这些问题，就不能仅仅考虑系统开发过程，还需要考虑系统后期的维护、扩展；而且不能仅仅考虑那些小型系统，还应考虑大型系统的协同开发。对于个人学习、娱乐的个人站点，的确没有必要使用复杂的 Java EE 应用架构，采用纯粹的 JSP 就可以实现整个系统；对于大型的信息化系统，采用 Java EE 应用架构则有很大的优势。

软件不是一次性系统，不仅与传统行业的产品存在较大的差异，甚至与硬件产品也存在较大的差异。硬件产品可以随时间的流逝而宣布过时，更换新一代硬件产品。但是软件不能彻底替换，只能在其原来的基础上延伸，因为软件往往是信息的延续，是企业命脉的延伸。如果企业系统软件不具备可扩展性，当企业平台发生改变时，如何面对这一改变？如果新开发的系统不能与老系统有机地融合在一起，那么老系统的信息如何重新利用？这种损失将无法用金钱来衡量。

对于信息化系统，前期开发工作对整个系统工作量而言，仅仅是小部分，而后期的维护、升级往往占更大的比重。更极端的是，可能在前期开发期间，企业需求已经发生改变。而软件系统若要适应这一改变，这就要求软件系统具有很好的伸缩性。

最理想的软件系统应该如同计算机硬件系统，各种设备可以支持热插拔，各设备之间的影响非常小，设备间的实现完全透明，只要有通用的接口，设备之间就可以良好协作。虽然，目前软件系统还达不到这种理想状态，但这应该是软件系统努力的方向。

上面介绍的这种框架，致力于让应用的各组件以松耦合的方式组织在一起，让应用之间的耦合停留在接口层次，而不是代码层次。

典型的 Java EE 应用结构如图 1-5 所示。

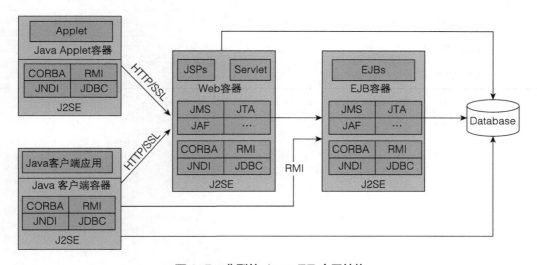

图 1-5　典型的 Java EE 应用结构

## 1.9　Java EE 和 Java Web 的区别

Java EE 全称 Java 平台企业版（Java platform enterprise edition），是 Sun 公司为企业级应用推出的标准平台。Java EE 是个大杂烩，包括 Applet、EJB、JDBC、JNDI、Servlet、JSP 等技术的标准，运行在一个完整的应用服务器上，用来开发大规模、分布式、健壮的网络应用。

Java Web 主要指以 Java 语言为基础，利用 Java EE 中的 Servlet、JSP 等技术开发动态页面，方便用户通过浏览器与服务器后台交互。Java Web 应用程序可运行在一个轻量级的 Web 服务器中，如 Tomcat。

可以粗略地认为 Java Web 就是 Java EE 的一部分，是成为 Java EE 大师的第一站。

## 1.10 J2EE 与 .NET 比较

J2EE 与 .NET 比较如表 1-1 所示。

表1-1 J2EE 与 .NET 比较

| 特性 | J2EE | .NET |
| --- | --- | --- |
| 技术类型 | 标准规范 | 产品集成 |
| 编程语言 | Java | C#、VB、VC++ 等 |
| 开发工具 | Eclipse/MyEclipse/JBuilder 等 | Visual Studio |
| 运行时环境 | JVM | CLR |
| 动态 web 网页 | Servlet、JSP | ASP.NET |
| 中间层组件 | JavaBean、EJB | .NET 管理组件 |
| 数据库存取 | JDBC | ADO.NET |
| 中间供应商 | 30+ | Microsoft |

# 第二章 软件框架

## 2.1 什么是框架?

框架(framework)是一个框子——指其约束性,也是一个架子——指其支撑性。是一个基本概念上的结构,用于解决或者处理复杂的问题,最早源于建筑行业。现在,框架这一广泛的定义十分流行,尤其在软件行业。

## 2.2 什么是软件框架?

在软件工程中,框架(framework)是构成一类特定软件可复用设计的一组相互协作的类。框架规定了应用的体系结构。它定义了整体结构、类和对象的分割、各部分的主要责任、类和对象怎么协作及控制流程。框架预定义了这些设计参数,以便于应用设计者或实现者能在应用本身的特定细节上集中精力。框架被定义为,整个或部分系统的可重用设计,表现为一组抽象构件及构件实例间交互的方法;另一种定义认为,框架是可被应用开发者定制的应用骨架。

通俗说,框架是实现某种功能的半成品,提供了一些常用的工具类和一些基础通用化的组件,在此基础上,可供开发人员更高效地满足各自的业务需求。

当然这些概念比较抽象,采用一个例子帮助大家理解,PPT 相信大家应该都很了解,最近很火的一句话,"干活的干不过会写 PPT 的"。我们来分析下制作 PPT 的逻辑;现在大家在制作 PPT 的时候,通常都是直接打开 Office PowerPoint 或者 WPS,然后直接新建空白演示文稿就可以开始自己的创作了,想要什么背景、什么字体、什么风格、什么主题等,都可以直接在空白文稿添加。

实际上这一过程,我们就在使用框架,这个框架就是 PPT 替我们准备好的内容,如空白模板、字体库、风格库、动画库等。这些基础的内容就是框架搭建好的基础支撑,或者说是个半成品。我们在写 PPT 的时候,只需在这些基础之上来定制自己想要的内容。

在软件开发领域,以此类比,如我们经常使用的 MyBatis,其实就是为我们准备好了基础操作数据库的功能,包括参数传递、结果集封装等,我们可以根据自身需求来决定操作哪个数据库,怎样封装结果集,怎样传递参数等,这其实就是框架。

## 2.3 为什么要使用软件框架？

软件系统发展到今天已经十分复杂，特别是服务器端软件，涉及的知识、内容、问题非常多。在某些方面使用别人成熟的框架，就相当于让别人帮助完成一些基础工作，设计者只需集中精力完成系统的业务逻辑设计。而且框架一般是成熟、稳健的，它可以处理很多细节问题，如事务处理、安全性、数据流控制等。还有框架一般都经过很多人使用，所以结构很好，扩展性也很好，而且是不断升级的，设计者可以直接享受别人升级代码带来的好处。

现在，各互联网公司对实习生的要求都要精通各种 Spring/SpringMVC/MyBatis 等。原有的技术已经无法满足今天互联网的蓬勃发展，而且目前的互联网公司都盛行"小步快跑，快速试错"的开发模式。这就要求我们要更加快速高效地完成开发任务。

一个优秀的框架，相当于一个模板代码库，很多基础性的功能，底层功能操作都已经帮我们实现了，我们只需专心地实现所需要的业务逻辑就可以了。这样，就可大大提高开发效率，所以技术的发展，多数情况下是为了满足业务的需求。

## 2.4 软件框架的特点

软件框架有以下特点。

① 代码模板化。每个框架都有自己的使用规范，如创建类、接口等的规范。

② 重用性、通用性。不分行业、不分业务，只要功能相似就能稍加修改即可使用，重用代码大大增加，软件生产效率和质量也得到了提高；大力度的重用使得平均开发费用降低、开发速度加快、开发人员减少、维护费用降低，而参数化框架使得适应性、灵活性增强。高内聚各种基础的功能都封装好了，只需在使用的时候调用就可以。无须关注底层实现原理。

③ 快速开发。允许采用快速原型技术存储了经验，可以让那些经验丰富的人员去设计框架和领域构件，而不必限于低层编程。

④ 可扩展、可维护。框架的使用都有约定俗成的操作规范，无论谁使用，只要按照规范操作，就可以轻松使用，更有利于在一个项目内多人协同工作。对于其他人的代码也就很容易看懂。并且很多开源框架都是可以进行二次开发的，这也满足了很多公司的特殊功能需求。

⑤ 开放性。领域内的软件结构一致性好；建立更加开放的系统。

## 2.5 轻量级框架与重量级框架

不管是 iOS 开发，还是前端、Java、Android 开发，我们经常需要用到第三方库，而在搜索第三方库的介绍和使用文档时，经常会看到"轻量级框架""重量级框架"等字眼，那么轻量级框架和重量级框架是怎么区分的呢？

① 最主要的衡量指标是以消耗的资源来区分。例如，EJB 启动的时候，需要消耗大

量的资源、内存、CPU 等，所以是重量级，相对而言，Spring 则算是轻量级框架。

②其次的区别是框架侵入性程度。轻量级的框架侵入性程度较低，轻量级框架不一定需要继承和实现框架的接口和抽象类来注册和实例化组件。重量级框架需要继承和实现框架的类或者实现框架的接口，以便使用框架中间件。这就意味着，需要实例化大量的类并注册到应用中去，虽然可能用不到。

③轻量级框架一般是一组独立的特性实现集，而重量级框架往往依赖于某些或其他类型的容器支持框架的特性。

④开发的方便程度。轻量级框架在开发中应用相对考虑的因素较少，开发简单。重量级框架开发时则要写一些框架绑定的类，部署、运行及测试过程都较为复杂，开发起来并不容易。

⑤解决问题的侧重点不同。轻量级框架侧重于减小开发的复杂度，相应它的处理能力较弱（如事务功能弱、不具备分布式处理能力），适用于中小型企业应用。采用轻量框架一方面因为尽可能地采用基于 POJO 的方法进行开发，使应用不依赖于任何容器，这可以提高开发调试效率；另一方面轻量级框架多数是开源项目，开源社区提供了良好的设计和许多快速构建工具及大量现成可供参考的开源代码，这有利于项目的快速开发。例如，目前 Tomcat+Spring+Hibernate 已成为 J2EE 中小型企业许多开发者应用偏爱的一种架构选择。重量级框架则强调高可伸缩性，适合于开发大型企业。重量级框架 EJB 则强调高可伸缩性，适合与开发大型企业。在 EJB 体系结构中，一切与基础结构服务相关的问题和底层分配问题都由应用程序容器或服务器来处理，且 EJB 容器通过减少数据库访问次数及分布式处理等方式提供了专门的系统性能解决方案，能够充分解决系统性能问题。

总结一下，轻量级框架的特点：一般是非侵入性的、依赖的东西非常少，占用资源非常少，部署简单，便于使用。

轻量级框架的产生并非是对重量级框架的否定，甚至在某种程度上可以说二者是互补的。轻量级框架在努力发展以开发具有更强大、功能更完备的企业应用；而新的 EJB 规范 EJB3.0 则在努力简化 J2EE 的使用以使得 EJB 不仅仅是擅长处理大型企业系统，也能开发中小型系统，这也是 EJB 轻量化的一种努力。对于大型企业应用及将来可能涉及能力扩展的中小型应用采用结合使用轻量级框架和重量级框架也不失为一种较好的解决方案。

# 第三章 Spring 框架详解

## 3.1 什么是 Spring？

Spring 框架是一个开放源代码的 J2EE 应用程序框架，由 Rod Johnson 在其著作 *Expert One-on-One J2EE Development and Design* 中阐述的部分理念和原型衍生而来，Spring 是为了解决企业应用程序开发的复杂性而创建的。以控制反转（inversion of control，IoC）和面向切面编程（aspect oriented programming，AOP）为内核，使用简单的 JavaBean 来完成之前只能由 EJB（enterprise Java beans）完成的工作，取代了臃肿、低效的 EJB。

Spring 框架是 Java 平台上的一种开源应用框架，提供具有控制反转特性的容器。尽管 Spring 框架自身对编程模型没有限制，但其在 Java 应用中的频繁使用让其备受青睐，以致后来让其作为 EJB 模型的补充，甚至是替补。Spring 框架为开发提供了一系列的解决方案，如利用控制反转的核心特性，并通过依赖注入实现控制反转来实现管理对象生命周期容器化，利用面向切面编程进行声明式的事务管理，整合多种持久化技术管理数据访问，提供大量优秀的 Web 框架方便开发，等等。

Spring 框架具有 IoC 特性。IoC 旨在方便项目维护和测试，它提供了一种通过 Java 的反射机制对 Java 对象进行统一配置和管理的方法。Spring 框架利用容器管理对象的生命周期，容器可以通过扫描 XML 文件或类上特定 Java 注解来配置对象，开发者可以通过查找或注入来获得对象。

Spring 框架具有 AOP 框架。SpringAOP 框架基于代理模式，同时运行时可配置；AOP 框架主要对模块之间的交叉关注点进行模块化。SpringAOP 框架仅提供基本的 AOP 特性，虽无法与 AspectJ 框架相比，但通过与 AspectJ 的集成也可满足基本需求。Spring 框架下的事务管理、远程访问等功能均可以通过使用 SpringAOP 技术来实现。Spring 的事务管理框架为 Java 平台带来了一种抽象机制，使本地和全局事务及嵌套事务能够与保存点一起工作，并且几乎可以在 Java 平台的任何环境中工作。Spring 集成多种事务模板，系统可以通过事务模板、XML 或 Java 注解进行事务配置，并且事务框架集成了消息传递和缓存等功能。

Spring 的数据访问框架解决了开发人员在应用程序中使用数据库时遇到的常见困难。它不仅支持 Java:JDBC、iBATS/MyBatis、Hibernate、Java 数据对象（JDO）、ApacheOJB 和 ApacheCayne 等所有流行的数据访问框架，同时还可以与 Spring 的事务管理一起使用，为数据访问提供了灵活的抽象。Spring 框架最初并不打算构建自己的 WebMVC 框架，其开发人员在开发过程中认为现有的 Struts Web 框架的呈现层和请求处理层之间及请求处理层和模型之间的分离不够，于是创建了 SpringMVC。

## 3.2 Spring 的优点

（1）非侵入式设计

Spring 允许在应用程序中自由选择和组装框架的各个功能模块，并且不强制要求应用系统的类必须从框架系统 API 的某个类来继承或者实现某个接口。非侵入式设计使应用程序代码对框架的依赖最小化，有利于将代码迁移到其他地方。

（2）松散耦合

通过 Spring 提供的 IoC 容器，我们可以把创建和查找依赖对象的控制权交给容器，由容器进行创建及注入依赖对象，对象只需被动地接受依赖对象，避免硬编码造成过度程序耦合。

（3）支持 AOP 编程

AOP 是对面向对象编程( object oriented programming, OOP )的补充和完善，AOP 利用"横切"技术，剖开封装的对象内部，将多个类的公共行为封装到一个可重用模块，减少系统的重复代码，降低模块间的耦合度，有利于未来的可操作性和可维护性。

（4）支持声明式事务

Spring 声明式事务处理使用了 IoC 和 AOP，将事务管理代码从业务方法中分离出来，不需在具体业务逻辑中加入任何事务处理代码，以声明的方式来实现事务管理。这种事务处理方式让程序开发从复杂的事务处理中得到解脱，使开发者可以专注于业务逻辑处理，从而提高开发效率。

（5）易于集成各种优质框架

Spring 不排斥各种优质的开源框架，其内部提供了对各种优质框架（如 MyBatis、Hibernate 等）的直接支持。

（6）降低 J2EE-API 的使用难度

Spring 对很多难用的 JavaEE-API（如 JDBC、JavaMail、远程调用等）提供了一个薄薄的封装层，通过 Spring 的简易封装，这些 JavaEE-API 的使用难度大幅降低。

## 3.3 Spring 整体架构

Spring 整体架构包括了 20 个不同的模块，这些模块依据其所属功能可以划分为 6 类不同的功能，Spring Framework 整体架构如图 3-1 所示。

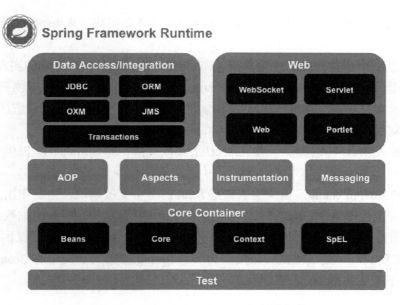

图 3-1　Spring Framework 整体架构

　　Spring 核心容器（Core Container）是 Spring 框架最核心的部分，它管理着 Spring 应用中 Bean 的创建、配置和管理，包含 Beans、Core、Context、SpEL 4 个模块。其中 Core 和 Beans 模块是框架的基础部分，提供 IoC 和依赖注入特性。Context 模块继承了 Beans 的特性，为 Spring 核心提供了大量扩展和对国际化、事件传播、资源加载及对 Context 透明创建的支持。SpEL 模块提供了一个强大的表达式语言用于在运行时查询和操纵对象，该表达式语言的语法类似于统一 EL，但提供了更多的功能，最主要的是显示方法调用和基本字符串模板函数。所有的 Spring 模块都构建于核心容器之上，配置应用时，会隐式地使用这些类。

　　数据访问/集成（Data Access/Integration）层由 JDBC、ORM、OXM、JMS、Transactions 5 个模块组成。使用 JDBC 编写程序通常会导致大量的样板式代码。Spring 通过模板封装消除样板式代码，使数据库代码简单明了。Spring 的 JDBC 模块提供了一套异常处理机制，这套异常处理机制的基类是 Data Access Exception，它是 Runtime Exception 的一种，这样就不用强制去捕捉异常了。Spring 集成了多种 ORM 框架，如 Hibernate、MyBatis 等，使用户可以更方便地使用 ORM 工具。Spring-OXM 模块主要提供一个抽象层以支撑 OXM。OXM 是一个 O/M-Mapper，它将 Java 对象映射成 XML 数据，或者将 XML 数据映射成 Java 对象。Spring-JMS 模块主要包含一些制造和消费信息的特性。Transactions 支持编程和声明性的事务管理，这些事务必须实现特定的接口，并且对所有的 POJO 都适用。

　　Spring 的 Web 层包含了 Web、Servlet、Prolet、Websocket 4 个模块。Web 上下文模块建立在应用程序上下文模块之上，为基于 Web 的应用程序提供上下文。Web 模块提供了基础的面向 Web 的集成特性。Servlet 模块包含 Spring 的 Model-View-Controller（MVC）实现。

Porlet 模块提供了用于 Prolet 环境和 Servlet 模块的 MVC 实现。Websocket 模块提供了对 Strus 的支持。

Spring 的 AOP 模块提供了一个符合 AOP 联盟标准的面向切面编程的实现，是 Spring 应用系统中开发切面的基础。在 Spring Framework 中，AOP 主要用于提供一些企业级的声明式服务和允许用户实现自己的 Aspects。借助于 AOP，可以将遍布系统的关注点从它们所应用的对象中解耦出来。

Spring 的 Aspects 模块提供了对 AspectJ 的集成支持，为 SpringAOP 提供多种 AOP 实现方法。

Spring 的 Instrumentation 模块应该算是 AOP 的一个支援模块，主要作用是在 JVM 启用时，生成一个代理类，它为 Tomcat 传递类文件，就像这些文件是被类加载器加载一样。

Spring 通过 Test 模块为使用 JNDI、Servlet 和 Portlet 编写单元测试提供了一系列的 Mock 对象实现。对于集成测试，该模块为加载 Spring 应用上下文中的 Bean 集合，以及与 Spring 上下文中的 Bean 交互提供了支持。

## 3.4 Spring 快速入门

Spring 开发环境搭建：MyEclipse 9 版本，JDK 1.8，Tomcat。

### 3.4.1 Spring 下载

第一步，打开 "https://repo.spring.io/release/org/springframework/spring/5.3.13/" 下载地址，点击 spring-framework-5.3.13-dist.zip 下载压缩包。

第二步，解压 spring-framework-5.3.13-dist.zip 压缩包，文件夹中包含 docs 文件夹（Spring 的 API 文档和开发规范）、libs 文件夹（开发需要的 jar 包和源码包）、schema（开发所需要的 schema 文件，在这些文件中定义了 Spring 相关配置文件的约束）文件夹，如图 3-2 所示。

图 3-2　spring-framework-5.3.13 文件结构

第三步，打开 https://commons.apache.org/proper/commons-logging/download_logging.cgi，点击下载 commons-logging-1.2-bin.tar.gz 压缩包。

### 3.4.2 创建 Java 工程

第一步，打开 MyEclipse 软件，点击左上角的 "File" → "New" → "Java Project"。

第二步，创建名为 "HelloSpring" 的项目，myeclipse 里面有自带的 jar，这里我们选择 1.8 版本，然后点击 "Finish"，完成创建。

### 3.4.3 添加 jar 包

Spring 基础包，包括 spring-core-5.3.13.jar、spring-beans-5.3.13.jar、spring-context-5.3.13.jar、spring-expression-5.3.13.jar。

Commons-logging：commons.logging-1.2.jar。

项目右键点击 "New" → "Folder"，创建名为 lib 的文件，将上述的 jar 包复制到 lib 文件下，选中全部 jar 包右击 "Build Path" → "Add to Build Path"，导入 jar 包效果如图 3-3 所示。

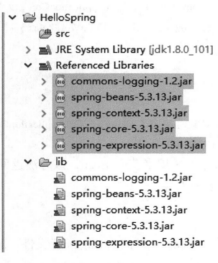

**图 3-3  导入 jar 包效果**

### 3.4.4 创建 Java 类

第一步，HelloSpring 中创建 HelloWorld 类并编写代码。右键 "src" 文件夹点击 "new" → "Package" 创建名为 cn.gskeju 包，创建完成后右键该包点击 "New" → "Class" 创建名为 HelloWorld 的类。示例代码如下：

```java
public class HelloWorld {
    private String message;
    public void setMessage(String message) {
        this.message = message;
    }
    public void getMessage() {
        System.out.println("message : " + message);
    }
}
```

创建完成后右键该包，点击 "New" → "Class" 创建名为 HelloWorld 的类。示例代码如下：

```java
public class MainApp {
    public static void main(String[ ] args) {
        ApplicationContext context = new ClassPathXmlApplicationContext("Beans.xml");
        HelloWorld obj = context.getBean("helloWorld",HelloWorld.class);
        obj.getMessage();
    }
}
```

注意：创建 ApplicationContext 对象时使用了 ClassPathXmlApplicationContext 类，这个类用于加载 Spring 配置文件、创建和初始化所有对象（Bean）。

ApplicationContext.getbean( ) 方法用来获取 Bean，该方法返回值类型为 Object，通过强制类型转换为 HelloWorld 的实例对象。

### 3.4.5 创建配置文件

在 src 目录下，创建一个名为 Beans.xml 的 Spring 配置文件，配置文件具体代码如下：

```xml
<?xml version="1.0" encoding="UTF-8"?>
<beans xmlns="http://www.springframework.org/schema/beans"
    xmlns:xsi="http://www.w3.org/2001/XMLSchema-instance"
xsi:schemaLocation="http://www.springframework.org/schema/beans
 http://www.springframework.org/schema/beans/spring-beans-3.0.xsd">
    <bean id="helloWorld" class="cn.gskeju.HelloWorld">
        <property name="message" value="Hello World!" />
    </bean>
</beans>
```

该文件名必须与 MainApp.java 中读取的配置文件名称一致。beans.xml 用于给不同的 bean 分配唯一的 ID，并给相应的 bean 属性赋值。

### 3.4.6 运行程序

运行 MainApp.java，控制台中显示信息如下：

```
message : Hello World!
```

## 3.5 Spring IoC 容器

### 3.5.1 Spring IoC 容器简介

控制反转（IoC），简单来说就是将对象创建的权利和对象生命周期的管理过程交给 Spring 框架来处理，在此开发过程中不再关注对象的创建和生命周期的管理，而是在需要时由 Spring 框架提供，将这个由 Spring 框架管理对象创建和生命周期的机制称为控制反转。其中，在创建对象的过程中 Spring 可以根据配置对象的属性进行设置，这个过程被称为依赖注入（DI）。

IoC 不是一种技术，而是一种思想，是一个重要的面向对象编程的法则。它能指导我们设计出松耦合、更优良的程序。传统应用程序都是我们直接在类内部主动创建依赖对象，从而导致类之间高耦合，难于测试；有了 IoC 容器后，把创建和查找依赖对象的控制权交给了容器，由容器进行注入组合对象，所以对象与对象之间是松散耦合，这样也方便测试、有利于功能复用，更重要的是，使得程序的整个体系结构变得非常灵活。

### 3.5.2 Spring IoC 原理

系统模块之间必然存在着各种各样的依赖关系，过强的耦合会使软件结构复杂、维护困难。采用抽象接口、分离接口和实现是控制依赖关系的有效方式。虽然抽象接口隔离了使用者和实现者之间的依赖关系，但创建具体实现类的实例对象时仍会造成对具体实现的依赖，依赖注入可以消除这种创建依赖性。

依赖注入的基本概念是切断服务类对其依赖的接口具体实现类的直接联系，服务类不直接创建依赖的具体对象，而由框架来注入。在 Spring 框架中，代码不是直接与对象和服务连接，而是通过配置文件描述组件之间的相互依赖关系，容器负责将这些依赖组装在一起。将依赖关系注入对象的方式有以下 3 种。

Type 1：服务需要实现专门的接口，通过接口，由对象提供这些服务，可以从对象查询依赖性（如需要的附加服务）。

Type 2：通过 JavaBean 的属性（如 setter 方法）分配依赖性。

Type 3：依赖性以构造函数的形式提供，不以 JavaBean 属性的形式公开。

EJB 的框架采用了一种侵略性（Invasive）的方法来设计对象，要求在对象中加入符合 EJB 规范的代码。这种做法是典型的 Type 1 做法。Spring 框架的 IoC 容器采用 Type 2 和 Type 3 实现。基于 setter 的依赖注射，是在调用无参的构造函数或无参的静态工厂方法来实例化 Bean 之后，通过调用 Bean 上的 setter 方法来实现的。基于构造函数的依赖注射，通过调用带有许多参数的构造方法实现的或带有特定参数的静态工厂方法来构造 Bean。

### 3.5.3 Spring IoC 优缺点

重量级 EJB 容器以一种"全有或全无"的方式提供企业级组件模型，不能仅仅使用其中的一部分功能。而轻量级 IoC 容器大大简化了系统架构，可以摆脱高端应用服务器从而降低成本，也避免了管理的复杂性。

容器负责解析配置文件中的参数给组件及组件与组件之间的依赖关系，容器对组件的管理是非侵入性的，不需要来实现任何接口，对注入方式也没有任何要求，可以选择使用构造函数或 JavaBean 的 setter 方法对组件进行依赖注入。

在轻量级 IoC 容器中，应用代码非常类似于普通 Java 代码，受容器影响极少。由于几乎完全不依赖于重量级的 API，便可以在任何一个 Java IDE 中方便地编写代码，从而大大提高生产率。

### 3.5.4 Spring IoC 容器的两种实现

IoC 思想是基于 IoC 容器实现的，IoC 容器底层其实就是一个 Bean 工厂。Spring 框架提供了两种不同类型 IoC 容器，分别是 BeanFactory 和 ApplicationContext。BeanFactory 接口提供了一种高级配置机制，能够管理任何类型的对象。ApplicationContext 是 BeanFactory 的子接口。BeanFactory 提供了配置框架和基本功能，而 ApplicationContext 添加了更多企业特定的功能。

（1）BeanFactory

BeanFactory 是基础类型的 IoC 容器，是 Spring IoC 容器的核心，它提供了从容器获取 Bean 及 Bean 最基本信息的功能。BeanFactory 接口中所定义的几种方法很简单，为了能在 IoC 容器中提供更多的功能，Spring 框架中提供了许多 BeanFactory 功能的子接口与实现。按照"单一职责"的设计原则，每一次接口的扩展将在其原有父接口的基础上，增加新的功能，提供完整的 IoC 服务支持。BeanFactory 的主要功能是在系统中编辑和织入 Java Bean 和 POJO（Plain Old Java Objects），用来消除客户端的单例模式调用。

BeanFactory 负责创建并维护 Bean 实例，根据给定的 XML 配置文件来读取类名、属性名/值，然后通过 Java Reflection（反射）机制进行 Bean 的加载和属性设定。但是在一般情况下，BeanFactory 加载性能比较差，一般只有在加载资源很少的情况下才会考虑使用。如果加载资源比较多时，一般推荐使用 ApplicationContext。

示例：

本示例是基于 3.4 创建的 HelloSpring 应用。

在 HelloSpring 项目中，将 MainApp.java 的代码修改为使用 BeanFactory 获取 HelloWorld 的对象，具体代码如下：

```
public static void main(String[ ] args) {
    BeanFactory context = new ClassPathXmlApplicationContext("Beans.xml");
    HelloWorld obj = context.getBean("HelloWorld", HelloWorld.class);
    obj.getMessage();
}
```

运行 MainApp.java，控制台输出如下：

message : Hello World!

注意：BeanFactory 是 Spring 的内部接口，通常情况下不供开发人员使用。

（2）ApplicationContext

ApplicationContext 与 BeanFacotry 相比，为企业提供了更多的扩展功能，但它们的主要区别是后者延迟加载。如果 Bean 的某一个属性没有注入，BeanFacotry 加载后，直至第一次使用 getBean() 方法才会消除异常。而 ApplicationContext 则在初始化便开始自身检验，这样有利于检查所依赖属性是否注入。

ApplicationContext 接口有以下 3 种主要的实现方法。

① FileSystemXmlApplicationContext 从文件绝对路径加载配置文件，由于它只能在指定的文件路径中寻找 XML 文件，同其他实现相比，缺乏一定的灵活性。

② XmlWebApplicationContext 从 Web 应用系统的工程路径加载 XML 文件信息。

③ ClassPathXmlApplicationContext 从 ClassPath 下加载配置文件（适合于相对路径方式加载），即从 WEB-INF/classes 装载 Spring 配置文件，这在应用测试中经常用到。

示例：

本示例是基于 3.4 创建的 HelloSpring 应用。

首先修改 HelloSpring 项目 MainApp 类中 main() 方法的代码，具体代码如下：

```
public static void main(String[ ] args) {
    BeanFactory context = new FileSystemXmlApplicationContext
            ("E:\\text\\HelloSpring\\src\\Beans.xml");
    HelloWorld obj = context
            .getBean("HelloWorld", HelloWorld.class);
    obj.getMessage();
}
```

运行 MainApp.java，控制台输出如下：

message : Hello World!

### 3.5.5　Spring Bean 定义

由 Spring IoC 容器管理的对象称为 Bean，IoC 容器可管理一个或多个 Bean，这些 Bean 根据 Spring 配置文件中的信息创建。每个 Bean 定义的属性如表 3-1 所示。

表 3-1　Bean 定义的属性

| 属性 | 描述 |
| --- | --- |
| class | 这个属性是强制性的，并且指定用来创建 Bean 的 Bean 类 |
| name | 这个属性指定唯一的 Bean 标识符。在基于 XML 的配置元数据中，你可以使用 ID 和/或 name 属性来指定 Bean 标识符 |
| scope | 这个属性指定由特定的 Bean 定义创建的对象的作用域 |
| constructor-arg | 用来注入依赖关系 |
| properties | 用来注入依赖关系 |
| autowiring mode | 用来注入依赖关系 |
| lazy-initialization mode | IoC 容器会在 Bean 第一次被请求的时候（而不是启动时）创建它 |
| initialization | 在 Bean 的所有必需属性被容器设置后，使用回调方法 |
| destruction | 当包含该 Bean 的容器被销毁时，使用回调方法 |

### 3.5.6　Spring Bean 作用域

默认情况下所有的 Spring Bean 都是单例的，也就是说在整个 Spring 应用中，Bean 的实例只有一个。通过在 <bean> 元素中添加 scope 属性来配置 Spring Bean 的作用范围。

Spring 框架支持以下 6 个作用域，分别为 singleton、prototype、request、session、application 和 websocket，6 个作用域说明如表 3-2 所示。

表 3-2　Bean 作用域说明

| 作用域 | 描述 |
| --- | --- |
| singleton | 默认值：单例模式，表示在 Spring 容器中只有一个 Bean 实例 |
| prototype | 原型模式，表示每次通过 Spring 容器获取 Bean 时，容器都会创建一个新的 Bean 实例 |
| request | 将单个 Bean 定义的范围限定为单个 HTTP 请求的生命周期。也就是说，每次 HTTP 请求时容器都会创建一个 Bean 实例。该作用域只在当前 HTTP Request 内有效 |
| session | 同一个 HTTP Session 共享一个 Bean 实例，不同的 Session 使用不同的 Bean 实例。该作用域仅在当前 HTTP Session 内有效 |
| application | 同一个 Web 应用共享一个 Bean 实例，该作用域在当前 ServletContext 内有效 |
| websocket | websocket 的作用域是 WebSocket，即在整个 WebSocket 中有效 |

（1）singleton

singleton 是默认的作用域，也就是说当定义 bean 时，如果没有指定作用域配置项，则 bean 的作用域被默认为 singleton。

当一个 bean 的作用域为 singleton 时，Spring IoC 容器中只会存在一个共享的 bean 实例，并且所有对 bean 的请求，只要 id 与该 bean 定义的 id 相匹配，就会返回 bean 的同一实例。也就是说，当将一个 bean 定义设置为 singleton 作用域时，Spring IoC 容器只会创建该 bean 定义的唯一实例。

注意：singleton 作用域是 Spring 中的缺省作用域。

可以在 bean 的配置文件中设置作用域的属性为 singleton，示例代码如下：

```
<bean id="..." class="..." scope="singleton"> </bean>
```

示例：

参考 3.4 新建一个名为 SpringDemo1 的 Java 项目。

在 cn.gskeju 包中创建名为 HelloWorld 的 Java 类，代码如下：

```java
public class HelloWorld {
    private String message;
    public void setMessage(String message){
        this.message = message;
    }
    public void getMessage(){
        System.out.println("Message : " + message);
    }
}
```

在 cn.gskeju 包中创建名为 MainApp 的 Java 类，代码如下：

```java
public class MainApp {
    public static void main(String[ ] args) {
        ApplicationContext context = new ClassPathXmlApplicationContext("Beans.xml");
        HelloWorld objA = (HelloWorld) context.getBean("helloWorld");
        objA.setMessage("It's ok");
        objA.getMessage();
        HelloWorld objB = (HelloWorld) context.getBean("helloWorld");
        objB.getMessage();
    }
}
```

在 src 目录下创建 Spring 配置文件 beans.xml，配置如下：

```xml
<?xml version="1.0" encoding="UTF-8"?>
<beans xmlns="http://www.springframework.org/schema/beans"
    xmlns:xsi="http://www.w3.org/2001/XMLSchema-instance"
xsi:schemaLocation="http://www.springframework.org/schema/beans
 http://www.springframework.org/schema/beans/spring-beans-3.0.xsd">
    <bean id="helloWorld" class="cn.gskeju.HelloWorld"
        scope="singleton">
    </bean>
</beans>
```

运行 MainApp 类中的 main() 方法，控制台输出如下：

```
Message : It's ok
```

（2）prototype

当一个 bean 的作用域为 prototype，表示一个 bean 定义对应多个对象实例。prototype 作用域的 bean 会导致在每次对该 bean 请求时都会创建一个新的 bean 实例。也就是说，将 bean 注入另一个 bean 中，或者开发者通过 getBean() 容器上的方法调用来请求它。通常，有状态的 bean 应该使用 prototype 作用域，而对无状态的 bean 则应该使用 singleton 作用域。

Spring 配置文件中，可以使用 <bean> 元素的 scope 属性将 bean 的作用域定义成 prototype，其配置方式如下：

```xml
<bean id="..." class="..." scope="prototype"></bean>
```

示例：

参考 3.4 新建一个名为 SpringDemo2 的 Java 项目。

在 cn.gskeju 包中创建 Java 类 HelloWorld 和 MainApp。

HelloWorld.java 代码如下：

```java
public class HelloWorld {
    private String message;
    public void setMessage(String message){
        this.message = message;
    }
    public void getMessage(){
        System.out.println("Your Message : " + message);
    }
}
```

MainApp.java 代码如下：

```java
public class MainApp {
    public static void main(String[ ] args) {
        ApplicationContext context = new ClassPathXmlApplicationContext("Beans.xml");
        HelloWorld objA = (HelloWorld) context.getBean("helloWorld");
        objA.setMessage("It's ok");
        objA.getMessage();
        HelloWorld objB = (HelloWorld) context.getBean("helloWorld");
        objB.getMessage();
    }
}
```

在 src 目录下创建 Spring 配置文件 beans.xmlns，配置如下：

```xml
<?xml version="1.0" encoding="UTF-8"?>
<beans xmlns="http://www.springframework.org/schema/beans"
    xmlns:xsi="http://www.w3.org/2001/XMLSchema-instance"
    xsi:schemaLocation="http://www.springframework.org/schema/beans
    http://www.springframework.org/schema/beans/spring-beans-3.0.xsd">
    <bean id="helloWorld" class="cn.gskeju.HelloWorld"
        scope="prototype">
    </bean>
</beans>
```

运行 MainApp 类中的 main( ) 方法，控制台输出如下：

```
Message : It's ok
```

### 3.5.7 Spring Bean 生命周期

Spring Bean 生命周期包括 Bean 的实例化、Bean 属性赋值、Bean 的初始化、Bean 的使用、Bean 的销毁 5 个阶段。

（1）Spring Bean 的完整生命周期

Spring Bean 的完整生命周期从创建 Spring IoC 容器开始，直到 Spring IoC 容器销毁 Bean 为止，其具体流程如图 3-4 所示。

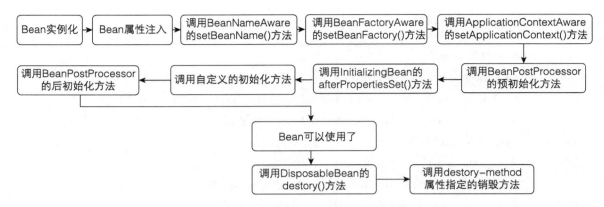

图 3-4 Spring Bean 的完整生命周期流程

Spring Bean 的完整生命周期整个执行过程描述如下：
① Spring 启动，查找并加载需要被 Spring 管理的 Bean，再对 Bean 进行实例化。
② 对 Bean 进行属性注入。
③ 如果 Bean 实现了 BeanNameAware 接口，则 Spring 调用 Bean 的 setBeanName() 方法传入当前 Bean 的 id。
④ 如果 Bean 实现了 BeanFactoryAware 接口，则 Spring 调用 setBeanFactory() 方法传入当前工厂实例的引用。
⑤ 如果 Bean 实现了 ApplicationContextAware 接口，则 Spring 调用 setApplicationContext( ) 方法传入当前 ApplicationContext 实例的引用。
⑥ 如果 Bean 实现了 BeanPostProcessor 接口，则 Spring 调用该接口的预初始化方法 PostProcessBeforeInitialzation( ) 对 Bean 进行加工操作，Spring 的 AOP 就是利用它实现的。
⑦ 如果 Bean 实现了 InitializingBean 接口，则 Spring 将调用 afterPropertiesSet( ) 方法。
⑧ 如果在配置文件中通过 init-method 属性指定了初始化方法，则调用该初始化方法。
⑨ 如果 BeanPostProcessor 和 Bean 关联，则 Spring 将调用该接口的初始化方法 PostProcessAfterInitialization( )。此时的 Bean 已经可以被应用于系统了。
⑩ 如果在 <bean> 中指定了该 Bean 的作用域为 singleton，则将 Bean 放入 Spring IoC 的缓存池中，触发 Spring 对该 Bean 的生命周期管理；如果在 <bean> 中指定了该 Bean 的作用域为 prototype，则将该 Bean 交给调用者，调用者管理该 Bean 的生命周期，Spring 不再管理。
⑪ 如果 Bean 实现了 DisposableBean 接口，则 Spring 会调用 destory( ) 方法销毁 Bean；如果在配置文件中通过 destory-method 属性指定了 Bean 的销毁方法，则 Spring 将调用该方法销毁 Bean。

（2）自定义 Bean 的生命周期

Bean 的生命周期回调方法主要有两种：初始化回调，在 Spring Bean 被初始化后调用，执行一些自定义的回调操作；销毁回调，在 Spring Bean 被销毁前调用，执行一些自定义的回调操作。

1）初始化回调

org.springframework.beans.factory.InitializingBean 接口指定一个单一的方法：

```
void afterPropertiesSet( ) throws Exception;
```

可在 afterPropertiesSet( ) 方法中执行实现上述接口和初始化工作，代码如下：

```
public class ExampleBean implements InitializingBean {
    public void afterPropertiesSet( ) {
        ...
    }
}
```

InitializingBean 接口会将不必要的代码耦合到 Spring，因此不建议使用。建议使用 @PostConstruct 注解或指定 POJO 初始化方法。在基于 XML 的配置元数据的情况下，可以使用 init-method 属性来指定带有 void 无参数方法的名称，代码如下：

```
<bean id="exampleBean"
    class="examples.ExampleBean" init-method="init"/>
```

类的定义如下：

```
public class ExampleBean {
    public void init() {
        ...
    }
}
```

2) 销毁回调

org.springframework.beans.factory.DisposableBean 接口指定一个单一的方法：

```
void destroy( ) throws Exception;
```

可在 destroy( ) 方法中执行，简单实现上述接口并且结束工作，代码如下：

```
public class ExampleBean implements DisposableBean {
    public void destroy() {
        ...
    }
}
```

DisposableBean 回调接口会将不必要的代码耦合到 Spring，因此不建议使用。建议使用 @PreDestroy 注释或指定 Bean 定义。在基于 XML 配置元数据的情况下，可使用 destroy-method 属性来指定带有 void 无参数方法的名称，代码如下：

```xml
<bean id="exampleBean"
    class="examples.ExampleBean" destroy-method="destroy"/>
```

类的定义如下：

```java
public class ExampleBean {
    public void destroy() {
        ...
    }
}
```

3）示例

参考 3.4 新建一个名为 SpringDemo3 的 Java 项目。

在 cn.gskeju 包中创建名为 HelloWorld 的 Java 类，代码如下：

```java
public class HelloWorld {
    private String message;
    public void setMessage(String message){
        this.message = message;
    }
    public void getMessage(){
        System.out.println("Message : " + message);
    }
    public void init(){
        System.out.println("init.");
    }
    public void destroy(){
        System.out.println("destroy");
    }
}
```

在 cn.gskeju 包中创建名为 MainApp 的 Java 类，该类需要注册一个在 AbstractApplicationContext 类中声明关闭 hook 的 registerShutdownHook( ) 方法，代码如下：

```java
public class MainApp {
    public static void main(String[ ] args) {
        AbstractApplicationContext context = new ClassPathXmlApplicationContext("Beans.xml");
        HelloWorld obj = (HelloWorld) context.getBean("helloWorld");
        obj.getMessage();
        context.registerShutdownHook();
    }
}
```

在 src 目录下创建 Spring 配置文件 beans.xmlns，配置如下：

```xml
<?xml version="1.0" encoding="UTF-8"?>
<beans xmlns="http://www.springframework.org/schema/beans"
    xmlns:xsi="http://www.w3.org/2001/XMLSchema-instance"
   xsi:schemaLocation="http://www.springframework.org/schema/beans
 http://www.springframework.org/schema/beans/spring-beans-3.0.xsd">
    <bean id="helloWorld"
        class="cn.gskeju.HelloWorld"
        init-method="init" destroy-method="destroy">
        <property name="message" value="Hello World!"/>
    </bean>
</beans>
```

运行 MainApp 类中的 main() 方法，控制台输出如下：

```
init
Message : Hello World!
destroy
```

（3）默认的初始化和销毁方法

如果有太多具有相同名称的初始化或者销毁方法的 bean，则不需要在每一个 bean 上声明初始化方法和销毁方法。框架使用元素中的 default-init-method 和 default-destroy-method 属性提供了灵活配置这种情况，配置如下：

```xml
<beans xmlns="http://www.springframework.org/schema/beans"
    xmlns:xsi="http://www.w3.org/2001/XMLSchema-instance"
   xsi:schemaLocation="http://www.springframework.org/schema/beans
 http://www.springframework.org/schema/beans/spring-beans-3.0.xsd"
    default-init-method="init"
```

```
       default-destroy-method="destroy">
    <bean id="..." class="..."> </bean>
 </beans>
```

### 3.5.8 Spring Bean 后置处理器

Spring Bean 后置处理器允许在调用初始化方法前后对 Bean 进行额外的处理。

BeanPostProcessor 接口定义了回调方法,可以通过实现该方法来实例化逻辑、依赖解析逻辑等。若想在 Spring 容器完成实例化、配置和初始化 Bean 之后实现一些自定义逻辑,开发人员可以插入一个或多个自定义 BeanPostProcessor 接口。

开发人员可以配置多个 BeanPostProcessor 接口,通过设置 BeanPostProcessor 实现 Ordered 接口提供的 order 属性,来控制所设置 BeanPostProcessor 接口的执行顺序。

BeanPostProcessor 实例对 bean(或对象)进行操作。也就是说,Spring IoC 容器实例化一个 bean 实例,然后 BeanPostProcessor 接口对其进行处理。

示例:

该示例主要显示如何在 ApplicationContext 的上下文中编写、注册和使用 BeanPostProcessor。参考 3.4 新建一个名为 SpringDemo4 的 Java 项目。

在 cn.gskeju 包中创建名为 HelloWorld 的 Java 类,代码如下:

```java
public class HelloWorld {
    private String message;
    public void setMessage(String message){
        this.message = message;
    }
    public void getMessage(){
        System.out.println("Message : " + message);
    }
    public void init(){
        System.out.println("init.");
    }
    public void destroy(){
        System.out.println("destroy");
    }
}
```

在 cn.gskeju 包中创建名为 InitHelloWorld 的 Java 类。该类是实现 BeanPostProcessor 的途径,它在任何 bean 的初始化之前和之后输入 bean 的具体名称,代码如下:

```java
public class InitHelloWorld implements BeanPostProcessor {
    public Object postProcessBeforeInitialization(Object bean, String beanName) throws BeansException {
        System.out.println("BeforeInitialization : " + beanName);
        return bean;
    }
    public Object postProcessAfterInitialization(Object bean, String beanName) throws BeansException {
        System.out.println("AfterInitialization : " + beanName);
        return bean;
    }
}
```

在 cn.gskeju 包中创建名为 MainApp 的 Java 类，该类需要注册一个 AbstractApplicationContext 声明中关闭 hook 的 registerShutdownHook() 方法，确保程序正常关闭，并且可调用相关的 destroy 方法，代码如下：

```java
public class MainApp {
    public static void main(String[ ] args) {
        AbstractApplicationContext context = new ClassPathXmlApplicationContext("Beans.xml");
        HelloWorld obj = (HelloWorld) context.getBean("helloWorld");
        obj.getMessage();
        context.registerShutdownHook();
    }
}
```

在 src 目录下创建 Spring 配置文件 beans.xml，配置如下：

```xml
<?xml version="1.0" encoding="UTF-8"?>
<beans xmlns="http://www.springframework.org/schema/beans"
    xmlns:xsi="http://www.w3.org/2001/XMLSchema-instance"
    xsi:schemaLocation="http://www.springframework.org/schema/beans
    http://www.springframework.org/schema/beans/spring-beans-3.0.xsd">
    <bean id="helloWorld" class="com.tutorialspoint.HelloWorld"
        init-method="init" destroy-method="destroy">
        <property name="message" value="Hello World!"/>
    </bean>
    <bean class="cn.gskeju.InitHelloWorld" />
</beans>
```

运行 MainApp 类中的 main( ) 方法，控制台输出如下：

```
BeforeInitialization : helloWorld
init
AfterInitialization : helloWorld
Message : Hello World!
destroy
```

### 3.5.9 Spring Bean 定义继承

一个 Bean 定义可以包含很多配置信息，如构造方法参数、属性值。子 Bean 既可以继承父 Bean 的配置数据，也可以根据需要重写或添加属于自己的配置数据。

在 Spring XML 配置中，通过子 Bean 的 parent 属性来指定需要继承的父 Bean。配置格式如下：

```xml
<!-- 父 Bean-->
<bean id="parentBean" class="×××.×××.×××.ParentBean" >
    <property name="×××" value="×××"></property>
</bean>
    <!-- 子 Bean-->
<bean id="childBean" class="xxx.xxx.xxx.ChildBean" parent="parentBean"></bean>
```

示例：

参考 3.4 新建一个名为 SpringDemo5 的 Java 项目。

在 src 目录下创建 Spring 配置文件 beans.xml，配置如下：

```xml
<?xml version="1.0" encoding="UTF-8"?>
<beans xmlns="http://www.springframework.org/schema/beans"
    xmlns:xsi="http://www.w3.org/2001/XMLSchema-instance"
   xsi:schemaLocation="http://www.springframework.org/schema/beans
http://www.springframework.org/schema/beans/spring-beans-3.0.xsd">
    <bean id="helloWorld" class="cn.gskeju.HelloWorld">
        <property name="message1" value="Hello World!"/>
        <property name="message2" value="Hello Second World!"/>
    </bean>
    <bean id="helloChina" class="cn.gskeju.HelloChina" parent="helloWorld">
        <property name="message1" value="Hello China!"/>
        <property name="message3" value="Namaste China!"/>
```

```
        </bean>
    </beans>
```

在该配置文件中我们定义有两个属性 message1 和 message2 的 "helloWorld" bean。然后，使用 parent 属性把 "helloChina" bean 定义为 "helloWorld" bean 的子 Bean。这个子 bean 继承 message2 的属性，重写 message1 的属性，并且引入 message3 的属性。

在 cn.gskeju 包下创建 HelloWorld.java 文件，示例代码如下：

```java
public class HelloWorld {
    private String message1;
    private String message2;
    public void setMessage1(String message){
        this.message1 = message;
    }
    public void setMessage2(String message){
        this.message2 = message;
    }
    public void getMessage1(){
        System.out.println("World Message1 : " + message1);
    }
    public void getMessage2(){
        System.out.println("World Message2 : " + message2);
    }
}
```

在 cn.gskeju 包下创建 HelloChina.java 文件，示例代码如下：

```java
public class HelloChina {
    private String message1;
    private String message2;
    private String message3;
    public void setMessage1(String message){
        this.message1 = message;
    }
    public void setMessage2(String message){
        this.message2 = message;
    }
    public void setMessage3(String message){
```

```
    this.message3 = message;
  }
  public void getMessage1(){
    System.out.println("China Message1 : " + message1);
  }
  public void getMessage2(){
    System.out.println("China Message2 : " + message2);
  }
  public void getMessage3(){
    System.out.println("China Message3 : " + message3);
  }
}
```

在 cn.gskeju 包下创建 MainApp.java 文件，示例代码如下：

```
public class MainApp {
  public static void main(String[ ] args) {
    ApplicationContext context = new ClassPathXmlApplicationContext("Beans.xml");
    HelloWorld objA = (HelloWorld) context.getBean("helloWorld");
    objA.getMessage1();
    objA.getMessage2();
    HelloChina objB = (HelloChina) context.getBean("helloChina");
    objB.getMessage1();
    objB.getMessage2();
    objB.getMessage3();
  }
}
```

运行 MainApp 类中的 main() 方法，控制台输出如下：

```
World Message1 : Hello World!
World Message2 : Hello Second World!
China Message1 : Hello China!
China Message2 : Hello Second World!
China Message3 : Namaste China !
```

## 3.6 Spring 依赖注入（DI）

Spring 框架的核心功能之一就是通过依赖注入的方式来管理 Bean 之间的依赖关系。

### 3.6.1 什么是依赖注入？

依赖注入是 Spring 框架核心 IoC 的具体实现。

在编写程序时，通过控制反转把对象的创建交给 Spring，但是代码中不可能出现没有依赖的情况。IoC 解耦只是降低它们的依赖关系，但不会消除。例如，业务层仍会调用持久层的方法，那么在使用 Spring 之后这种业务层和持久层的依赖关系就由 Spring 来维护。

### 3.6.2 基于构造函数的依赖注入

当容器调用带有一组参数的类构造函数时，基于构造函数的依赖注入就完成了，其中每个参数代表一个对其他类的依赖。注意，赋值的操作通过配置的方式由 Spring 框架注入。

示例：

参考 3.4 新建一个名为 SpringDemo6 的 Java 项目。

在 cn.gskeju 包下创建 TextEditor.java 文件，示例代码如下：

```java
public class TextEditor {
    private SpellChecker spellChecker;
    public TextEditor(SpellChecker spellChecker) {
        System.out.println("Inside TextEditor constructor." );
        this.spellChecker = spellChecker;
    }
    public void spellCheck() {
        spellChecker.checkSpelling();
    }
}
```

在 cn.gskeju 包下创建 SpellChecker.java 文件，示例代码如下：

```java
public class SpellChecker {
    public SpellChecker(){
        System.out.println("Inside SpellChecker constructor." );
    }
    public void checkSpelling() {
        System.out.println("Inside checkSpelling." );
    }
}
```

在 cn.gskeju 包下创建 MainApp.java 文件，示例代码如下：

```java
public class MainApp {
    public static void main(String[ ] args) {
        ApplicationContext context =
            new ClassPathXmlApplicationContext("Beans.xml");
        TextEditor te = (TextEditor) context.getBean("textEditor");
        te.spellCheck();
    }
}
```

在 src 目录下创建 Spring 配置文件 beans.xml，配置如下：

```xml
<?xml version="1.0" encoding="UTF-8"?>
<beans xmlns="http://www.springframework.org/schema/beans"
    xmlns:xsi="http://www.w3.org/2001/XMLSchema-instance"
    xsi:schemaLocation="http://www.springframework.org/schema/beans
http://www.springframework.org/schema/beans/spring-beans-3.0.xsd">
    <!-- 定义 textEditor 的 bean
        constructor-arg 属性：
        index: 指定参数在构造函数参数列表的索引位置
        type: 指定参数在构造函数中的数据类型
        name: 指定参数在构造函数中的名称
        value: 它能赋的值是基本数据类型和 String 类型
        ref: 它能赋的值是其他 bean 类型，也就是说，必须得是在配置文件中配置过的 bean -->
    <bean id="textEditor" class="cn.gskeju.TextEditor">
        <constructor-arg ref="spellChecker"/>
    </bean>
    <!-- 定义 spellChecker 的 bean -->
    <bean id="spellChecker" class="cn.gskeju.SpellChecker">
    </bean>
</beans>
```

运行 MainApp 类中的 main() 方法，控制台输出如下：

```
Inside SpellChecker constructor.
Inside TextEditor constructor.
Inside checkSpelling.
```

### 3.6.3 基于设值函数的依赖注入

当容器调用一个无参的构造函数或一个无参的静态 factory 方法来初始化 bean 后，通过容器在 bean 上调用设值函数，基于设值函数的依赖注入就完成了。

示例：

参考 3.4，新建一个名为 SpringDemo6 的 Java 项目。

在 cn.gskeju 包下创建 TextEditor.java 文件，示例代码如下：

```java
public class TextEditor {
    private SpellChecker spellChecker;
    public void setSpellChecker(SpellChecker spellChecker) {
        System.out.println("Inside setSpellChecker." );
        this.spellChecker = spellChecker;
    }
    public SpellChecker getSpellChecker() {
        return spellChecker;
    }
    public void spellCheck() {
        spellChecker.checkSpelling();
    }
}
```

需要检查设值函数方法的名称转换。开发人员要设置一个变量 SpellChecker 并使用 setSpellChecker( ) 方法。

在 cn.gskeju 包下创建 SpellChecker.java 文件，示例代码如下：

```java
public class SpellChecker {
    public SpellChecker(){
        System.out.println("Inside SpellChecker constructor." );
    }
    public void checkSpelling() {
        System.out.println("Inside checkSpelling." );
    }
}
```

在 cn.gskeju 包下创建 MainApp.java 文件，示例代码如下：

```java
public class MainApp {
    public static void main(String[ ] args) {
```

```
    ApplicationContext context =
        new ClassPathXmlApplicationContext("Beans.xml");
    TextEditor te = (TextEditor) context.getBean("textEditor");
    te.spellCheck();
  }
}
```

在 src 目录下创建 Spring 配置文件 beans.xml，配置如下：

```xml
<?xml version="1.0" encoding="UTF-8"?>
<beans xmlns="http://www.springframework.org/schema/beans"
    xmlns:xsi="http://www.w3.org/2001/XMLSchema-instance"
  xsi:schemaLocation="http://www.springframework.org/schema/beans
  http://www.springframework.org/schema/beans/spring-beans-3.0.xsd">
    <bean id="textEditor" class="cn.gskeju.TextEditor">
    <!-- property 属性：
    name：找的是类中 set 方法后面的部分
    ref：给属性赋值是其他 bean 类型的
    value：给属性赋值是基本数据类型和 String 类型的
    -->
    <property name="spellChecker" ref="spellChecker"/>
    </bean>
    <bean id="spellChecker" class="cn.gskeju.SpellChecker">
    </bean>
</beans>
```

注意：定义在基于构造函数注入和基于设值函数注入中 beans.xmlns 文件的唯一区别是在基于构造函数注入中，使用的是〈bean〉标签中的〈constructor-arg〉元素；而在基于设值函数的注入中，使用的是〈bean〉标签中的〈property〉元素。

如果要把一个引用传递给一个对象，那么需要使用标签的 ref 属性；而如果要直接传递一个值，那么应该使用 value 属性。

运行 MainApp 类中的 main() 方法，控制台输出如下：

```
Inside SpellChecker constructor.
Inside setSpellChecker.
Inside checkSpelling.
```

### 3.6.4 Spring 注入内部 beans

将定义在 <bean> 中 <property> 或 <constructor-arg> 元素内部的 bean，称为"内部 bean"。在 src 目录下创建 Spring 配置文件 beans.xml，配置如下：

```xml
<?xml version="1.0" encoding="UTF-8"?>
<beans xmlns="http://www.springframework.org/schema/beans"
    xmlns:xsi="http://www.w3.org/2001/XMLSchema-instance"
    xsi:schemaLocation="http://www.springframework.org/schema/beans
    http://www.springframework.org/schema/beans/spring-beans-3.0.xsd">
    <bean id="outerBean" class="……">
        <property name="……" >
            <!-- 定义内部 Bean -->
            <bean class="……">
                <property name="……" value="……" ></property>
                …
            </bean>
        </property>
    </bean>
</beans>
```

注意：内部 bean 都是匿名的，不需要指定 id 和 name。即使指定了 IoC 容器也不会将它作为区分 bean 的标识符，反而会无视 bean 的 Scope 标签。因此，内部 bean 几乎是匿名的，且总会随着外部的 bean 而创建。内部 bean 是无法被注入它所在 bean 以外的任何其他 bean。

示例：

参考 3.4 新建一个名为 SpringDemo7 的 Java 项目。

在 cn.gskeju 包下创建 TextEditor.java 文件，示例代码如下：

```java
public class TextEditor {
    private SpellChecker spellChecker;
    public void setSpellChecker(SpellChecker spellChecker) {
        System.out.println("Inside setSpellChecker." );
        this.spellChecker = spellChecker;
    }
    public SpellChecker getSpellChecker() {
        return spellChecker;
    }
    public void spellCheck() {
```

```
    spellChecker.checkSpelling();
  }
}
```

在 cn.gskeju 包下创建 SpellChecker.java 文件,示例代码如下:

```
public class SpellChecker {
  public SpellChecker(){
    System.out.println("Inside SpellChecker constructor." );
  }
  public void checkSpelling(){
    System.out.println("Inside checkSpelling." );
  }
}
```

在 cn.gskeju 包下创建 MainApp.java 文件,示例代码如下:

```
public class MainApp {
  public static void main(String[ ] args) {
    ApplicationContext context = new ClassPathXmlApplicationContext("Beans.xml");
    TextEditor te = (TextEditor) context.getBean("textEditor");
    te.spellCheck();
  }
}
```

使用内部 Bean 为基于 setter 注入进行配置文件 Beans.xml,示例代码如下:

```xml
<?xml version="1.0" encoding="UTF-8"?>
<beans xmlns="http://www.springframework.org/schema/beans"
    xmlns:xsi="http://www.w3.org/2001/XMLSchema-instance"
  xsi:schemaLocation="http://www.springframework.org/schema/beans
  http://www.springframework.org/schema/beans/spring-beans-3.0.xsd">
    <bean id="textEditor" class="cn.gskeju.TextEditor">
      <property name="spellChecker">
        <bean id="spellChecker" class=cn.gskeju.SpellChecker"/>
      </property>
    </bean>
</beans>
```

运行 MainApp 类中的 main() 方法，控制台输出如下：

> Inside SpellChecker constructor.
> Inside setSpellChecker.
> Inside checkSpelling.

### 3.6.5　Spring 注入集合

可以在 Bean 标签下的 <property> 元素中，使用以下元素配置 Java 集合类型的属性和参数，如 list、set、map 及 property 等。Spring 提供了 4 种注入集合的配置元素，如表 3-3 所示。

表 3-3　Spring 注入集合的配置元素

| 元素 | 描述 |
| --- | --- |
| <list> | 有助于连线，如注入一列值，允许重复 |
| <set> | 有助于连线一组值，但不能重复 |
| <map> | 可以用来注入名称 - 值对应的集合，其中名称和值可以是任何类型 |
| <property> | 可以用来注入名称 - 值对的集合，其中名称和值都是字符串类型 |

可以使用 <list> 或 <set> 来连接任何 java.util.Collection 的实现或数组。

在使用过程中会遇到两种情况传递集合中直接的值或传递一个 bean 的引用作为集合的元素。

（1）示例

参考 3.4 新建一个名为 SpringDemo8 的 Java 项目。

在 cn.gskeju 包下创建 JavaCollection.java 文件，示例代码如下：

```java
public class JavaCollection {
    List addressList;
    Set  addressSet;
    Map  addressMap;
    Properties addressProp;
    public void setAddressList(List addressList) {
        this.addressList = addressList;
    }
    public List getAddressList() {
        System.out.println("List Elements :" + addressList);
        return addressList;
    }
```

```java
        public void setAddressSet(Set addressSet) {
            this.addressSet = addressSet;
        }
        public Set getAddressSet() {
            System.out.println("Set Elements :" + addressSet);
            return addressSet;
        }
        public void setAddressMap(Map addressMap) {
            this.addressMap = addressMap;
        }
        public Map getAddressMap() {
            System.out.println("Map Elements :" + addressMap);
            return addressMap;
        }
        public void setAddressProp(Properties addressProp) {
            this.addressProp = addressProp;
        }
        public Properties getAddressProp() {
            System.out.println("Property Elements :" + addressProp);
            return addressProp;
        }
    }
```

在 cn.gskeju 包下创建 MainApp.java 文件，示例代码如下：

```java
    public class MainApp {
        public static void main(String[ ] args) {
            ApplicationContext context =
                new ClassPathXmlApplicationContext("Beans.xml");
            JavaCollection jc=(JavaCollection)context.getBean("javaCollection");
            jc.getAddressList();
            jc.getAddressSet();
            jc.getAddressMap();
            jc.getAddressProp();
        }
    }
```

在 src 目录下创建 Spring 配置文件 beans.xmlns，配置如下：

```xml
<?xml version="1.0" encoding="UTF-8"?>
<beans xmlns="http://www.springframework.org/schema/beans"
    xmlns:xsi="http://www.w3.org/2001/XMLSchema-instance"
xsi:schemaLocation="http://www.springframework.org/schema/beans
http://www.springframework.org/schema/beans/spring-beans-3.0.xsd">
    <!-- 注入集合数据
            List 结构的：array,list,set
            Map 结构的：map,entry,props,prop
    -->
<bean id="javaCollection" class="cn.gskeju.JavaCollection">
    <!-- 注入 list 集合数据 -->
    <property name="addressList">
      <list>
        <value>CHINA</value>
        <value>JAPAN</value>
        <value>USA</value>
        <value>USA</value>
      </list>
    </property>
    <!-- 给 set 注入数据 -->
    <property name="addressSet">
      <set>
        <value>CHINA</value>
        <value>JAPAN</value>
        <value>USA</value>
        <value>USA</value>
      </set>
    </property>
    <!-- 注入 Map 数据 -->
    <property name="addressMap">
      <map>
        <entry key="1" value="INDIA"/>
        <entry key="2" value="Pakistan"/>
        <entry key="3" value="USA"/>
        <entry key="4" value="USA"/>
      </map>
    </property>
```

```xml
    <!-- 注入 properties 数据 -->
    <property name="addressProp">
      <props>
        <prop key="one">CHINA</prop>
        <prop key="two">JAPAN</prop>
        <prop key="three">USA</prop>
        <prop key="four">USA</prop>
      </props>
    </property>
  </bean>
</beans>
```

运行 MainApp 类中的 main() 方法，控制台输出如下：

```
List Elements :[CHINA, JAPAN, USA, USA]
Set Elements :[CHINA, JAPAN, USA]
Map Elements :{1=CHINA, 2=JAPAN, 3=USA, 4=USA}
Property Elements :{two=JAPAN, one=CHINA, three=USA, four=USA}
```

（2）注入 bean 引用

注入 bean 引用作为集合的元素，示例代码如下：

```xml
<?xml version="1.0" encoding="UTF-8"?>
<beans xmlns="http://www.springframework.org/schema/beans"
    xmlns:xsi="http://www.w3.org/2001/XMLSchema-instance"
   xsi:schemaLocation="http://www.springframework.org/schema/beans
   http://www.springframework.org/schema/beans/spring-beans-3.0.xsd">
  <bean id="..." class="...">
    <property name="addressList">
      <list>
        <ref bean="address1"/>
        <ref bean="address2"/>
        <value>USA</value>
      </list>
    </property>
    <property name="addressSet">
      <set>
        <ref bean="address1"/>
```

```xml
            <ref bean="address2"/>
            <value>USA</value>
        </set>
    </property>
    <property name="addressMap">
        <map>
            <entry key="one" value="CHINA"/>
            <entry key ="two" value-ref="address1"/>
            <entry key ="three" value-ref="address2"/>
        </map>
    </property>

</bean>

</beans>
```

为了使用上面的 bean 定义，开发人员需要定义 setter 方法。

（3）注入 null 和空字符串的值

传递一个空字符串作为值，示例代码如下：

```xml
<bean id="..." class="exampleBean">
    <property name="email" value=""/>
</bean>
```

上述示例相当于 Java 代码：exampleBean.setemail("")。

传递一个 null 值，示例代码如下：

```xml
<bean id="..." class="exampleBean">
    <property name="email"><null/></property>
</bean>
```

上述示例相当于 Java 代码：exampleBean.setemail(null)。

## 3.7 Spring Beans 自动装配

Spring 容器可自动装配协作 bean 之间的关系，这样有助于减少编写基于 Spring 的应用程序 XML 配置的数量。自动装配具有以下优点。

①自动装配可以显著减少指定属性或构造函数对参数的需要。

②随着对象的发展，自动装配可以更新配置。例如，如果开发者需要向类添加依赖

项，无须修改配置。因此，自动装配在开发过程中特别有用，不会在代码库变得更稳定时否定切换到显式装配的选项。

## 3.7.1 自动装配模式

开发者可使用 <bean> 元素的 autowire 属性为一个 bean 定义指定自动装配模式。表 3-4 描述了 5 种自动装配模式。

表 3-4 5 种自动装配模式

| 属性值 | 说明 |
| --- | --- |
| byName | 按属性名称自动装配。Spring 寻找与需要自动装配的属性同名的 bean |
| byType | 按类型自动装配。Spring 会根据 Java 类中的对象属性的类型，在整个应用的上下文 ApplicationContext（IoC 容器）中查找。若某个 bean 的 class 属性值与这个对象属性的类型相匹配，则获取该 bean，并与当前 Java 类的 bean 建立关联关系 |
| constructor | 与 byType 模式相似，不同之处在于它应用于构造器参数（依赖项），如果在容器中没有找到与构造器参数类型一致的 bean，那么将抛出异常。其实就是根据构造器参数的数据类型，进行 byType 模式的自动装配 |
| no | 默认值，表示不使用自动装配。Bean 的依赖关系必须通过 <constructor-arg> 和 <property> 元素的 ref 属性来定义 |
| autodetect（3.0 版本不支持） | Spring 首先尝试通过 constructor 使用自动装配来连接，如果它不执行，Spring 尝试通过 byType 来自动装配 |

可以使用 byType 或者 constructor 自动装配模式来连接数组和其他类型的集合。

## 3.7.2 自动装配的局限性

当自动装配始终在同一个项目中使用时，它的效果最好。如果通常不使用自动装配，开发人员可能会混淆地使用它来连接一个或两个 bean 定义。不过，自动装配可以显著减少需要指定的属性或构造器参数，但开发人员应该在使用前考虑它的局限性。自动装配的局限性如表 3-5 所示。

表 3-5 自动装配的局限性

| 限制 | 描述 |
| --- | --- |
| 重写的可能性 | 可以使用总是重写自动装配的 <constructor-arg> 和 <property> 设置来指定依赖关系 |
| 原始数据类型 | 不能自动装配所谓的简单类型包括基本类型、字符串和类 |
| 混乱的本质 | 自动装配不如显式装配精确，所以如果可能的话，尽可能使用显式装配 |

### 3.7.3　Spring 自动装配

参考 3.4 新建一个名为 SpringDemo9 的 Java 项目。

在 cn.gskeju 包下创建 TextEditor.java 文件，示例代码如下：

```java
public class TextEditor {
    private SpellChecker spellChecker;
    private String name;
    public void setSpellChecker( SpellChecker spellChecker ){
        this.spellChecker = spellChecker;
    }
    public SpellChecker getSpellChecker() {
        return spellChecker;
    }
    public void setName(String name) {
        this.name = name;
    }
    public String getName() {
        return name;
    }
    public void spellCheck() {
        spellChecker.checkSpelling();
    }
}
```

在 cn.gskeju 包下创建 SpellChecker.java 文件，示例代码如下：

```java
public class SpellChecker {
    public SpellChecker() {
        System.out.println("Inside SpellChecker constructor." );
    }
    public void checkSpelling( ) {
        System.out.println("Inside checkSpelling." );
    }
}
```

在 cn.gskeju 包下创建 MainApp.java 文件，示例代码如下：

```java
public class MainApp {
    public static void main(String[ ] args) {
```

```
        ApplicationContext context =
            new ClassPathXmlApplicationContext("Beans.xml");
        TextEditor te = (TextEditor) context.getBean("textEditor");
        te.spellCheck();
    }
}
```

在 src 目录下创建 Spring 配置文件 beans.xmlns，配置如下：

```xml
<?xml version="1.0" encoding="UTF-8"?>
<beans xmlns="http://www.springframework.org/schema/beans"
    xmlns:xsi="http://www.w3.org/2001/XMLSchema-instance"
xsi:schemaLocation="http://www.springframework.org/schema/beans
    http://www.springframework.org/schema/beans/spring-beans-3.0.xsd">
    <bean id="textEditor" class="cn.gskeju.TextEditor">
        <property name="spellChecker" ref="spellChecker" />
        <property name="name" value="Generic Text Editor" />
    </bean>
    <bean id="spellChecker" class="cn.gskeju.SpellChecker">
    </bean>
</beans>
```

（1）按名称自动装配（autowire="byName"）

autowire="byName" 表示按类中对象属性名称自动配置，XML 文件中 bean 的 id 或 name 必须与类中的属性名称相同。XML 配置文件如下：

```xml
<?xml version="1.0" encoding="UTF-8"?>
<beans xmlns="http://www.springframework.org/schema/beans"
    xmlns:xsi="http://www.w3.org/2001/XMLSchema-instance"
    xsi:schemaLocation="http://www.springframework.org/schema/beans
    http://www.springframework.org/schema/beans/spring-beans-3.0.xsd">
    <bean id="textEditor" class="cn.gskeju.TextEditor"
        autowire="byName">
        <property name="name" value="Generic Text Editor" />
    </bean>
    <bean id="spellChecker" class="cn.gskeju.SpellChecker">
    </bean>
</beans>
```

（2）不使用自动装配（autowire="no"）

autowire="no" 表示不使用自动装配，此时我们必须通过 <bean> 元素中的 <constructor-arg>（<property>）ref 属性维护 bean 的依赖关系。XML 配置文件如下：

```xml
<?xml version="1.0" encoding="UTF-8"?>
<beans xmlns="http://www.springframework.org/schema/beans"
    xmlns:xsi="http://www.w3.org/2001/XMLSchema-instance"
    xsi:schemaLocation="http://www.springframework.org/schema/beans
    http://www.springframework.org/schema/beans/spring-beans-3.0.xsd">
  <bean id="textEditor" class="cn.gskeju.TextEditor"
     autowire="no">
     <property name="name" value="Generic Text Editor" />
  </bean>
  <bean id="spellChecker" class="cn.gskeju.SpellChecker">
  </bean>
</beans>
```

（3）按类型自动装配（autowire="byType"）

autowire="byType" 表示按类中对象属性数据类型进行自动配置。即使 XML 文件中 bean 的 id 或 name 与类中的属性名不同，只要 bean 的 class 属性值与类中对象属性的类型相同，就可以完成自动装配。XML 配置文件如下：

```xml
<?xml version="1.0" encoding="UTF-8"?>
<beans xmlns="http://www.springframework.org/schema/beans"
    xmlns:xsi="http://www.w3.org/2001/XMLSchema-instance"
    xsi:schemaLocation="http://www.springframework.org/schema/beans
    http://www.springframework.org/schema/beans/spring-beans-3.0.xsd">
  <bean id="textEditor" class="cn.gskeju.TextEditor"
     autowire="byType">
     <property name="name" value="Generic Text Editor" />
  </bean>
  <bean id="spellChecker" class="cn.gskeju.SpellChecker">
  </bean>
</beans>
```

（4）构造函数自动装配（autowire="constructor"）

autowire="constructor" 表示按 Java 类中构造函数进行自动装配。XML 配置文件如下：

```xml
<?xml version="1.0" encoding="UTF-8"?>
<beans xmlns="http://www.springframework.org/schema/beans"
    xmlns:xsi="http://www.w3.org/2001/XMLSchema-instance"
    xsi:schemaLocation="http://www.springframework.org/schema/beans
    http://www.springframework.org/schema/beans/spring-beans-3.0.xsd">
    <bean id="textEditor" class="cn.gskeju.TextEditor"
        autowire="constructor">
        <property name="name" value="Generic Text Editor" />
    </bean>
    <bean id="spellChecker" class="cn.gskeju.SpellChecker">
    </bean>
</beans>
```

（5）默认的自动装配模式（autowire="default"）

默认采用上一级标签 \<beans\> 设置的自动装配规则（default-autowire）进行装配，beans.xml 中的配置内容如下：

```xml
<?xml version="1.0" encoding="UTF-8"?>
<beans xmlns="http://www.springframework.org/schema/beans"
    xmlns:xsi="http://www.w3.org/2001/XMLSchema-instance"
    xsi:schemaLocation="http://www.springframework.org/schema/beans
    http://www.springframework.org/schema/beans/spring-beans-3.0.xsd">
    <bean id="textEditor" class="cn.gskeju.TextEditor"
        autowire="default">
        <property name="name" value="Generic Text Editor" />
    </bean>
    <bean id="spellChecker" class="cn.gskeju.SpellChecker">
    </bean>
</beans>
```

运行 MainApp 类中的 main() 方法，控制台输出如下：

```
Inside SpellChecker constructor.
Inside checkSpelling.
```

## 3.8 Spring 基于注解的配置

从 Spring 2.5 开始就可以使用注解来配置依赖注入。基于注解的配置提供了 XML 设置的替代方案，该配置依赖字节码元数据来连接组件，而不是依赖尖括号声明。开发人员不是用 XML 来描述 bean 连接，而是通过在相关类、方法或字段声明上使用注释将配置移动到组件类。

默认情况下，注解连接在 Spring 容器中不打开。因此，在可使用基于注解的连接之前、在 Spring 配置文件中启用它。在 Spring 应用程序中使用的任何注解均可考虑下面的配置文件。

```
<?xml version="1.0" encoding="UTF-8"?>
<beans xmlns="http://www.springframework.org/schema/beans"
    xmlns:xsi="http://www.w3.org/2001/XMLSchema-instance"
    xmlns:context="http://www.springframework.org/schema/context"
xsi:schemaLocation="http://www.springframework.org/schema/beans
    http://www.springframework.org/schema/beans/spring-beans-3.0.xsd
    http://www.springframework.org/schema/context
http://www.springframework.org/schema/context/spring-context-3.0.xsd">
    <context:annotation-config/>
</beans>
```

### 3.8.1 用于创建对象的注解

该类型注解可将资源交由 Spring 管理，相当于在 XML 中配置一个 bean。该类注解等同于 `<bean id="" class=""></bean>`。

（1）@Component 注解

@Component 注解相当于配置了 `<bean>` 标签，其中 value = "×××" 相当于配置了 bean 标签的 id 属性，单独配置 value 时，可省略 value。如果不指定 value 属性，默认 bean 的 id 为当前类的类名。示例代码如下：

```
// 配置一个 bean，相当于 <bean id="" class="">
@Component ( "userService") // 相当于配置了 id="userService"
public class UserServiceImpl implements IUserService{
    @Override
    public void save(User user) {
        System.out.println(" 保存用户 :"+ user);
    }
}
```

（2）@Controller、@Service、@Repository 注解

@Controller 注解一般用于表现层的注解；@Service 一般用于业务层的注解；@Repository 注解一般用于持久层的注解；如果注解中有且只有一个属性要赋值且名称是

value,那么可以省略 value。

### 3.8.2 用于注入数据的注解

该类注解等同于 <property name="" ref=""><property name="" value="">。

(1) @Autowired 注解

@Autowired 注解可自动按照类型注入。该注解是一个用于容器(container)配置的注解。

将 @Autowired 注解用于构造函数,示例代码如下:

```
public class MovieRecommender {
    private final CustomerPreferenceDao customerPreferenceDao;
    @Autowired
    public MovieRecommender(CustomerPreferenceDao customerPreferenceDao) {
        this.customerPreferenceDao = customerPreferenceDao;
    }
    //...
}
```

将 @Autowired 注解用于 setter 方法,示例代码如下:

```
public class SimpleMovieLister {
    private MovieFinder movieFinder;
    @Autowired
    public void setMovieFinder(MovieFinder movieFinder) {
        this.movieFinder = movieFinder;
    }
    //...
}
```

将 @Autowired 注解用于具有任意名称和多个参数的方法,示例代码如下:

```
public class MovieRecommender {
    private MovieCatalog movieCatalog;
    private CustomerPreferenceDao customerPreferenceDao;
    @Autowired
    public void prepare(MovieCatalog movieCatalog,
            CustomerPreferenceDao customerPreferenceDao) {
        this.movieCatalog = movieCatalog;
        this.customerPreferenceDao = customerPreferenceDao;
    }
    //...
}
```

将 @Autowired 注解用于字段或者将其与构造函数混合，示例代码如下：

```java
public class MovieRecommender {
    private final CustomerPreferenceDao customerPreferenceDao;
    @Autowired
    private MovieCatalog movieCatalog;
    @Autowired
    public MovieRecommender(CustomerPreferenceDao customerPreferenceDao) {
        this.customerPreferenceDao = customerPreferenceDao;
    }
    // ...
}
```

将 @Autowired 注解添加到需要该类型数组的字段或方法，则 Spring 会从 ApplicationContext 中搜寻符合指定类型的所有 bean，示例代码如下：

```java
public class MovieRecommender {
    @Autowired
    private MovieCatalog[] movieCatalogs;
    ...
}
```

这同样适用于类型化集合，示例代码如下：

```java
public class MovieRecommender {
    private Set<MovieCatalog> movieCatalogs;
    @Autowired
    public void setMovieCatalogs(Set<MovieCatalog> movieCatalogs) {
        this.movieCatalogs = movieCatalogs;
    }
    ...
}
```

（2）@Qualifier 注解

当创建多个具有相同类型的 bean 时，想用一个属性为它们其中的一个进行装配，在这种情况下可以使用 @Qualifier 注解和 @Autowired 注解。通过指定一个 bean，该 bean 将会被装配来消除混乱。在给字段注入时，@Qualifier 注解不能独立使用，必须和 @Autowired 一起使用。但给方法参数注入时，可独立使用。

@Qualifier 注解指定 bean，示例代码如下：

```
public class MovieRecommender {
    @Autowired
    @Qualifier("main")
    private MovieCatalog movieCatalog;
    // ...
}
```

@Qualifier 可在单个构造函数参数或方法参数上指定注释，示例代码如下：

```
public class MovieRecommender {
    private MovieCatalog movieCatalog;
    private CustomerPreferenceDao customerPreferenceDao;
    @Autowired
    public void prepare(@Qualifier("main") MovieCatalog movieCatalog, CustomerPreferenceDao customerPreferenceDao) {
        this.movieCatalog = movieCatalog;
        this.customerPreferenceDao = customerPreferenceDao;
    }
    // ...
}
```

（3）@Resource 注解

@Resource 注解直接按照 bean 的 id 注入，只能注入其他 bean 类型。@Resource 注释使用 "name" 属性，该属性以一个 bean 名称的形式被注入，遵循 by-name 自动连接语义，示例代码如下：

```
public class TextEditor {
    private SpellChecker spellChecker;
    @Resource(name= "spellChecker")
    public void setSpellChecker( SpellChecker spellChecker ){
        this.spellChecker = spellChecker;
    }
    public SpellChecker getSpellChecker(){
        return spellChecker;
    }
    public void spellCheck(){
        spellChecker.checkSpelling();
    }
}
```

（4）@Value 注解

@Value 注解可注入基本数据类型和 String 数据类型，通常用于注入外部属性，示例代码如下：

```
@Component
public class MovieRecommender {
    private final String catalog;
    public MovieRecommender(@Value("${catalog.name}") String catalog) {
        this.catalog = catalog;
    }
}
```

Spring 提供了一个默认的宽松嵌入式值解析器。它将尝试解析属性值，如果无法解析，属性名称（如 ${catalog.name}）将作为值注入。

### 3.8.3 用于改变作用范围的注解

该类型注解相当于 xml 中的 \<bean id="" class="" scope=""\>。

@Scope 用于指定 Bean 的范围。默认范围是单实例，但可以重写带有 @Scope 注解的该方法，示例代码如下：

```
@Scope("prototype")
@Repository
public class MovieFinderImpl implements MovieFinder {
    // ...
}
```

@Scope 注释仅在具体 bean 类（用于注释组件）或工厂方法（用于 @Bean 方法）进行自省。与 XML bean 定义相比，没有对 bean 的定义进行继承，并且类级别的继承层次结构与元数据无关。

### 3.8.4 生命周期相关的注解

@PostConstruct 注解用于指定初始化方法，@PreDestroy 用于指定销毁方法。@PostConstruct 和 @PreDestroy 注解通常被认为是 Spring 应用程序中接收生命周期回调的最佳实践，示例代码如下：

```
public class CachingMovieLister {
    @PostConstruct
    public void populateMovieCache() {
        // 初始化
    }
}
```

```
    @PreDestroy
    public void clearMovieCache() {
        // 销毁
    }
}
```

### 3.8.5 配置类相关的注解

（1）@Configuration 注解

@Configuration 注解用于指定当前类是一个 Spring 配置类，当创建容器时会从该类上加载注解。获取容器时需要使用 AnnotationApplicationContext（有 @Configuration 注解的类 .class），示例代码如下：

```
@Configuration
public class SpringConfiguration {
}
```

（2）@ComponentScan 注解

@ComponentScan 注解用于指定 Spring 在初始化容器时要扫描的包，相当于 xml 中 <context:component-scan base-package=" "/>，示例代码如下：

```
@Configuration
@ComponentScan("cn.×××")
public class SpringConfiguration {
}
```

（3）@Bean 注解

该注解只能写在方法上，表示使用此方法创建一个对象，并且将其放入 Spring 容器，示例代码如下：

```
@Bean(name="helloWorld")
public HelloWorld helloWorld(){
    return new HelloWorld();
}
```

其中 name 用于给当前 @Bean 注解方法创建的对象指定一个名称，如果不指定 id，那么它默认 id 为该方法名。

（4）@Import

@Import 用于导入其他配置类，在引入其他配置类时，其他类上可以不用再写 @Configuration 注解，示例代码如下：

```
@Configuration
@ComponentScan("×××")
@Import(value = { JdbcConfig.class })
public class SpringConfiguration {

}
```

## 3.9 SpringAOP

### 3.9.1 Spring AOP 介绍

面向切面编程（AOP）是对面向对象编程（OOP）的一种补充，它提供了另一种程序结构的思路。OOP 将应用程序分解成各个层次的对象，而 AOP 将程序分解成多个切面。Spring AOP 是 Spring 框架的重要组成部分，它实现了 AOP 联盟约定的接口。Spring AOP 是由 Java 开发的。Spring AOP 只实现了方法级别的连接点，在 J2EE 应用中，AOP 拦截到方法级别的连接点，在 J2EE 应用中，AOP 拦截到方法级的操作已经足够。OOP 倡导的是基于 setter/getter 的方法访问，并非直接访问域，而 Spring 有足够理由仅仅提供方法级的连接点。为了使控制反转（IoC）很方便地使用到非常健全、灵活的企业服务，则需要利用 SpringAOP 实现为 IoC 和企业服务之间建立联系。

### 3.9.2 Spring AOP 相关概念

通知（advice）切面的工作被称为通知。通知定义了切面是什么及何时使用。除了描述切面要完成的工作，通知还解决了何时执行这个工作的问题。Spring 切面可以应用 5 种类型的通知：前置通知、后置通知、返回通知、异常通知、环绕通知。下面就这 5 种类型的通知进行介绍：前置（before）通知，在目标方法被调用之前调用通知功能；后置（after）通知，在目标方法完成之后调用通知，此时不会关注方法的输出是什么；返回（after-returning）通知，在目标方法执行成功后调用通知；异常（after-throwing）通知，在目标方法抛出异常后调用通知；环绕（around）通知，在目标方法执行之前和之后都可以执行额外代码的通知。

连接点（joinpoint）：程序执行的某个特定位置（如某个方法调用前、调用后，方法抛出异常后）。一个类或一段程序代码拥有一些具有边界性质的特定点，这些类或程序代码中的特定点就是连接点。Spring 仅支持方法的连接点。

切点（pointcut）：是指通知要织入的具体位置，切点决定通知应该作用于哪个连接点，也就是说通过切点来定义需要增强方法的集合，这些集合的选取可以按照一定的规则来完成。

切面（aspect）：是通知和切点的结合。通知和切点共同定义了切面的全部内容。

引入（introduction）：允许向现有的类添加新方法属性。

织入（weaving）：把切面应用到目标对象来创建新代理对象的过程。根据不同的实现技术，AOP 有 3 种织入方式：编译期织入，切面在目标类编译时织入，这种方式要求使用特殊的 JAVA 编辑器；类加载期织入，切面在目标类加载到 JVM 时被织入，这种方式要求使用特殊的类装载器；运行期织入，在运行期间为目标类添加增强生成子类的方式。

### 3.9.3 Spring 中基于 AOP 的 XML 架构

使用 aop 命名空间标签需要导入 spring-aopj 架构，配置如下：

```xml
<?xml version="1.0" encoding="UTF-8"?>
<beans xmlns="http://www.springframework.org/schema/beans"
    xmlns:xsi="http://www.w3.org/2001/XMLSchema-instance"
    xmlns:aop="http://www.springframework.org/schema/aop"
    xsi:schemaLocation="http://www.springframework.org/schema/beans
    http://www.springframework.org/schema/beans/spring-beans-3.0.xsd
    http://www.springframework.org/schema/aop
    http://www.springframework.org/schema/aop/spring-aop-3.0.xsd ">
</beans>
```

需要在应用程序的 CLASSPATH 中使用以下 AspectJ 库文件。这些库文件在 AspectJ 装置的 'lib' 目录中是可用的，否则可以在 Internet 下载，包括 aspectjrt.jar、aspectjweaver.jar、aspectj.jar、aopalliance.jar（注：aspectjweaver.jar 已包含其他包）。

（1）声明切面

<aop:aspect> 用于配置切面，示例代码如下：

```xml
<aop:config>
    <aop:aspect id="myAspect" ref="aBean">
        <!-- 配置通知的类型要写在此处 -->
    </aop:aspect>
</aop:config>
<bean id="aBean" class="...">
...
</bean>
```

<aop:aspect> 中 id 表示给切面提供一个唯一标识，ref 表示引用配置好通知类的 id。

（2）声明切入点

<aop:pointcut> 用于配置切入点表达式，就是指定对哪些类的哪些方法进行增强，示例代码如下：

```xml
<aop:config>
    <aop:aspect id="myAspect" ref="aBean">
        <aop:pointcut id="businessService"
            expression="execution(*cn.gskeju.myapp.service.*.*(..))"/>
        ...
    </aop:aspect>
</aop:config>
<bean id="aBean" class="...">
    ...
</bean>
```

<aop:pointcut> 中 expression 用于定义切入点表达式；id 用于给切入点表达式提供一个唯一标识。

（3）声明建议

可以在<aop:aspect>中使用<aop:{通知类型名}>元素声明任意5种类型的通知如下：

```xml
<aop:config>
    <aop:aspect id="myAspect" ref="aBean">
        <aop:pointcut id="businessService"
                expression="execution(* cn.gskeju.myapp.service.*.*(..))"/>
        <aop:before pointcut-ref="businessService"
            method="doRequiredTask"/>
        <aop:after pointcut-ref="businessService"
            method="doRequiredTask"/>
        <aop:after-returning pointcut-ref="businessService"
                returning="retVal"
                method="doRequiredTask"/>
        <aop:after-throwing pointcut-ref="businessService"
                throwing="ex"
                method="doRequiredTask"/>
        <aop:around pointcut-ref="businessService"
                method="doRequiredTask"/>
        ...
    </aop:aspect>
</aop:config>
<bean id="aBean" class="...">
    ...
</bean>
```

可以对不同的建议使用相同的 doRequiredTask 或者不同的方法。这些方法将会作为 aspect 模块的一部分来定义。

示例

参考 3.4 新建一个名为 SpringDemo10 的 Java 项目。

在 cn.gskeju 包下创建 Logging.java 文件，这实际是 aspect 模块的一个示例。它定义了在各个点调用的方法，示例代码如下：

```java
public class Logging {
    public void beforeAdvice(){
        System.out.println("Going to setup student profile.");
    }
    public void afterAdvice(){
        System.out.println("Student profile has been setup.");
    }
    public void afterReturningAdvice(Object retVal){
        System.out.println("Returning:" + retVal.toString() );
    }
    public void AfterThrowingAdvice(IllegalArgumentException ex){
        System.out.println("There has been an exception: " + ex.toString());
    }
}
```

在 cn.gskeju 包下创建 Logging.java 文件，示例代码如下：

```java
public class Student {
    private Integer age;
    private String name;
    public void setAge(Integer age) {
        this.age = age;
    }
    public Integer getAge() {
        System.out.println("Age : " + age );
        return age;
    }
    public void setName(String name) {
        this.name = name;
    }
    public String getName() {
```

```
        System.out.println("Name : " + name );
        return name;
    }
    public void printThrowException(){
        System.out.println("Exception raised");
        throw new IllegalArgumentException();
    }
}
```

在 src 目录下创建 Spring 配置文件 Beans.xml，配置如下：

```xml
<?xml version="1.0" encoding="UTF-8"?>
<beans xmlns="http://www.springframework.org/schema/beans"
    xmlns:xsi="http://www.w3.org/2001/XMLSchema-instance"
    xmlns:aop="http://www.springframework.org/schema/aop"
    xsi:schemaLocation="http://www.springframework.org/schema/beans
    http://www.springframework.org/schema/beans/spring-beans-3.0.xsd
    http://www.springframework.org/schema/aop
    http://www.springframework.org/schema/aop/spring-aop-3.0.xsd ">
    <aop:config>
        <aop:aspect id="log" ref="logging">
            <aop:pointcut id="selectAll"
                expression="execution(* cn.gskeju.*.*(..))"/>
            <aop:before pointcut-ref="selectAll" method="beforeAdvice"/>
            <aop:after pointcut-ref="selectAll" method="afterAdvice"/>
            <aop:after-returning pointcut-ref="selectAll"
                returning="retVal"
                method="afterReturningAdvice"/>
            <aop:after-throwing pointcut-ref="selectAll"
                throwing="ex"
                method="afterThrowingAdvice"/>
        </aop:aspect>
    </aop:config>
    <bean id="student" class="cn.gskeju.Student">
        <property name="name"  value="Zara" />
        <property name="age"  value="11"/>
    </bean>
    <bean id="logging" class="cn.gskeju.Logging"/>
</beans>
```

运行 MainApp 类中的 main() 方法，控制台输出如下：

```
Going to setup student profile.
Name : Zara
Student profile has been setup.
Returning:Zara
Going to setup student profile.
Age : 11
Student profile has been setup.
Returning:11
Going to setup student profile.
Exception raised
Student profile has been setup.
There has been an exception: java.lang.IllegalArgumentException
...
other exception content
```

### 3.9.4 Spring 中基于 AOP 的 @AspectJ 注解

AspectJ 框架为 AOP 开发提供了一套 @AspectJ 注解。它允许直接在 Java 类中通过注解的方式对切面（Aspect）、切入点（Pointcut）和增强（Advice）进行定义，Spring 框架可以根据这些注解生成 AOP 代理。关于 Annotation 注解的介绍如表 3-6 所示。

表 3-6　Annotation 注解介绍

| 名称 | 说明 |
| --- | --- |
| @Aspect | 用于定义一个切面 |
| @Pointcut | 用于定义一个切入点 |
| @Before | 用于定义前置通知，相当于 BeforeAdvice |
| @AfterReturning | 用于定义后置通知，相当于 AfterReturningAdvice |
| @Around | 用于定义环绕通知，相当于 MethodInterceptor |
| @AfterThrowing | 用于定义抛出通知，相当于 ThrowAdvice |
| @After | 用于定义最终通知，不管是否异常，该通知都会执行 |
| @DeclareParents | 用于定义引介通知，相当于 IntroductionInterceptor |

（1）启用 @AspectJ 注解支持

在使用 @AspectJ 注解进行 AOP 开发前，我们首先要启用 @AspectJ 注解支持。可以通过以下 2 种方式来启用 @AspectJ 注解。

1）使用 Java 配置类启用

可以在 Java 配置类（标注了 @Configuration 注解的类）中，使用 @EnableAspectJAutoProxy 和 @ComponentScan 注解启用 @AspectJ 注解支持。

```
@Configuration
@EnableAspectJAutoProxy // 开启 AspectJ 的自动代理
  public class AppConfig {
}
```

2）基于 XML 配置启用

在 Spring 的 XML 配置文件中，添加以下内容启用 @AspectJ 注解支持。

```xml
<!-- 开启 AspectJ 自动代理 -->
<aop:aspectj-autoproxy></aop:aspectj-autoproxy>
```

（2）定义切面 @Aspect

在启用 @AspectJ 注解支持的情况下，Spring 会自动将 IoC 容器（ApplicationContext）中的所有使用了 @Aspect 注解的 bean 识别为一个切面。

在 XML 配置中通过一些配置将这个类定义为一个 bean，代码如下：

```xml
<bean id = "myAspect" class = "cn.gskeju.NotVeryUsefulAspect">
   ...
</bean>
```

在定义完 bean 后，只需在 bean 对应的 Java 类中使用一个 @Aspect 注解将该 bean 定义为一个切面，代码如下：

```java
@Aspect // 定义为切面
public class NotVeryUsefulAspect {
}
```

还可使用全注解方式定义切面，即在 Java 类上使用以下 2 个注解，代码如下：

```java
@Component // 定义成 bean
@Aspect // 定义为切面
public class NotVeryUsefulAspect {
}
```

@Component 注解是将这个类的对象定义为一个 bean；@Aspect 注解是则是将这个 bean 定义为一个切面。

（3）定义切点 @Pointcut

在 AspectJ 中可以使用 @Pointcut 注解来定义一个切点。需要注意的是，定义为切点方法的返回值类型必须为 void，示例代码如下：

```
// 要求：方法必须是 private，返回值类型为 void，名称自定义，没有参数
@Pointcut("execution(*cn.gskeju(..))")
private void anyOldTransfer() {
}
```

@Pointcut 注解中的 value 属性值就是切入点表达式。

1）支持的切入点指示符

Spring AOP 支持在切入点表达式中使用以下 AspectJ 切入点指示符 (PCD)。

① execution：用于匹配方法执行连接点。这是使用 Spring AOP 时的主要切入点指示符。

② within：限制匹配到特定类型内的连接点。

③ this：限制匹配到连接点（使用 Spring AOP 时方法的执行），其中 bean 引用（Spring AOP 代理）是给定类型的实例。

④ target：将匹配限制在目标对象（被代理的应用程序对象）是给定类型实例的连接点（使用 Spring AOP 时方法的执行）。

⑤ args：限制匹配到参数是给定类型实例的连接点（使用 Spring AOP 时方法的执行）。

⑥ @target：限制匹配到连接点（使用 Spring AOP 时方法的执行），其中执行对象的类具有给定类型的注释。

⑦ @args：将匹配限制为连接点（使用 Spring AOP 时方法的执行），其中传递实际参数的运行时，类型具有给定类型的注释。

⑧ @within：将匹配限制为具有给定注释类型内的连接点（使用 Spring AOP 时执行在具有给定注释的类型中声明的方法）。

⑨ @annotation：限制匹配到连接点的主题（在 Spring AOP 中运行的方法）具有给定注释的连接点。

2）组合切入点表达式

除了可以通过切入点表达式（execution）直接对切点进行定义外，还可以通过切入点方法的名称来引用其他的切入点。在使用方法名引用其他切入点时，还可以使用"&&"、"||"和"!"分别表示"与"、"或"和"非"，示例代码如下：

```
/**
 * 将 cn.gskeju 包下 UserDao 类中的 get() 方法定义为一个切点
 */
@Pointcut(value ="execution(* cn.gskeju.UserDao.get(..))")
```

```
public void pointCut1(){

}
/**
 *！ 表示 非，即 "不是" 的含义，求补集
 * && 表示 与，即 "并且"，求交集
 * || 表示 或，即 "或者"，求并集
 */
@Pointcut(value ="!pointCut1() && !pointCut2()")
public void pointCut2(){

}
```

（4）定义通知

AspectJ 为我们提供了以下 6 个注解，来定义 6 种不同类型的通知（Advice），如表 3-7 所示。

表 3-7　通知注解

| 注解 | 说明 |
| --- | --- |
| @Before | 用于定义前置通知，相当于 BeforeAdvice |
| @AfterReturning | 用于定义后置通知，相当于 AfterReturningAdvice |
| @Around | 用于定义环绕通知，相当于 MethodInterceptor |
| @AfterThrowing | 用于定义抛出通知，相当于 ThrowAdvice |
| @After | 用于定义最终通知，不管是否异常，该通知都会执行 |
| @DeclareParents | 用于定义引介通知，相当于 IntroductionInterceptor |

以上这些通知注解中都有 value 属性，value 属性的取值就是这些通知（advice）作用切点（pointcut），既可以是切入点表达式，也可以是切入点的引用（切入点对应的方法名称），示例代码如下：

```
@Pointcut(value ="execution(* cn.gskeju.dao.UserDao.get(..))")
public void pointCut1(){

}
@Pointcut(value ="execution(* cn.gskeju.dao.UserDao.delete(..))")
public void pointCut2(){

}
@Pointcut(value ="!pointCut1() && !pointCut2()")
```

```
    public void pointCut3(){
    }
    // 使用切入点引用
    @Before("MyAspect.pointCut3()")
    public void around() throws Throwable {
        System.out.println(" 环绕增强……");
    }
    // 使用切入点表达式
    @AfterReturning(value = "execution(* cn.gskeju.dao.UserDao.get(..))" ,returning = "returnValue")
    public void afterReturning(Object returnValue){
        System.out.println(" 方法返回值为："+returnValue);
    }
```

示例

参考 3.4 新建一个名为 SpringDemo11 的 Java 项目，并将以下 Jar 包导入该项目中。

commons-logging-1.2.jar；

spring-aop-5.3.13.jar；

spring-aspects-5.3.13.jar；

spring-beans-5.3.13.jar；

spring-context-5.3.13.jar；

spring-core-5.3.13.jar；

spring-expression-5.3.13.jar；

aspectjweaver-1.9.7.jar。

在 cn.gskeju 包下创建 Logging.java 文件，示例代码如下：

```
@Aspect
public class Logging {
    @Pointcut("execution(* cn.gskeju.*.*(..))")
    private void selectAll(){}
    @Before("selectAll()")
    public void beforeAdvice(){
        System.out.println("Going to setup student profile.");
    }
    @After("selectAll()")
    public void afterAdvice(){
        System.out.println("Student profile has been setup.");
    }
```

```java
@AfterReturning(pointcut = "selectAll()", returning="retVal")
public void afterReturningAdvice(Object retVal){
    System.out.println("Returning:" + retVal.toString() );
}
@AfterThrowing(pointcut = "selectAll()", throwing = "ex")
public void AfterThrowingAdvice(IllegalArgumentException ex){
    System.out.println("There has been an exception: " + ex.toString());
}
}
```

在 cn.gskeju 包下创建 Student.java 文件，代码如下：

```java
public class Student {
    private Integer age;
    private String name;
    public void setAge(Integer age) {
        this.age = age;
    }
    public Integer getAge() {
        System.out.println("Age : " + age );
        return age;
    }
    public void setName(String name) {
        this.name = name;
    }
    public String getName() {
        System.out.println("Name : " + name );
        return name;
    }
    public void printThrowException(){
        System.out.println("Exception raised");
        throw new IllegalArgumentException();
    }
}
```

在 cn.gskeju 包下创建 MainApp.java 文件，代码如下：

```java
public class MainApp {
    public static void main(String[ ] args) {
        ApplicationContext context =
            new ClassPathXmlApplicationContext("Beans.xml");
        Student student = (Student) context.getBean("student");
        student.getName();
        student.getAge();
        student.printThrowException();
    }
}
```

在 src 目录下创建 Spring 配置文件 Beans.xml，配置如下：

```xml
<?xml version="1.0" encoding="UTF-8"?>
<beans xmlns="http://www.springframework.org/schema/beans"
    xmlns:xsi="http://www.w3.org/2001/XMLSchema-instance"
    xmlns:aop="http://www.springframework.org/schema/aop"
   xsi:schemaLocation="http://www.springframework.org/schema/beans
   http://www.springframework.org/schema/beans/spring-beans-3.0.xsd
   http://www.springframework.org/schema/aop
   http://www.springframework.org/schema/aop/spring-aop-3.0.xsd ">
   <aop:aspectj-autoproxy/>
   <bean id="student" class="com.tutorialspoint.Student">
      <property name="name"  value="Zara" />
      <property name="age"  value="11"/>
   </bean>
   <bean id="logging" class="com.tutorialspoint.Logging"/>
</beans>
```

运行 MainApp 类的 main() 方法，控制台输出如下：

```
Going to setup student profile.
Name : Zara
Student profile has been setup.
Returning:Zara
Going to setup student profile.
Age : 11
Student profile has been setup.
```

```
Returning:11
Going to setup student profile.
Exception raised
Student profile has been setup.
There has been an exception: java.lang.IllegalArgumentException
...
other exception content
```

## 3.10 Spring JDBC 框架

### 3.10.1 JDBC 框架概述

Spring JDBC 框架负责所有的底层细节，从开始打开连接、准备和执行 SQL 语句、处理异常、处理事务到最后关闭连接。因此，只需定义连接参数指定要执行的 SQL 语句，在从数据库中获取数据时，对每次迭代执行所需的工作即可。

JdbcTemplate 是 JDBC 核心包中的中心类。该类执行 SQL 查询、更新语句和存储过程调用，在 ResultSet 上执行迭代并提取返回的参数值。它还捕获 JDBC 异常，并将异常转换为 org.springframework.dao 包中通用的定义等和更详细的异常层次结构。JdbcTemplate 类的实例是由线程安全配置的，所以可以配置 JdbcTemplate 的单个实例，然后将该共享的引用安全地注入多个 DAO 中。使用 JdbcTemplate 类时常见的做法是在 Spring 配置文件中配置数据源，然后共享数据源 bean 依赖注入 DAO 类中，并在数据源的设值函数中创建 JdbcTemplate。

（1）配置数据源

在数据库 TEST 中创建一个数据库表 Student。假设正在使用 MySQL 数据库，如果使用其他数据库，那么可以改变 DDL 和相应的 SQL 查询。

```
CREATE TABLE Student(
    ID  INT NOT NULL AUTO_INCREMENT,
    NAME VARCHAR(20) NOT NULL,
    AGE  INT NOT NULL,
    PRIMARY KEY (ID)
);
```

需要提供一个数据源到 JdbcTemplate 中，在 XML 文件中配置数据源代码如下：

```
<bean id="dataSource"
class="org.springframework.jdbc.datasource.DriverManagerDataSource">
    <property name="driverClassName" value="com.mysql.jdbc.Driver"/>
    <property name="url" value="jdbc:mysql:////TEST"/>
```

```xml
    <property name="username" value="root"/>
    <property name="password" value="password"/>
</bean>
```

（2）数据访问对象

数据访问对象（DAO）代表常用数据库交互的数据访问对象。在 Spring 中，DAO 支持用统一的方法使用数据访问技术，如 JDBC、Hibernate、JPA 或 JDO。

（3）执行 SQL 语句

查询一个整数类型，示例代码如下：

```java
String SQL = "select count(*) from Student";
int rowCount = jdbcTemplateObject.queryForInt( SQL );
```

查询一个 long 类型，示例代码如下：

```java
String SQL = "select count(*) from Student";
long rowCount = jdbcTemplateObject.queryForLong( SQL );
```

查询一个简单的绑定变量，示例代码如下：

```java
String SQL = "select age from Student where id = ?";
int age = jdbcTemplateObject.queryForInt(SQL, new Object[ ]{10});
```

查询字符串，示例代码如下：

```java
String SQL = "select name from Student where id = ?";
String name = jdbcTemplateObject.queryForObject(SQL, new Object[ ]{10}, String.class);
```

查询并返回一个对象，示例代码如下：

```java
String SQL = "select * from Student where id = ?";
    Student student = jdbcTemplateObject.queryForObject(SQL,
    new Object[]{10}, new StudentMapper());
public class StudentMapper implements RowMapper<Student> {
    public Student mapRow(ResultSet rs, int rowNum) throws SQLException {
        Student student = new Student();
        student.setID(rs.getInt("id"));
        student.setName(rs.getString("name"));
        student.setAge(rs.getInt("age"));
        return student;
    }
}
```

查询并返回多个对象，示例代码如下：

```
String SQL = "select * from Student";
    List<Student> students = jdbcTemplateObject.query(SQL,
    new StudentMapper());
public class StudentMapper implements RowMapper<Student> {
  public Student mapRow(ResultSet rs, int rowNum) throws SQLException {
    Student student = new Student();
    student.setID(rs.getInt("id"));
    student.setName(rs.getString("name"));
    student.setAge(rs.getInt("age"));
    return student;
  }
}
```

在表中插入一行，示例代码如下：

```
String SQL = "insert into Student (name, age) values (?, ?)";
jdbcTemplateObject.update( SQL, new Object[ ]{"Zara", 11} );
```

更新表中的一行，示例代码如下：

```
String SQL = "update Student set name = ? where id = ?";
jdbcTemplateObject.update( SQL, new Object[ ]{"Zara", 10} );
```

从表中删除一行，示例代码如下：

```
String SQL = "delete Student where id = ?";
jdbcTemplateObject.update( SQL, new Object[ ]{20} );
```

（4）执行 DDL 语句

可以使用 jdbcTemplate 中的 execute() 方法来执行 SQL 语句或 DDL 语句。下面是使用 CREATE 语句创建一个表的示例：

```
String SQL = "CREATE TABLE Student( " +
    "ID   INT NOT NULL AUTO_INCREMENT, " +
    "NAME VARCHAR(20) NOT NULL, " +
    "AGE  INT NOT NULL, " +
    "PRIMARY KEY (ID));"
    jdbcTemplateObject.execute( SQL );
```

### 3.10.2 Spring JDBC 示例

创建数据库表 Student,表结构如下:

```
CREATE TABLE Student(
  ID   INT NOT NULL AUTO_INCREMENT,
  NAME VARCHAR(20) NOT NULL,
  AGE  INT NOT NULL,
  PRIMARY KEY (ID)
);
```

参考 3.4 新建一个名为 SpringDemo12 的 Java 项目。

在 cn.gskeju 包下创建 StudentDAO.java 文件,示例代码如下:

```java
public interface StudentDAO {
    public void setDataSource(DataSource ds);
    public void create(String name, Integer age);
    public Student getStudent(Integer id);
    public List<Student> listStudents();
    public void delete(Integer id);
    public void update(Integer id, Integer age);
}
```

在 cn.gskeju 包下创建 Student.java 文件,示例代码如下:

```java
public class Student {
    private Integer age;
    private String name;
    private Integer id;
    public void setAge(Integer age) {
        this.age = age;
    }
    public Integer getAge() {
        return age;
    }
    public void setName(String name) {
        this.name = name;
    }
    public String getName() {
```

```
        return name;
    }
    public void setId(Integer id) {
        this.id = id;
    }
    public Integer getId() {
        return id;
    }
}
```

在 cn.gskeju 包下创建 StudentMapper.java 文件，示例代码如下：

```
public class StudentMapper implements RowMapper<Student> {
    public Student mapRow(ResultSet rs, int rowNum) throws SQLException
    {
        Student student = new Student();
        student.setId(rs.getInt("id"));
        student.setName(rs.getString("name"));
        student.setAge(rs.getInt("age"));
        return student;
    }
}
```

定义的 DAO 接口 StudentDAO 的实现类文件 StudentJDBCTemplate.java，示例代码如下：

```
public class StudentJDBCTemplate implements StudentDAO {
    private DataSource dataSource;
    private JdbcTemplate jdbcTemplateObject;
    public void setDataSource(DataSource dataSource) {
        this.dataSource = dataSource;
        this.jdbcTemplateObject = new JdbcTemplate(dataSource);
    }
    public void create(String name, Integer age) {
        String SQL = "insert into Student (name, age) values (?, ?)";
        jdbcTemplateObject.update( SQL, name, age);
        System.out.println("Created Record Name = " + name + " Age = " + age);
        return;
```

```java
    }
    public Student getStudent(Integer id) {
        String SQL = "select * from Student where id = ?";
        Student student = jdbcTemplateObject.queryForObject(SQL,
            new Object[]{id}, new StudentMapper());
        return student;
    }
    public List<Student> listStudents() {
        String SQL = "select * from Student";
        List <Student> students = jdbcTemplateObject.query(SQL,
            new StudentMapper());
        return students;
    }
    public void delete(Integer id){
        String SQL = "delete from Student where id = ?";
        jdbcTemplateObject.update(SQL, id);
        System.out.println("Deleted Record with ID = " + id );
        return;
    }
    public void update(Integer id, Integer age){
        String SQL = "update Student set age = ? where id = ?";
        jdbcTemplateObject.update(SQL, age, id);
        System.out.println("Updated Record with ID = " + id );
        return;
    }
}
```

在 cn.gskeju 包下创建 MainApp.java 文件，示例代码如下：

```java
public class MainApp {
    public static void main(String[] args) {
        ApplicationContext context =
            new ClassPathXmlApplicationContext("Beans.xml");
        StudentJDBCTemplate studentJDBCTemplate =
(StudentJDBCTemplate)context.getBean("studentJDBCTemplate");
        System.out.println("------Records Creation--------" );
        studentJDBCTemplate.create("Zara", 11);
```

```java
        studentJDBCTemplate.create("Nuha", 2);
        studentJDBCTemplate.create("Ayan", 15);
        System.out.println("------Listing Multiple Records--------" );
        List<Student> students = studentJDBCTemplate.listStudents();
        for (Student record : students) {
           System.out.print("ID : " + record.getId() );
           System.out.print(", Name : " + record.getName() );
           System.out.println(", Age : " + record.getAge());
        }
        System.out.println("----Updating Record with ID = 2 -----" );
        studentJDBCTemplate.update(2, 20);
        System.out.println("----Listing Record with ID = 2 -----" );
        Student student = studentJDBCTemplate.getStudent(2);
        System.out.print("ID : " + student.getId() );
        System.out.print(", Name : " + student.getName() );
        System.out.println(", Age : " + student.getAge());
   }
}
```

在 src 目录下创建 Spring 配置文件 Beans.xml，配置如下：

```xml
<?xml version="1.0" encoding="UTF-8"?>
<beans xmlns="http://www.springframework.org/schema/beans"
    xmlns:xsi="http://www.w3.org/2001/XMLSchema-instance"
   xsi:schemaLocation="http://www.springframework.org/schema/beans
   http://www.springframework.org/schema/beans/spring-beans-3.0.xsd ">
    <bean id="dataSource" class="org.springframework.jdbc.datasource.DriverManagerDataSource">
       <property name="driverClassName" value="com.mysql.jdbc.Driver"/>
       <property name="url" value="jdbc:mysql://localhost:3306/TEST"/>
       <property name="username" value="root"/>
       <property name="password" value="password"/>
    </bean>
    <bean id="studentJDBCTemplate"
       class="cn.gskeju.StudentJDBCTemplate">
       <property name="dataSource"  ref="dataSource" />
    </bean>
</beans>
```

运行 MainApp 类中的 main() 方法，控制台输出如下：

```
------Records Creation--------
Created Record Name = Zara Age = 11
Created Record Name = Nuha Age = 2
Created Record Name = Ayan Age = 15
-----Listing Multiple Records--------
ID : 1, Name : Zara, Age : 11
ID : 2, Name : Nuha, Age : 2
ID : 3, Name : Ayan, Age : 15
----Updating Record with ID = 2 -----
Updated Record with ID = 2
----Listing Record with ID = 2 -----
ID : 2, Name : Nuha, Age : 20
```

## 3.11 Spring 事务管理

数据库事务是一个被视为单一工作单元的操作序列，这类操作应该完整地执行或完全不执行。事务管理是数据库系统的一个重要组成部分，关系型数据库面向企业应用程序，以确保数据的完整性和一致性。事务包括以下 4 个要素。

① 完整性：事务应该看作一个单独单元的操作，这意味着整个序列操作要么成功，要么失败。

② 一致性：事务开始前和结束后，数据库的完整性约束不能被破坏。

③ 隔离性：可能同时处理很多有相同数据集的事务。每个事务应该与其他事务隔离，以防止数据损坏。

④ 持久性：一个事务一旦完成全部操作后，这个事务的结果必须是永久性的，不能因系统故障而从数据库中删除。

一个真正的关系型数据库系统将为每个事务保证 4 个要素。使用 SQL 发布到数据库事务的简单视图如下：

① 使用 begin transaction 命令开始事务。

② 使用 SQL 查询语句执行各种删除、更新或插入操作。

③ 如果所有的操作都成功，则执行提交操作，否则回滚所有操作。

Spring 提供了分层设计业务层的事务处理解决方案，并提供了一组事务控制的接口。事务控制都是基于 AOP 的，它既可以使用编程的方式实现，也可以使用配置的方式实现。

### 3.11.1 事务管理方式

Spring 支持编程式事务管理和声明式事务管理两种方式的事务管理，如表 3-8 所示。

表 3-8  Spring 事务管理方式

| 事务管理方式 | 说明 |
| --- | --- |
| 编程式事务管理 | 编程式事务管理是通过编写代码实现的事务管理。这种方式能够在代码中精确地定义事务的边界，开发人员可以根据需求规定事务开始与结束的位置 |
| 声明式事务管理 | 声明式事务管理在底层采用了 AOP 技术，其最大的优点在于无须通过编程的方式管理事务，只需在配置文件中进行相关的规则声明就可以将事务规则应用到业务逻辑 |

编程式事务管理对事物控制的细粒度更高，开发人员能够精确地控制事务的边界，事务的开始和结束完全取决于工程需求，但这种方式存在事务规则与业务代码耦合度高、难以维护的缺点，因此很少使用这种方式进行事务管理。

声明式事务管理的事务易用性更高，对业务代码没有侵入性，耦合度低、易于维护，因此，这是目前开发中最常用的事务管理方式。

## 3.11.2  事务管理器

Spring 并不是直接管理事务，而是通过事务管理器进行事务管理。在 Spring 中提供了一个 org.springframework.transaction.PlatformTransactionManager 接口，这个接口被称为 Spring 的事务管理器，其源码如下：

```
public interface PlatformTransactionManager extends TransactionManager {
    TransactionStatus getTransaction(@Nullable TransactionDefinition definition) throws TransactionException;
    void commit(TransactionStatus status) throws TransactionException;
    void rollback(TransactionStatus status) throws TransactionException;
}
```

该接口各方法说明如表 3-9 所示。

表 3-9  接口方法说明

| 名称 | 说明 |
| --- | --- |
| TransactionStatus getTransaction(TransactionDefinition definition) | 用于获取事务的状态信息 |
| void commit(TransactionStatus status) | 用于提交事务 |
| void rollback(TransactionStatus status) | 用于回滚事务 |

Spring 为不同的持久化框架或平台（如 JDBC、Hibernate、Jpa 及 Jta 等）提供了不同的 PlatformTransactionManager 接口实现类，这些实现类被称为事务管理器实现类，如表 3-10 所示。

表 3-10 事务管理器实现类

| 实现类 | 说明 |
| --- | --- |
| org.springframework.jdbc.datasource.DataSourceTransactionManager | Spring JDBC 或 iBatis 进行持久化数据时使用 |
| org.springframework.orm.hibernate3.0HibernateTransactionManager | Hibernate 3.0 及以上版本进行持久化数据时使用 |
| org.springframework.orm.jpa.JpaTransactionManager | Jpa 进行持久化时使用 |
| org.springframework.jdo.JdoTransactionManager | 当持久化机制是 Jdo 时使用 |
| org.springframework.transaction.jta.JtaTransactionManager | Jta 来实现事务管理，在一个事务跨越多个不同的资源（分布式事务）使用该实现 |

这些事务管理器的使用方式十分简单，我们只需根据持久化框架（或平台）选用相应的事务管理器实现，即可实现对事物的管理，而不必关心实际事务实现到底是什么。

（1）TransactionDefinition 接口

Spring 将 XML 配置中的事务信息封装到对象 TransactionDefinition 中，然后通过事务管理器的 getTransaction( ) 方法获得事务的状态（transactionstatus），并对事务进行下一步操作。

TransactionDefinition 接口提供了获取事务相关信息的方法，接口定义如下。

```
public interface TransactionDefinition {
    int getPropagationBehavior();
    int getIsolationLevel();
    String getName();
    int getTimeout();
    boolean isReadOnly();
}
```

TransactionDefinition 接口方法说明如表 3-11 所示。

表 3-11 TransactionDefinition 接口方法说明

| 方法 | 说明 |
| --- | --- |
| String getName( ) | 获取事务的名称 |
| int getIsolationLevel( ) | 获取事务的隔离级别 |
| int getPropagationBehavior( ) | 获取事务的传播行为 |

续表

| 方法 | 说明 |
|---|---|
| int getTimeout( ) | 获取事务的超时时间 |
| boolean isReadOnly( ) | 获取事务是否只读 |

1）事务的隔离级别

事务的隔离级别定义了一个事务可能受其他并发事务影响的程度。在实际应用中，经常会出现多个事务同时对同一数据执行不同操作，来实现各自任务的情况。此时就有可能导致脏读、幻读及不可重复读等问题的出现。在理想情况下，事务之间是完全隔离的，但完全的事务隔离会导致性能问题，而且并不是所有的应用都需要事务的完全隔离，因此，有时应用程序在事务隔离上也有一定的灵活性。

Spring 中提供了 5 种隔离级别，开发人员可以根据自身需求自行选择。Spring 事务的隔离级别如表 3-12 所示。

表 3-12　Spring 事务的隔离级别

| 方法 | 说明 |
|---|---|
| ISOLATION_DEFAULT | 使用后端数据库默认的隔离级别 |
| ISOLATION_READ_UNCOMMITTED | 允许读取尚未提交的更改，可能导致脏读、幻读和不可重复读 |
| ISOLATION_READ_COMMITTED | Oracle 默认级别，允许读取已提交的并发事务，防止脏读，可能出现幻读和不可重复读 |
| ISOLATION_REPEATABLE_READ | MySQL 默认级别，多次读取相同字段的结果是一致的，防止脏读和不可重复读，可能出现幻读 |
| ISOLATION_SERIALIZABLE | 完全服从 ACID 的隔离级别，防止脏读、不可重复读和幻读 |

2）事务传播行为

事务传播行为（propagation behavior）指的是当一个事务方法被另一个事务方法调用时，这个事务方法应该如何运行。例如，事务方法 A 在调用事务方法 B 时，B 方法在哪个事务中运行由事务方法 B 的事务传播行为决定。

事务方法指的是能让数据库表数据发生改变的方法，如新增数据、删除数据、修改数据的方法。

Spring 提供 7 种不同的事务传播行为，如表 3-13 所示。

表 3-13  Spring 提供的事务传播行为

| 名称 | 说明 |
| --- | --- |
| PROPAGATION_MANDATORY | 支持当前事务，如果不存在当前事务，则引发异常 |
| PROPAGATION_NESTED | 如果存在当前事务，则在嵌套事务中执行 |
| PROPAGATION_NEVER | 不支持当前事务，如果存在当前事务，则引发异常 |
| PROPAGATION_NOT_SUPPORTED | 不支持当前事务，始终以非事务方式执行 |
| PROPAGATION_REQUIRED | 默认传播行为，如果存在当前事务，则当前方法就在当前事务中运行；如果不存在，则创建一个新的事务，并在这个新建的事务中运行 |
| PROPAGATION_REQUIRES_NEW | 创建新事务，如果已经存在事务则暂停当前事务 |
| PROPAGATION_SUPPORTS | 支持当前事务，如果不存在事务，则以非事务方式执行 |

（2）TransactionStatus 接口

TransactionStatus 接口提供了一些简单的方法来控制事务的执行、查询事务的状态，接口定义如下：

```
public interface TransactionStatus extends SavepointManager {
    boolean isNewTransaction();
    boolean hasSavepoint();
    void setRollbackOnly();
    boolean isRollbackOnly();
    boolean isCompleted();
}
```

TransactionStatus 接口方法说明如表 3-14 所示。

表 3-14  TransactionStatus 接口方法说明

| 名称 | 说明 |
| --- | --- |
| boolean hasSavepoint() | 获取是否存在保存点 |
| boolean isCompleted() | 获取事务是否完成 |
| boolean isNewTransaction() | 获取是不是新事务 |
| boolean isRollbackOnly() | 获取事务是否回滚 |
| void setRollbackOnly() | 设置事务回滚 |

### 3.11.3  Spring 编程式事务管理

Spring 编程式事务管理方法允许开发人员在源代码编程的帮助下管理事务，这使得事务管理变得非常灵活，但是它很难维护。

在 SQLSever 中创建数据库 Sping 与数据表 Student、Marks。SQL 脚本如下：

```
CREATE TABLE Student(
ID        varchar(60)    not null   primary key,   -- 用户 ID，设置为主键
NAME      varchar(60)    null,                      -- 用户姓名
AGE       varchar(60)    null                       -- 年龄
);
```

Marks 用来存储基于年份的学生标记。这里 SID 是 Student 表的外键，其脚本如下：

```
CREATE TABLE Marks(
SID       varchar(60)    not null   ,
MARKS     varchar(60)    null       ,
YEAR      varchar(60)    null
);
```

直接使用 PlatformTransactionManager 来实现编程式方法从而实现事务。要开始一个新事务就需要有一个带有适当 Transaction 属性的 TransactionDefinition 实例。

当 TransactionDefinition 创建后，开发人员可以通过调用 getTransaction() 方法来开始事务管理，该方法会返回 TransactionStatus 的一个实例。TransactionStatus 对象帮助追踪当前的事务状态，并且最终开发人员可以使用 PlatformTransactionManager 的 commit() 方法来提交该事务，否则可使用 rollback() 方法来回滚整个操作。

示例：
参考 3.4 新建一个名为 SpringDemo13 的 Java 项目。
在 cn.gskeju 包下创建 StudentDAO.java 文件，代码如下：

```
public interface StudentDAO {
    public void setDataSource(DataSource ds);
    public void create(String name, Integer age, Integer marks, Integer year);
    public List<StudentMarks> listStudents();
}
```

在 cn.gskeju 包下创建 StudentMarks.java 文件，代码如下：

```
public class StudentMarks {
    private Integer age;
```

```java
        private String name;
        private Integer id;
        private Integer marks;
        private Integer year;
        private Integer sid;
        public void setAge(Integer age) {
            this.age = age;
        }
        public Integer getAge() {
            return age;
        }
        public void setName(String name) {
            this.name = name;
        }
        public String getName() {
            return name;
        }
        public void setId(Integer id) {
            this.id = id;
        }
        public Integer getId() {
            return id;
        }
        public void setMarks(Integer marks) {
            this.marks = marks;
        }
        public Integer getMarks() {
            return marks;
        }
        public void setYear(Integer year) {
            this.year = year;
        }
        public Integer getYear() {
            return year;
        }
        public void setSid(Integer sid) {
```

```
        this.sid = sid;
    }
    public Integer getSid() {
        return sid;
    }
}
```

在 cn.gskeju 包下创建 StudentMarksMapper.java 文件，代码如下：

```
public class StudentMarksMapper implements RowMapper<StudentMarks> {
    public StudentMarks mapRow(ResultSet rs, int rowNum) throws SQLException {
        StudentMarks studentMarks = new StudentMarks();
        studentMarks.setId(rs.getInt("id"));
        studentMarks.setName(rs.getString("name"));
        studentMarks.setAge(rs.getInt("age"));
        studentMarks.setSid(rs.getInt("sid"));
        studentMarks.setMarks(rs.getInt("marks"));
        studentMarks.setYear(rs.getInt("year"));
        return studentMarks;
    }
}
```

在 cn.gskeju 包下创建 StudentJDBCTemplate.java 文件，该类是 DAO 接口 StudentDAO 的实现类，代码如下：

```
public class StudentJDBCTemplate implements StudentDAO {
    private DataSource dataSource;
    private JdbcTemplate jdbcTemplateObject;
    private PlatformTransactionManager transactionManager;
    public void setDataSource(DataSource dataSource) {
        this.dataSource = dataSource;
        this.jdbcTemplateObject = new JdbcTemplate(dataSource);
    }
    public void setTransactionManager(
        PlatformTransactionManager transactionManager) {
        this.transactionManager = transactionManager;
    }
    public void create(String name, Integer age, Integer marks, Integer year){
```

```java
            TransactionDefinition def = new DefaultTransactionDefinition();
            TransactionStatus status = transactionManager.getTransaction(def);
            try {
                String SQL1 = "insert into Student (name, age) values (?, ?)";
                jdbcTemplateObject.update( SQL1, name, age);
                String SQL2 = "select max(id) from Student";
                int sid = jdbcTemplateObject.queryForInt( SQL2,null,Integer.class );
                String SQL3 = "insert into Marks(sid, marks, year) " +
                    "values (?, ?, ?)";
                jdbcTemplateObject.update( SQL3, sid, marks, year);
                System.out.println("Created Name = " + name + ", Age = " + age);
                transactionManager.commit(status);
            } catch (DataAccessException e) {
                System.out.println("Error in creating record, rolling back");
                transactionManager.rollback(status);
                throw e;
            }
            return;
        }
        public List<StudentMarks> listStudents() {
            String SQL = "select * from Student, Marks where Student.id=Marks.sid";
            List <StudentMarks> studentMarks = jdbcTemplateObject.query(SQL,
                new StudentMarksMapper( ));
            return studentMarks;
        }
    }
```

在 cn.gskeju 包下创建 MainApp.java 文件，代码如下：

```java
public class MainApp {
    public static void main(String[ ] args) {
        ApplicationContext context =
            new ClassPathXmlApplicationContext("Beans.xml");
        StudentJDBCTemplate studentJDBCTemplate =
(StudentJDBCTemplate)context.getBean("studentJDBCTemplate");
        System.out.println("------Records creation--------" );
        studentJDBCTemplate.create("Zara", 11, 99, 2010);
```

```
        studentJDBCTemplate.create("Nuha", 20, 97, 2010);
        studentJDBCTemplate.create("Ayan", 25, 100, 2011);
        System.out.println("------Listing all the records--------" );
        List<StudentMarks> studentMarks = studentJDBCTemplate.listStudents();
        for (StudentMarks record : studentMarks) {
            System.out.print("ID : " + record.getId() );
            System.out.print(", Name : " + record.getName() );
            System.out.print(", Marks : " + record.getMarks());
            System.out.print(", Year : " + record.getYear());
            System.out.println(", Age : " + record.getAge());
        }
    }
}
```

在 src 目录下创建 Spring 配置文件 Beans.xml，配置如下：

```xml
<?xml version="1.0" encoding="UTF-8"?>
<beans xmlns="http://www.springframework.org/schema/beans"
    xmlns:xsi="http://www.w3.org/2001/XMLSchema-instance"
    xsi:schemaLocation="http://www.springframework.org/schema/beans
http://www.springframework.org/schema/beans/spring-beans-3.0.xsd ">
    <!-- 数据库 -->
<bean id="dataSource" class="org.springframework.jdbc
                    .datasource.DriverManagerDataSource">
            <property name="driverClassName"
        value="com.mysql.jdbc.Driver"/>
            <property name="url"
        value="jdbc:mysql://localhost:3306/spring"/>
            <property name="username" value="root"/>
            <property name="password" value="password"/>
        </bean>
<!-- 事务管理器 -->
    <bean id="transactionManager" class="org.springframework.jdbc
        .datasource.DataSourceTransactionManager">
    <property name="dataSource"  ref="dataSource" />
    </bean>
<!-- 定义 studentJDBCTemplate bean -->
```

```xml
<bean id="studentJDBCTemplate"
    class="com.tutorialspoint.StudentJDBCTemplate">
    <property name="dataSource" ref="dataSource" />
    <property name="transactionManager" ref="transactionManager" />
</bean>

</beans>
```

运行 MainApp 类中的 main() 方法，控制台输出如下：

```
------Records creation--------
Created Name = Zara, Age = 11
Created Name = Nuha, Age = 20
Created Name = Ayan, Age = 25
------Listing all the records--------
ID : 1, Name : Zara, Marks : 99, Year : 2010, Age : 11
ID : 2, Name : Nuha, Marks : 97, Year : 2010, Age : 20
ID : 3, Name : Ayan, Marks : 100, Year : 2011, Age : 25
```

### 3.11.4　Spring 声明式事务管理

Spring 声明式事务管理方法允许在配置的帮助下来管理事务。这意味着可将事务管理从事务代码中隔离出来。可只使用注释或基于配置的 XML 来管理事务。bean 配置会指定事务型方法。下面是与声明式事务相关的步骤：

①使用标签创建一个事务处理建议，同时，定义一个匹配所有方法的切入点，希望这些方法是事务型的并且会引用事务型的建议。

②如果在事务型配置中包含了一个方法的名称，那么创建的建议在调用方法之前就会在事务中进行。

③目标方法会在 try / catch 块中执行。

④如果方法正常结束，AOP 建议会成功地提交事务，否则它执行回滚操作。

修改 3.11.3 中 SpringDemo13 Beans.xml，代码如下：

```xml
<?xml version="1.0" encoding="UTF-8"?>
<!-- 声明 tx、aop 等标签 -->
<beans xmlns="http://www.springframework.org/schema/beans"
    xmlns:xsi="http://www.w3.org/2001/XMLSchema-instance"
    xmlns:tx="http://www.springframework.org/schema/tx"
    xmlns:aop="http://www.springframework.org/schema/aop"
```

```xml
xsi:schemaLocation="http://www.springframework.org/schema/beans
    http://www.springframework.org/schema/beans/spring-beans-3.0.xsd
    http://www.springframework.org/schema/tx
    http://www.springframework.org/schema/tx/spring-tx-3.0.xsd
    http://www.springframework.org/schema/aop
    http://www.springframework.org/schema/aop/spring-aop-3.0.xsd">

    <!-- 数据库 -->
    <bean id="dataSource"
        class="org.springframework.jdbc.datasource.DriverManagerDataSource">
        <property name="driverClassName" value="com.mysql.jdbc.Driver"/>
        <property name="url" value="jdbc:mysql://localhost:3306/spring"/>
        <property name="username" value="root"/>
        <property name="password" value="cohondob"/>
    </bean>

    <!-- 配置事务 AOP 的通知 -->
    <tx:advice id="txAdvice" transaction-manager="transactionManager">
        <tx:attributes>
            <tx:method name="create"/>
        </tx:attributes>
    </tx:advice>

    <!-- 配置切面 -->
    <aop:config>
        <!-- 配置切入点 -->
        <aop:pointcut id="createOperation"
            expression="execution(*com.tutorialspoint.
            StudentJDBCTemplate.create(..))"/>
        <!-- 配置通知 -->
        <aop:advisor advice-ref="txAdvice"
            pointcut-ref="createOperation"/>
    </aop:config>

    <!-- 事务管理器 -->
    <bean id="transactionManager"
        class="org.springframework.jdbc
            .datasource.DataSourceTransactionManager">
        <property name="dataSource" ref="dataSource"
/>
```

```xml
    </bean>
                <!-- 定义 studentJDBCTemplate bean -->
                <bean id="studentJDBCTemplate"
    class="com.tutorialspoint.StudentJDBCTemplate">
                    <property name="dataSource" ref="dataSource" />
    </bean>
</beans>
```

运行 MainApp 类中的 main( ) 方法，控制台输出如下：

```
------Records creation--------
Created Name = Zara, Age = 11
Exception in thread "main" java.lang.RuntimeException: simulate Error condition
```

# 第四章 SpringMVC 框架详解

## 4.1 SpringMVC 简介

SpringMVC 框架是目前交互式系统中应用最广的一种分层架构，它可以很好地隔离用户界面层和业务处理层，可对代码进行模块化的划分，将一个系统中的各个功能部分之间进行解耦。MVC 模型强制性地将应用程序的输入、处理和输出分开。在 SpringMVC 框架中，通过把系统分为 3 个基本部分 [ 模型（Model）、视图（View）、控制器（Controller）]，使应用系统结构更清晰，升级、维护更方便。下面对 SpringMVC 框架中的 3 个组件进行详细介绍。

①模型（Model），是与问题相关数据的逻辑抽象，代表对象的内在属性，用于封装与应用程序的业务逻辑相关数据及对数据的处理方法是整个模型的核心。模型是真正完成任务的代码，接受视图请求的数据，并返回最终的处理结果。

②视图（View），是模型的外在表现，也就是界面，提供了模型的表示，能够实现数据有目的的显示。视图具有与外界交互的功能，是应用系统与外界的接口，一方面它为外界提供输入手段并触发应用逻辑运行；另一方面它又将逻辑运行的结果以某种形式呈现给外界，但它并不进行任何实际的业务处理。

③控制器（Controller）：控制器是模型与视图的联系纽带，控制器的任务是接受输入的请求用户，并调用模型与视图完成用户请求。控制器提取通过视图传输进来的外部信息，并将用户与视图的交互转换为基于应用程序行为的标准业务事件，再将标准业务事件解析为 Model 对应的动作。同时，Model 的更新和修改也将通过控制器来通知 View，从而保持各 View 与 Model 的一致性。

SpringMVC 是 Spring 提供的一种轻量级 Web 框架，它实现了 WebMVC 设计模式。"对扩展开放"是 SpringMVC 框架一个重要的设计原则，而对于 Spring 的整个完整框架来说，其设计原则是"对扩展开放，对修改闭合"。

SpringMVC 框架在使用和性能等方面比 Struts2 框架更优异，它实现了 MVC 的核心概念，为控制器和处理程序提供了大量与此模式相关的功能，且当向 MVC 添加反转控制时，它使应用程序高度解耦，具有通过简单的配置更改即可动态更改组件的灵活性。

在 SpringMVC 中开发人员可以使用任何对象作为命令对象或表单返回对象，而无须实现一个框架相关的接口或基类。Spring 的数据绑定非常灵活。例如，它会把数据类型不匹配当成可由应用自行处理的运行验证错误，而非系统错误。开发者可能会为了避免非法的类型转换在表单对象中使用字符串来存储数据，但无类型的字符串无法描述业务数据的真正含义，并且还需把它们转换成对应的业务对象类型。有了 Spring 的验证机制，意味着它可直接将业务对象绑定到表单对象上。

Spring 的视图解析设计得异常灵活。控制器一般负责准备一个 Map 模型、填充数据、返回一个合适的视图名等，同时它也可以直接将数据写入响应流。视图名的解析高度灵活，支持多种配置，包括通过文件扩展名、Accept 内容头、bean、配置文件等，甚至开发人员还可以自己实现一个视图解析器 ViewResolver。MVC 中的 M（model）其实是一个 Map 类型的接口，彻底地把数据从视图技术中抽象分离了出来。开发人员可以与基于模板的渲染技术直接整合，如 JSP、Velocity 和 Freemarker 等，或者还可以直接生成 XML、JSON、Atom 及其他多种类型的内容。Map 模型会简单地被转换成合适的格式，如 JSP 的请求属性（Attribute）、Velocity 模板的模型等。

## 4.2 SpringMVC 快速入门

Spring 开发环境搭建：MyEclipse 9 版本 +JDK 1.8+Tomcat 9+SQLSever 2012。

### 4.2.1 MyEclipse 配置 Tomcat

打开 MyEclipse，选择 Window，然后点击 Preferences，如图 4-1 所示。

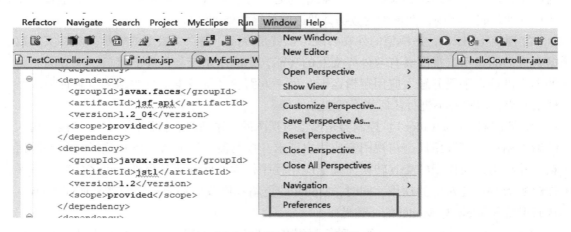

图 4-1 MyEclipse 配置

打开 Preferences 窗口搜索 Tomcat 并选择 Tomcat7.X，然后在右侧的配置信息中选择"Enable"，点击"Enable"后面的"Browse"按钮，选择 Tomcat 目录，如图 4-2 所示。

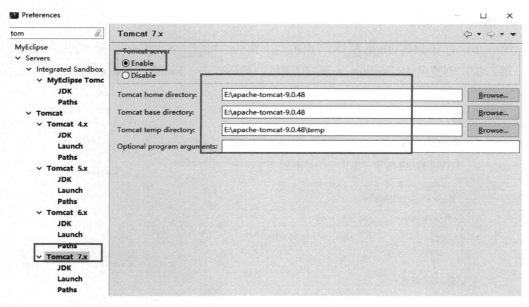

图 4-2　MyEclipse 配置 Tomcat

点击 Tomcat 7.x 下方的"JDK"，点击"Add"添加 JDK，如图 4-3 所示。

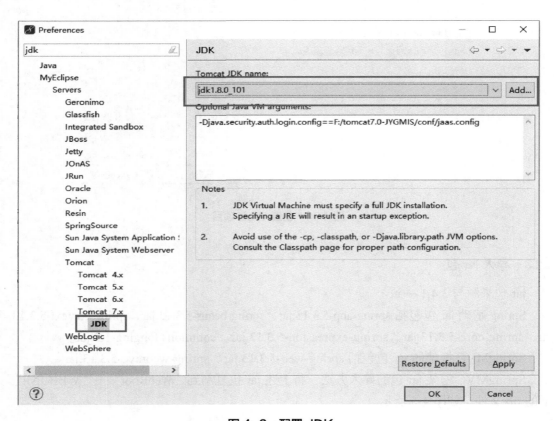

图 4-3　配置 JDK

## 4.2.2 创建 Web 项目

第一步：打开 MyEclipse 软件，点击左上角的"File"→"New"→"Web Project"。

第二步：创建名为"spring-mvc"的项目，然后点击"Finish"完成创建（图 4-4）。

图 4-4 创建 Web 项目

## 4.2.3 导入 jar 包

jar 包来源与 3.4.1 一致。

Spring 基础 jar 包包括 spring-aop-5.3.13.jar、spring-beans-5.3.13.jar、spring-context-5.3.13.jar、spring-core-5.3.13.jar、spring-expression-5.3.13.jar、commons.logging-1.2.jar。

SpringMVC 框架的 jar 包包括 spring-web-5.3.13.jar、spring-webmvc-5.3.13.jar。

SpringMVC 框架 jar 包的导入方法：将上述 jar 包复制到"WebRoot"→"WEB-INF"下的 lib 文件，如图 4-5 所示。

第四章 SpringMVC 框架详解

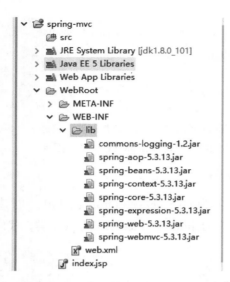

图 4-5 SpringMVC 导入 jar 包

## 4.2.4 配置 web.xml

```
<?xml version="1.0" encoding="UTF-8"?>
<web-app version="2.5"
    xmlns="http://java.sun.com/xml/ns/javaee"
    xmlns:xsi="http://www.w3.org/2001/XMLSchema-instance"
    xsi:schemaLocation="http://java.sun.com/xml/ns/javaee
    http://java.sun.com/xml/ns/javaee/web-app_2_5.xsd">
<!-- 配置 SpringMvc 的核心控制器 -->
<servlet>
    <servlet-name>SpringMVCDispatcherServlet</servlet-name>
    <servlet-class>org.springframework.web.servlet.DispatcherServlet</servlet-class>
    <!-- 配置初始化参数，用于读取 SpringMVC 的配置文件 -->
    <init-param>
        <param-name>contextConfigLocation</param-name>
        <param-value>classpath:springmvc.xml</param-value>
    </init-param>
    <!-- 配置 servlet 的对象的创建时间点：应用加载时创建。
    取值只能是非 0 正整数，表示启动顺序 -->
    <load-on-startup>1</load-on-startup>
</servlet>
<servlet-mapping>
```

```xml
        <servlet-name>SpringMVCDispatcherServlet</servlet-name>
        <url-pattern>/</url-pattern>
    </servlet-mapping>
</web-app>
```

注意：DispathcerServlet 是 SpringMVC 提供的核心控制器。它是一个 Servlet 程序，会接收所有请求，核心控制器会读取 springmvc.xml 配置，加载 SpringMVC 的核心配置。

### 4.2.5 编写 Controller 控制器

在 src 文件夹下创建名为 cn.gskeju.comtroller 的包，创建完成后右键该包点击"New"→"Class"新建名为 HelloController.java 的 java 类，代码如下：

```java
@Controller
public class HelloController {
    @RequestMapping("/hello")
    public String hello( ){
        System.out.println(" 进入控制器的方法 ");
        // 注意：这里返回的只是页面名称，不是完整的页面访问路径
        return "success";
    }
}
```

@Controller 注解可以让 Spring IoC 容器初始化时，自动扫描到该 Controller 类，@RequestMapping 用于映射请求路径。hello( ) 方法返回的结果是视图名称 success，该名称不是完整的页面路径，最终会经过视图解析器解析为完整的页面路径并跳转。

### 4.2.6 配置 springmvc.xml

在项目的 src 目录下新建 springmvc.xml。具体操作：点击"src"右键 new → xml 新建 spring-mvc 文件，如图 4-6 所示。

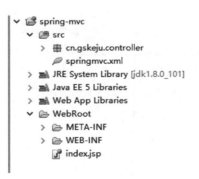

图 4-6　新建 springmvc.xml 示意

springmvc.xml 代码如下：

```xml
<?xml version="1.0" encoding="UTF-8"?>
<beans xmlns="http://www.springframework.org/schema/beans"
    xmlns:xsi="http://www.w3.org/2001/XMLSchema-instance" xmlns:mvc="http://www.springframework.org/schema/mvc"
    xmlns:context="http://www.springframework.org/schema/context"
    xsi:schemaLocation="http://www.springframework.org/schema/beans
    http://www.springframework.org/schema/beans/spring-beans.xsd
    http://www.springframework.org/schema/mvc
    http://www.springframework.org/schema/mvc/spring-mvc.xsd
    http://www.springframework.org/schema/context
    http://www.springframework.org/schema/context/spring-context.xsd">
    <!-- 1. 扫描 Controller 的包 -->
    <context:component-scan base-package="cn.gskeju.controller"/>
    <!-- 2. 配置视图解析器 -->
    <bean class="org.springframework.web.servlet
                            .view.InternalResourceViewResolver">
        <!-- 2.1 页面前缀 -->
        <property name="prefix" value="/pages/"/>
        <!-- 2.2 页面后缀 -->
        <property name="suffix" value=".jsp"/>
    </bean>
    <!-- 3. 开启 mvc 注解驱动 -->
    <mvc:annotation-driven/>
</beans>
```

在 Spring 中一般采用 @RequestMapping 注解来完成映射关系，要想使 @RequestMapping 注解生效必须向上下文中注册 DefaultAnnotationHandlerMapping 和 AnnotationMethodHandlerAdapter 两个实例，这两个实例分别在类级别和方法级别处理。而 `<mvc:annotation-driven/>` 配置可自动完成上述两个实例的注入。

### 4.2.7 编写 JSP 测试页面

首页 index.jsp 代码如下：

```jsp
<body>
    <a href="${pageContext.request.contextPath}/hello">SpringMVC 快速入门 </a>
    <br/>
    <a href="hello">SpringMVC 快速入门 </a>
</body>
```

SpringMVC 首页页面如图 4-7 所示。

图 4-7　SpringMVC 首页页面

在 webapp 目录中创建视图，Controller 方法执行完毕会跳转到该视图。点击"src"→"main"→"webapp"，右键新建 pages 文件夹，在 pages 文件夹下新建"success.jsp"页面。

success.jsp 页面具体代码如下：

```
<%@ page contentType="text/html;charset=UTF-8" language="java" %>
<html>
<head>
   <title></title>
</head>
<body>
   执行成功
</body>
</html>
```

点击首页链接将跳转至执行成功页面，如图 4-8 所示。

图 4-8　执行成功页面

## 4.3 SpringMVC 工作流程

SpringMVC 工作流程如图 4-9 所示。

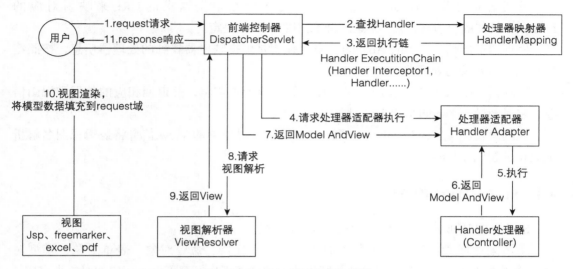

图 4-9 SpringMVC 工作流程

SpringMVC 工作流程可大致分为以下 11 步。

第 1 步，用户向服务器发送请求（request），请求被 Spring 前端控制器（DispatcherServlet）捕获。

第 2 步，前端控制器（DispatcherServlet）请求处理器映射器（HandlerMapping）查找 Handler。

第 3 步，处理器映射器（HandlerMapping）根据配置找到前端控制器请求查找的 Handler，最后返回执行链至前端控制器。

第 4 步，前端控制器（DispatcherServlet）得到 Handler 后，请求处理器适配器（HandlerAdapter）去执行相应的 Handler。

第 5 步，处理器适配器（HandlerAdapter）执行相应的 Handler。

第 6 步，Handler 执行完成后，将 ModelAndView 对象返回给 Handler 处理器。

第 7 步，处理器适配器（HandlerAdapter）在接收到 Handler 处理器返回的 ModelAndView 后，将其返回给前端控制器（DispatcherServlet）。

第 8 步，前端控制器（DispatcherServlet）接受处理器适配器返回的 ModelAndView 后，请求视图解析器（ViewResolver）。

第 9 步，视图解析器（ViewResolver）根据 View 信息匹配到相应的视图结果，反馈给前端控制器（DispatcherServlet）。

第 10 步，前端控制器（DispatcherServlrt）收到视图（View）后，进行视图渲染，将模型数据填充到 Request 域，生成最终视图，视图格式包括 Jsp、freemarker、excel、pdf。

第 11 步，前端控制器（DispatcherServlet）向用户返回最终结果。

前端控制器（DispatcherServlet）相当于一个转发器或中央处理器，控制整个流程的执行。它的作用是接收用户请求，然后反馈结果给用户。

处理器映射器（HandlerMapping）主要作用是根据请求的 URL 来映射对应的 Handel，具体的映射规则需要根据当前使用的映射器决定。

处理器适配器（HandlerAdapter）主要作用是根据映射器找到的处理器信息，按照特定规则执行相关的处理器。

处理器（Handler）主要用于执行相关的请求处理逻辑，并返回相应的数据和视图信息，将其封装至 ModelAndView 对象中。

视图解析器（ViewResolver）通过 ModelView 对象中的 View 信息将逻辑视图名解析成真正的视图（View）。

## 4.4 SpringMVC 的特性

Spring 的 Web 模块支持如下 Web 相关的特性。

①清晰的职责分离。每个角色如控制器、验证器、命令对象、表单对象、模型对象、前置处理器、处理器映射、视图解析器等的许多工作，都可以由相应的对象来完成。

具有强大、直观的框架和应用 Bean 的配置。这种配置能力能够从不同的上下文进行简单的引用，如在 Web 控制器中引用业务对象、验证器等。

强大的适配能力、非侵入性和灵活性。SpringMVC 支持开发人员定义任意的控制器方法签名，在特定的场景下还可添加适合的注解（如 @RequestParam、@RequestHeader、@PathVariable 等）。

②可复用业务代码，使开发人员远离重复代码。开发人员可以使用已有的业务对象作为命令对象或表单对象，而不需去扩展某个框架提供的基类。

③可定制的数据绑定和验证。类型不匹配仅被认为是应用级别的验证错误，错误值、本地化日期、数字绑定等会被保存。开发人员不需要再在表单对象使用全 String 字段，然后再手动将它们转换成业务对象。

④可定制的处理器映射和视图解析。处理器映射和视图解析策略从简单的基于 URL 配置到精细专用的解析策略，Spring 全都支持，Spring 比一些依赖于特定技术的 Web 框架更灵活。

⑤灵活的模型传递。Spring 使用一个名称/值对的 Map 来做模型，这使得模型很容易集成、传递给任何类型的视图技术。

⑥可定制的本地化信息、时区和主题解析。支持 Spring 标签库的 JSP 技术，支持 JSTL，支持无须额外配置的 Velocity 模板，等等。

⑦ 一个简单但功能强大的 JSP 标签库。通常称为 Spring 标签库，它提供诸如数据绑定、主题支持等一些特性的支持。这些定制的标签为代码标记（markup）提供了最大程度的灵活性。

⑧JSP 表单标签库使得开发人员在 JSP 页面中编写表单更加容易。

⑨新增生命周期仅绑定到当前 HTTP 请求或 HTTP 会话的 Bean 类型。

严格来说，这不是 SpringMvc 自身的特性，而是 SpringMvc 使用的上下文容器（WebApplicationContext）所提供的特性。

## 4.5 SpringMVC 三大组件

SpringMVC 三大组件分别是处理器映射器（HandlerMapper）、处理器适配器（HandlerAdapter）和视图解析器（ViewResolver）。

### 4.5.1 处理器映射器

通过处理器映射，开发人员可以将 Web 请求映射到正确的处理器 Controller 上。当接收到请求时，核心控制器（DispactherServlet）会将请求交给处理器映射（HandlerMapping），让 HandlerMapping 检查请求并找到一个合适的 [请求处理链（HandlerExecutionChain），包含一个能处理该请求的处理器（Controller）]，然后 DispactherServlet 执行在 HandlerExecutionChain 中的 Controller。

Spring 内置了许多处理器映射策略，目前主要由 3 个实现：SimpleUrlHandlerMapping、BeanNameUrlHandlerMapping 和 RequestMappingHandlerMapping。

注意：SpringMVC3.1 之前使用 DefaultAnnotationHandlerMapping，SpringMVC3.1 之后改为 RequestMappingHandlerMapping。

1）SimpleUrlHandlerMapping

SimpleUrlHandlerMapping 在应用上下文中可以进行配置，并且有 Ant 模式的路径匹配功能。例如，在 Springmvc.xml 中配置一个 SimpleUrlHandlerMapping 处理器映射。

springmvc.xml 配置代码如下：

```xml
<?xml version="1.0" encoding="UTF-8"?>
<beans xmlns="http://www.springframework.org/schema/beans"
    xmlns:xsi="http://www.w3.org/2001/XMLSchema-instance"
xmlns:mvc="http://www.springframework.org/schema/mvc"
    xmlns:context="http://www.springframework.org/schema/context"
    xsi:schemaLocation="http://www.springframework.org/schema/beans
http://www.springframework.org/schema/beans/spring-beans.xsd
http://www.springframework.org/schema/mvc
http://www.springframework.org/schema/mvc/spring-mvc.xsd
http://www.springframework.org/schema/context
http://www.springframework.org/schema/context/spring-context.xsd">
    <!--1. 创建 SimpleUrlHandlerMapping-->
    <bean class="org.springframework.web.servlet.handler.SimpleUrlHandlerMapping">
```

```xml
    <property name="mappings">
      <props>
        <prop key="/hello">helloController</prop>
      </props>
    </property>
  </bean>
  <!--2. 创建 Controller 对象 -->
  <bean id="helloController" class="cn.gskeju.controller.HelloController"/>
  <!--3. 视图解析器 -->
  <bean class="org.springframework.web.servlet.view.InternalResourceViewResolver">
    <property name="prefix" value="/pages/"/>
    <property name="suffix" value=".jsp" />
  </bean>
</beans>
```

对应的 HelloController 类：

```java
public class HelloController implements Controller {
    @Override public ModelAndView handleRequest(HttpServletRequest httpServletRequest,HttpServletResponse httpServletResponse)
        throws Exception {
      ModelAndView mv = new ModelAndView("success");
      return mv;
    }
}
```

2）BeanNameUrlHandlerMapping

BeanNameUrlHandlerMapping 将收到的 Http 映射到 bean 的名字上。

springmvc.xml 配置代码如下：

```xml
<?xml version="1.0" encoding="UTF-8"?>
<beans xmlns="http://www.springframework.org/schema/beans"
    xmlns:xsi="http://www.w3.org/2001/XMLSchema-instance"
    xmlns:mvc="http://www.springframework.org/schema/mvc"
    xmlns:context="http://www.springframework.org/schema/context"
    xsi:schemaLocation="http://www.springframework.org/schema/beans
    http://www.springframework.org/schema/beans/spring-beans.xsd
```

```
http://www.springframework.org/schema/mvc
http://www.springframework.org/schema/mvc/spring-mvc.xsd
http://www.springframework.org/schema/context
http://www.springframework.org/schema/context/spring-context.xsd">
    <!--1. 创建 BeanNameUrlHandlerMapping-->
    <bean class="org.springframework.web.servlet.handler.BeanNameUrlHandlerMapping"/>
    <!--2. 创建 Controller 对象，这里的 id 必须页面访问的路径（以斜杠开头）-->
    <bean id="/hello" class="cn.gskeju.controller.HelloController"/>
    <!--3. 视图解析器 -->
    <bean class="org.springframework.web.servlet.view.InternalResourceViewResolver">
        <property name="prefix" value="/pages/"/>
        <property name="suffix" value=".jsp" />
    </bean>
</beans>
```

Controller 类代码如下：

```
public class HelloController implements Controller {
    @Override
    public ModelAndView handleRequest(HttpServletRequest httpServletRequest,HttpServletResponse httpServletResponse) throws Exception {
        ModelAndView mv = new ModelAndView("success");
        return mv;
    }
}
```

注意：在 bean 的 id 中要加上斜杠，对应的 Controller 类代码要与 SimpleUrlHandler-Mapping 示例中的一致。

在默认情况下，如果没在上下文中找到处理器映射，DispactherServlet 会自动创建一个 BeanNameUrlHandlerMapping。

3）RequestMappingHandlerMapping

RequestMappingHandlerMapping 是三者中最常用的 HandlerMapping，因为注解方式比较通俗易懂、代码界面清晰，只需在代码前加上 @RequestMapping() 的相关注释就可以了。代码示例如下：

```java
@Controller
public class HelloController {
    @RequestMapping("/hello")
    public String hello(){
        System.out.println(" 进入控制器的方法 ");
        // 注意：这里返回的只是页面名称，不是完整的页面访问路径
        return "success";
    }
}
```

springmvc.xml 配置代码如下：

```xml
<?xml version="1.0" encoding="UTF-8"?>
<beans xmlns="http://www.springframework.org/schema/beans"
    xmlns:xsi="http://www.w3.org/2001/XMLSchema-instance" xmlns:mvc="http://www.springframework.org/schema/mvc"
    xmlns:context="http://www.springframework.org/schema/context"
    xsi:schemaLocation="http://www.springframework.org/schema/beans
http://www.springframework.org/schema/beans/spring-beans.xsd
http://www.springframework.org/schema/mvc
http://www.springframework.org/schema/mvc/spring-mvc.xsd
http://www.springframework.org/schema/context
http://www.springframework.org/schema/context/spring-context.xsd">
    <!-- 1. 扫描 Controller 的包 -->
    <context:component-scan base-package="cn.gskeju.controller"/>
    <!-- 2. 配置视图解析器 -->
    <bean class="org.springframework.web.servlet.view.InternalResourceViewResolver">
        <!-- 2.1 页面前缀 -->
        <property name="prefix" value="/pages/"/>
        <!-- 2.2 页面后缀 -->
        <property name="suffix" value=".jsp"/>
    </bean>
    <!-- 3. 创建 RequestMappingHandlerMapping 对象 -->
    <mvc:annotation-driven/>
</beans>
```

### 4.5.2 处理器适配器

处理器适配器（HandlerAdapter）可调用具体的方法对用户发来的请求进行相应处理。

当 HandlerMapping 获得执行请求（Controller）时，DispatcherServlte 会根据 Controller 对应的 Controller 类型调用相应的 HandlerAdapter 进行处理。

HandlerAdapter 的实现有 HttpRequestHandlerAdapter、SimpleServletHandlerAdapter、SimpleControllerHandlerAdapter 和 RequestMappingHandlerAdapter。

1）HttpRequestHandlerAdapter

HttpRequestHandlerAdapter 可处理类型为 HttpRequestHandler 的 handler，对 handler 的处理是调用 HttpRequestHandler 的 handleRequest() 方法。

Controller 类代码如下：

```java
public class HelloController implements HttpRequestHandler {
    @Override
    public void handleRequest(HttpServletRequest request, HttpServletResponse response) throws ServletException, IOException {
        response.getWriter().write("Hello-www.yiidian.com");
    }
}
```

在 springmvc.xml 配置中创建 HttpRequestHandlerAdapter 对象。具体代码如下：

```xml
<?xml version="1.0" encoding="UTF-8"?>
<beans xmlns="http://www.springframework.org/schema/beans"
    xmlns:xsi="http://www.w3.org/2001/XMLSchema-instance" xmlns:mvc="http://www.springframework.org/schema/mvc"
    xmlns:context="http://www.springframework.org/schema/context"
    xsi:schemaLocation="http://www.springframework.org/schema/beans http://www.springframework.org/schema/beans/spring-beans.xsd http://www.springframework.org/schema/mvc http://www.springframework.org/schema/mvc/spring-mvc.xsd http://www.springframework.org/schema/context http://www.springframework.org/schema/context/spring-context.xsd">
    <!--1. 创建 BeanNameUrlHandlerMapping-->
    <bean class="org.springframework.web.servlet.handler.BeanNameUrlHandlerMapping"/>
    <!--2. 创建 HttpRequestHandlerAdapter-->
    <bean class="org.springframework.web.servlet.mvc.HttpRequestHandlerAdapter"/>
    <!--3. 创建 Controller 对象，这里的 id 必须是页面访问的路径（以斜杠开头）-->
    <bean id="/hello.do" class="cn.gskeju.controller.HelloController"/>
</beans>
```

2）SimpleServletHandlerAdapter

SimpleServletHandlerAdapter 可处理类型为 Servlet，就是把 Servlet 当作 Controller 来处理，使用 Servlet 的 service 方法处理用户请求。

springmvc.xml 配置代码如下：

```xml
<?xml version="1.0" encoding="UTF-8"?>
<beans xmlns="http://www.springframework.org/schema/beans"
    xmlns:xsi="http://www.w3.org/2001/XMLSchema-instance" xmlns:mvc="http://www.springframework.org/schema/mvc"
    xmlns:context="http://www.springframework.org/schema/context"
    xsi:schemaLocation="http://www.springframework.org/schema/beans http://www.springframework.org/schema/beans/spring-beans.xsd http://www.springframework.org/schema/mvc http://www.springframework.org/schema/mvc/spring-mvc.xsd http://www.springframework.org/schema/context http://www.springframework.org/schema/context/spring-context.xsd">
    <!--1. 创建 BeanNameUrlHandlerMapping-->
    <bean class="org.springframework.web.servlet.handler.BeanNameUrlHandlerMapping"/>
    <!--2. 创建 SimpleServletHandlerAdapter-->
    <bean class="org.springframework.web.servlet.handler.SimpleServletHandlerAdapter"/>
    <!--3. 创建 Controller 对象，这里的 id 必须为页面访问的路径（以斜杠开头）-->
    <bean id="/hello.do" class="cn.gskeju.controller.HelloServlet"/>
</beans>
```

Controller 类代码如下：

```java
public class HelloServlet extends HttpServlet{
    @Override
    protected void doGet(HttpServletRequest req, HttpServletResponse resp) throws ServletException, IOException {
        resp.getWriter().write("Hello.gskeju.cn");
    }
    @Override
    protected void doPost(HttpServletRequest req, HttpServletResponse resp) throws ServletException, IOException {
        super.doGet(req,resp);
    }
}
```

3）SimpleControllerHandlerAdapter

SimpleControllerHandlerAdapter 可以处理类为 Controller 的控制器，使用 Controller 的 handlerRequest 方法处理用户请求。

springmvc.xml 配置代码如下：

```xml
<?xml version="1.0" encoding="UTF-8"?>
<beans xmlns="http://www.springframework.org/schema/beans"
    xmlns:xsi="http://www.w3.org/2001/XMLSchema-instance" xmlns:mvc="http://www.springframework.org/schema/mvc"
    xmlns:context="http://www.springframework.org/schema/context"
    xsi:schemaLocation="http://www.springframework.org/schema/beans
http://www.springframework.org/schema/beans/spring-beans.xsd http://www.springframework.org/schema/mvc
http://www.springframework.org/schema/mvc/spring-mvc.xsd
http://www.springframework.org/schema/context http://www.springframework.org/schema/context/spring-context.xsd">
    <!--1. 创建 BeanNameUrlHandlerMapping-->
    <bean class="org.springframework.web.servlet.handler.BeanNameUrlHandlerMapping"/>
    <!--2. 创建 SimpleControllerHandlerAdapter-->
    <bean class="org.springframework.web.servlet.mvc.SimpleControllerHandlerAdapter"/>
    <!--3. 创建 Controller 对象，这里的 id 必须页面访问的路径（以斜杠开头）-->
    <bean id="/hello.do" class="cn.gskeju.controller.HelloController"/>
</beans>
```

Controller 类代码如下：

```java
public class HelloController implements Controller {
    @Override
    public ModelAndView handleRequest(HttpServletRequest request,HttpServletResponse response) throws Exception {
        response.getWriter().write("Hello.gskeju.cn");
        return null;
    }
}
```

4）RequestMappingHandlerAdapter

RequestMappingHandlerAdapter 可以处理类型为 HandlerMethod 的控制器，通过 Java 反射调用 HandlerMethod 的方法来处理用户请求。

springmvc.xml 配置代码如下：

```xml
<?xml version="1.0" encoding="UTF-8"?>
<beans xmlns="http://www.springframework.org/schema/beans"
    xmlns:xsi="http://www.w3.org/2001/XMLSchema-instance" xmlns:mvc="http://www.springframework.org/schema/mvc"
    xmlns:context="http://www.springframework.org/schema/context"
    xsi:schemaLocation="http://www.springframework.org/schema/beans
    http://www.springframework.org/schema/beans/spring-beans.xsd
    http://www.springframework.org/schema/mvc
    http://www.springframework.org/schema/mvc/spring-mvc.xsd
    http://www.springframework.org/schema/context
    http://www.springframework.org/schema/context/spring-context.xsd">
    <!--1. 扫描 Controller，创建 Controller 对象 -->
    <context:component-scan base-package="cn.gskeju.controller"/>
    <!--2. 创建 RequestMappingHandlerMapping-->
    <bean class="org.springframework.web.servlet.mvc.method.annotation.RequestMappingHandlerMapping"/>
    <!--3. 创建 RequestMappingHandlerAdapter-->
    <bean class="org.springframework.web.servlet.mvc.method.annotation.RequestMappingHandlerAdapter"/>
</beans>
```

Controller 类代码如下：

```java
@Controller
public class HelloController{
    @RequestMapping("/hello.do")
    public void hello(HttpServletRequest request,HttpServletResponse response) throws IOException {
        response.getWriter().write("Hello.gskeju.cn");
    }
}
```

### 4.5.3 视图解析器

（1）视图解析器作用

SpringMVC 中，视图解析器的主要作用是将逻辑视图转换为用户可见的物理视图。

当用户对 SpringMVC 应用程序发起请求时，请求将会被 SpringMVC 的 DispatcherServlet 处理，通过处理器找到 HandlerMapping 定义的请求映射中最为合适的映射，然后通过 HandlerMapping 找到相对应的 Handler，最后再通过相对应的 HandlerAdapter 处理该 Handler，返回结果是一个 ModelAndView 对象。当该 ModelAndView 对象中不包含真正的视图而包含一个逻辑视图路径的时候，ViewResolver 就会把该逻辑视图路径解析为真正的视图对象，然后通过视图渲染将最终结果返回给用户。

SpringMVC 处理视图最重要的两个接口是 ViewResolver 和 View。ViewResolver 是将逻辑视图解析成物理视图，提供了视图名称和实际视图之间的映射；View 是调用其 render() 方法将物理视图进行渲染。

（2）常见的视图解析器

SpringMVC 提供的常见的视图解析器如表 4-1 所示。

表 4-1　SpringMVC 提供的常见的视图解析器

| 视图解析器 | 说明 |
| --- | --- |
| BeanNameViewResolver | 将逻辑视图名称解析为一个 Bean，Bean 的 Id 为逻辑视图名 |
| InternalResourceViewResolver | 将视图名解析为一个 URL 文件，一般使用该解析器将视图名映射为一个保存在 WEB-INF 目录下的程序文件（如 JSP） |
| JaperReportsViewResolver | JapserReports 是基于 Java 的开源报表工具，该解析器解析为报表文件对应的 URL |
| FreeMarkerViewResolver | 解析为基于 FreeMarker 模板的模板文件 |
| VelocityViewResolver | 解析为 Velocity 模板技术的模板文件 |
| VelocityLayoutViewResolver | 解析为 Velocity 模板技术的模板文件 |

其中，最常用的是 InternalResourceViewResolver，配置如下：

```xml
<bean class="org.springframework.web.servlet
            .view.InternalResourceViewResolver">
  <!-- 页面前缀 -->
  <property name="prefix" value="/pages/"/>
  <!-- 页面后缀 -->
  <property name="suffix" value=".jsp"/>
</bean>
```

## 4.6　SpringMVC 注解

### 4.6.1　@RequestMapping

一个控制器内有多个处理请求的方法，@RequestMapping 负责将请求映射到对应的控制器方法上。它有各种属性来匹配 URL、HTTP 方法、请求参数、标头和媒体类型。

@RequestMapping 可用于类或方法。用于类，表示类中的所有响应请求的方法都是以该地址作为父路径。

（1）@RequestMapping 常用属性

1） value 属性

value 属性用于指定请求的 URL。它是 @RequestMapping 的默认属性，因此如果只有 value 属性时，可以省略该属性名称，如果有其他属性则必须写 value 属性名称。示例代码如下：

> @RequestMapping(value="main")
> @RequestMapping("main")

value 属性支持通配符匹配，如 @RequestMapping(value="main/*") 表示 http://localhost:8080/main/231312 或 http://localhost:8080/main/hahaha 都能正常访问。

2） path 属性

path 属性和 value 属性都可作为映射使用。示例代码如下：

> @RequestMapping(path="main")
> @RequestMapping("main")

@RequestMapping(value="main") 和 @RequestMapping(path="main") 都能访问 main() 方法。

path 属性支持通配符匹配，如 @RequestMapping(path="main/*") 表示 http://localhost:8080/main/231312 或 http://localhost:8080/main/hahaha 都能正常访问。

3） name 属性

name 属性相当于方法的注释，使方法更容易理解，如 @RequestMapping(value = "toUser", name = " 获取用户信息 ")。

4） method 属性

method 属性用于表示该方法支持的 HTTP 请求，可以接受 GET、POST、PUT、DELETE 等。如果省略 method 属性，则说明该方法支持全部的 HTTP 请求。

> @RequestMapping(value="/main", method=RequestMethod.GET)// 只支持 GET 请求
> @RequestMapping(value="/main", method=RequestMethod.POST)// 只支持 POST 请求

method 可指定多个 HTTP 请求，如 @RequestMapping(value = "main",method = {RequestMethod.GET,RequestMethod.POST})，代表该方法同时支持 GET 和 POST 请求。

5） params 属性

params 属性用于指定限制请求参数的条件。它支持简单的表达式，要求请求参数的 key 和 value 必须和配置的一样，代码如下：

> @RequestMapping(value = "main",params = "type")

请求中必须包含 type 参数时才能执行该请求，即 http://localhost:8080/main?type=×××。

```
@RequestMapping(value = "main",params = "type=1")
```

上述代码表示请求中必须包含 type 参数，且 type 参数为 1 时才能够执行该请求，即 http://localhost:8080/main?type=1 。

6）header 属性

header 属性表示请求中必须包含某些指定的 header 值，示例代码如下：

```
@RequestMapping(value = "main",headers = "Referer=http://www.×××.com")
```

上述代码表示请求的 header 中必须包含指定的"Referer"请求头并且值为"http://www.×××.com"时，才能执行该请求。

7）consumers 属性

consumers 属性用于指定处理请求的提交内容类型（Content-Type），如 application/json、text/html，示例代码如下：

```
@RequestMapping(value = "main",consumes = "application/json")
```

8）produces 属性

produces 属性用于指定返回的内容类型，返回的内容类型必须是 request 请求头（Accept）中所包含的类型，示例代码如下：

```
@RequestMapping(value = "main", produces= "application/json")
```

除此之外，produces 属性还可以指定返回值的编码，示例代码如下：

```
@RequestMapping(value="main",produces= "application/json,charset=utf-8")
```

使用 @RequestMapping 来完成映射，具体包括 4 个方面的信息项：请求 URL、请求参数、请求方法和请求处理。

（2）通过请求 URL 进行映射

1）方法级别注解

方法级别注解的示例代码如下：

```
@RequestMapping(value = "/index/login")
```

上述示例中 RequestMapping 语句作用于处理方法。在整个 Web 项目中，@RequestMapping 映射的请求信息必须保证全局唯一。

2）类级别注解

类级别注解的示例代码如下：

```
@RequestMapping("/index")
public class IndexController {
```

```
@RequestMapping("/login")
public String login() {
return "login";
}
```

在类级别注解的情况下，控制器类中的所有方法都将映射为类级别的请求。

（3）通过请求参数、请求方法进行映射

@RequestMapping 除了可以使用请求 URL 映射请求之外，还可以使用请求参数、请求方法来映射请求，通过多个条件可以让请求映射更精确，示例代码如下：

```
@RequestMapping(value="/index/success"method=RequestMethod.GET,Params="username")
```

上述代码中 @RequestMapping 的 value 表示请求的 URL；method 表示请求方法，此处设置为 GET，若是 POST 请求，则无法进入处理方法 success 中；Params 表示请求参数，此处参数名为 username。

（4）编写请求处理方法

在控制类中每个请求处理方法可以有多个不同类型的参数及一个多种类型的返回结果。

1）请求处理方法中常出现的参数类型

如果需要在请求处理方法中使用 Servlet API 参数类型，那么可以将这些类型作为请求处理方法的参数类型。Servlet API 参数类型的示例代码如下：

```
@Controller
  @RequestMapping("/index")
    public class IndexController{
    @RequestMapping("/login")
      public String login(HttpSession session,HttpServletRequest request) {
              session.setAttribute("sessionValue", "session 范围的值 ");
              session.setAttribute("requestValue", "request 范围的值 ");
      return "login";
    }
}
```

其中特别重要的类型是 org.springframework.ui.Model，该类型是一个包含 Map 的 SpringMVC 类型。在每次调用请求处理方法时，SpringMVC 都将创建 org.springframework.ui.Model 对象。Model 参数类型的示例代码如下：

```
@Controller
@RequestMapping("/index")
public class IndexController {
```

```
@RequestMapping("/register")
public String register(Model model) {
/* 在视图中可以使用 EL 表达式 ${success} 取出 model 中的值 */
model.addAttribute("success", " 注册成功 ");
return "register";
}
}
```

2）请求处理方法常见的返回类型

请求处理方法可以返回 ModelAndView、Model，包含模型属性的 Map、View，代表逻辑视图名的 String、void，其他任意 Java 类型的对象。

### 4.6.2 @Controller 注解

@Controller 注解用于声明某类的实例是一个控制器。例如，在 cn.gskeju.controller 包中创建控制器类 IndexController，示例代码如下：

```
@Controller
public class IndexController {
// 处理请求的方法
}
```

SpringMVC 使用扫描机制找到应用中所有基于注解的控制器类，所以为了让控制器类被 SpringMVC 框架扫描到，需要在配置文件中声明 spring-context，并使用 <context:component-scan/> 元素指定控制器类的基本包（请确保所有控制器类都在基本包及其子包下）。

例如，在 demo3 应用的配置文件 springmvc-servlet.xml 中添加以下代码：

```
<!-- 使用扫描机制扫描控制器类，控制器类都在 cn.gskeju.controller 包及其子包下 -->
<context:component-scan base-package="cn.gskeju.controller" />
```

### 4.6.3 @RequestParam 注解

@RequestParam 注解用于把请求中指定名称的参数传递给控制器中的形参赋值。示例代码如下：

```
@RequestMapping(path="/useRequestParam")
public String useRequestParam
(@RequestParam(value="username",required=false)String name){
    System.out.println(name);
    return "success";
}
```

其中，value 属性指定请求参数中的名称，required 属性用于确定请求参数是否必须提供此参数，若默认值是 true，则必须提供。

### 4.6.4 @RequestBody 注解

@RequestBody 注解用于获取请求体的内容（注意：get 方法不可以）。直接使用得到是 key=value&key=value... 结构的数据。示例代码如下：

```
@RequestMapping(path="/useRequestBody")
public String useRequestBody(@RequestBody String body) {
    System.out.println(body);
    return "success";
}
```

其中，required 属性用于确定是否必须有请求体，默认值是 true。当取值为 true 时，get 请求方式会报错。如果取值为 false，get 请求将得到 null。

### 4.6.5 @PathVariable 注解

@PathVariable 注解用于绑定 url 中的占位符。例如，url 中有 /delete/{id}，{id} 就是占位符。url 支持占位符是 Spring3.0 之后加入的，是 springMVC 支持 rest 风格 URL 的一个重要标志，示例代码如下：

```
@RequestMapping(path="/usePathVariable/{id}")
public String usePathVariable(@PathVariable(value="id") String id) {
    System.out.println(id);
    return "success";
}
```

其中，value 属性用于指定 url 中的占位符名称。若 url 请求地址为 user/hello/china，则 id 对应的值为 china。

### 4.6.6 @RequestHeader 注解

@RequestHeader 注解用于获取指定请求头的值，示例代码如下：

```
@RequestMapping(path="/useRequestHeader")
public String useRequestHeader(@RequestHeader(value="Accept") String header) {
    System.out.println(header);
    return "success";
}
```

其中，value 属性用于指定请求头的名称。

### 4.6.7 @CookieValue 注解

@CookieValue 注解用于把指定 cookie 名称的值传入控制器方法参数，示例代码如下：

```
@RequestMapping(path="/hello")
public String helloController(@CookieValue(value="JSESSIONID", required = true) String cookieValue) {
    System.out.println(cookieValue);
    return "success";}
}
```

其中，value 属性用于指定 cookie 的名称；required 属性用于确定是否必须有此 cookie。

### 4.6.8 @ModelAttribute 注解

@ModelAttribute 注解是在 SpringMVC4.3 版本后新加入的，它可用于修饰方法和参数。

若 @ModelAttribute 注解出现在方法上，表示当前方法会在控制器方法执行前先执行。它可以修饰没有返回值的方法，也可以修饰有具体返回值的方法。

若注解出现在参数上，表示获取指定的数据给参数赋值。

①若修饰的方法有返回值，示例代码如下：

```
/**
 * 作用在方法，先执行
 * @param name
 * @return
 */
@ModelAttribute
public User showUser(String name) {
    // 模拟从数据库中查询对象
    User user = new User();
    user.setName("name");
    user.setPassword("123");
    return user;
}
/**
 * 修改用户的方法
 * @param cookieValue
 * @return
 */
@RequestMapping(path="/updateUser")
```

```java
public String updateUser(User user) {
    System.out.println(user);
    return "success";
}
```

②若修饰的方法没有返回值，则示例代码如下：

```java
/**
 * 作用在方法，先执行
 * @param name
 * @return
 */
@ModelAttribute
public void showUser(String name,Map<String, User> map) {
    System.out.println("showUser 执行了 ...");
    // 模拟从数据库中查询对象
    User user = new User();
    user.setName("name");
    user.setPassword("123");
    user.setMoney(100d);
    map.put("abc", user);
}
/**
 * 修改用户的方法
 * @param cookieValue
 * @return
 */
@RequestMapping(path="/updateUser")
public String updateUser(@ModelAttribute(value="abc") User user) {
    System.out.println(user);
    return "success";
}
```

### 4.6.9 @SessionAttributes 注解

@SessionAttributes 注解用于多次执行控制器方法间的参数共享，示例代码如下：

```java
@Controller
@RequestMapping(path="/user")
@SessionAttributes(value= {"username","password","age"},
        types={String.class,Integer.class}) // 把数据存入到 session 域对象中
public class HelloController {
    /**
     * 向 session 中存入值
     * @return
     */
    @RequestMapping(path="/save")
    public String save(Model model) {
            System.out.println("向 session 域中保存数据");
            model.addAttribute("username", "root");
            model.addAttribute("password", "123456");
            model.addAttribute("age", 24);
            return "success";
    }
    /**
     * 从 session 中获取值
     * @return
     */
    @RequestMapping(path="/find")
    public String find(ModelMap modelMap) {
            String username = (String) modelMap.get("username");
            String password = (String) modelMap.get("password");
            Integer age = (Integer) modelMap.get("age");
            System.out.println(username + " : "+password +" : "+age);
            return "success";
    }
    /**
     * 清除值
     * @return
     */
    @RequestMapping(path="/delete")
    public String delete(SessionStatus status) {
status.setComplete();
```

```
        return "success";
    }
}
```

其中，value 属性用于指定存入的属性名称；type 属性用于指定存入的数据类型。

## 4.7 SpringMVC 重定向和转发

SpringMVC 请求方式分为转发、重定向两种，分别使用 forward 和 redirect 关键字在 controller 层进行处理。

转发是将用户对当前处理的请求转发给另一个视图或处理请求，以前的 request 中存放的信息不会失效；重定向是将用户从当前处理请求定向到另一个视图（如 JSP）或处理请求，以前的请求（request）中存放的信息全部失效，并进入一个新的 request 作用域。转发是服务器行为，重定向是客户端行为。

### 4.7.1 转发过程

客户浏览器发送 http 请求，Web 服务器接受此请求，调用内部的一个方法在容器内部完成请求处理和转发动作，将目标资源发送给客户；在这里转发的路径必须是同一个 Web 容器下的 URL，其不能转向到其他 Web 路径，中间传递的是自己容器内的 request。

在客户浏览器的地址栏中显示的仍然是其第一次访问的路径，也就是说客户是感觉不到服务器做了转发。

forward 转发示例代码如下：

```
/**
 * 转发
 * @return
 */
@RequestMapping("/testForward")
public String testForward() {
    System.out.println(" 执行 ");
    return "forward:/WEB-INF/pages/success.jsp";
}
```

注意：如果用了 formward，则路径必须写成实际视图 url，不能写逻辑视图。

### 4.7.2 重定向过程

客户浏览器发送 http 请求，Web 服务器接受后发送 302 状态码响应和对应新的 location 给客户浏览器，客户浏览器接收到 302 响应则自动再发送一个新的 http 请求，请求 URL 是新的 location 地址，服务器根据此请求寻找资源并发送给客户。

location 可以重定向到任意 URL。在客户浏览器的地址栏中显示的是其重定向的路径，客户可以观察到地址的变化。重定向行为是浏览器做了至少两次访问请求。

在 SpringMVC 框架中，控制器类中处理方法的 return 语句默认就是转发实现，只不过实现的是转发到视图，示例代码如下：

```
/**
* 重定向
* @return
*/
@RequestMapping("/testRedirect")
public String testRedirect() {
    System.out.println(" 执行 ");
    return "redirect:testReturnModelAndView";
}
```

注意：如果是重定向到 jsp 页面，则 jsp 页面不能写在 WEB-INF 目录中，否则找不到。

在 SpringMVC 框架中，不管是重定向或转发都需要符合视图解析器的配置，如果直接转发到一个不需要 DispatcherServlet 的资源，如 return "forward:/html/my.html"；则需要使用 mvc:resources 配置 <mvc:resources location="/html/" mapping="/html/**"/>。

## 4.8 SpringMVC 类型转换器与数据格式化

### 4.8.1 SpringMVC 类型转换器（Converter）

SpringMVC 框架的 Converter< S，T > 是一个可以将一种数据类型转换成另一种数据类型的接口，其中，S 表示源类型，T 表示目标类型。例如，用户输入日期时可能会有多种形式，如 "December 25,2021"、"12/25/2021" 和 "2021-12-25"，这些都表示同一个日期。默认情况下，Spring 期待用户输入的日期样式与当前语言区域的日期样式相同，如对于美国的用户而言，就是月 / 日 / 年的格式。如果想要 Spring 在将输入的日期字符串绑定到 LocalDate，使用不同的日期样式，则需要编写一个 Converter，才能将字符串转换成日期。

java.time.LocalDate 类是 Java 8 的一个新类型，用来替代 java.util.Date。还需使用新的 Date/Time API 来替换旧有的 Date 和 Calendar 类。

（1）内置的类型转换器

在 SpringMVC 框架中，对于常用的数据类型，开发者无须创建自己的类型转换器，因为 SpringMVC 框架有许多内置的用于完成常用的类型转换的类型转换器。SpringMVC 框架提供的内置类型转换包括以下几种。

1）标量转换器

标量转换器及其作用如表 4-2 所示。

表 4-2  标量转换器及其作用

| 名称 | 作用 |
| --- | --- |
| StringToBooleanConverter | String 到 Boolean 类型转换 |
| ObjectToStringConverter | Object 到 String 转换，调用 toString 方法转换 |
| StringToNumberConverterFactory | String 到数字转换（如 Integer、Long 等） |
| NumberToNumberConverterFactory | 数字子类型（基本类型）到数字类型（包装类型）转换 |
| StringToCharacterConverter | String 到 Character 转换，取字符串中的第一个字符 |
| NumberToCharacterConverter | 数字子类型到 Character 转换 |
| CharacterToNumberFactory | Character 到数字子类型转换 |
| StringToEnumConverterFactory | String 到枚举类型转换，通过 Enum.valueof 将字符串转换为需要的枚举类型 |
| EnumToStringConverter | 枚举类型到 String 转换，返回枚举对象的 name 值 |
| StringToLocaleConverter | String 到 java.util.Locale 转换 |
| PropertiesToStringConverter | java.util.Properties 到 String 转换，默认通过 ISO 8859-1 解码 |
| StringToPropertiesConverter | String 到 java.util.Properties 转换，默认使用 ISO 8859-1 编码 |

2）集合、数组相关转换器

集合、数组相关转换器及其作用如表 4-3 所示。

表 4-3  集合、数组相关转换器及其作用

| 名称 | 作用 |
| --- | --- |
| ArrayToCollectionConverter | 任意数组到任意集合（List、Set）转换 |
| CollectionToArrayConverter | 任意集合到任意数组转换 |
| ArrayToArrayConverter | 任意数组到任意数组转换 |
| CollectionToCollectionConverter | 集合之间的类型转换 |
| MapToMapConverter | Map 之间的类型转换 |
| ArrayToStringConverter | 任意数组到字符串转换 |
| StringToArrayConverter | 字符串到数组的转换，默认通过","分割，且去除字符串两边的空格（trim） |

续表

| 名称 | 作用 |
|---|---|
| ArrayToObjectConverter | 任意数组到对象的转换，如果目标类型和源类型兼容，直接返回源对象；否则返回数组的第一个元素并进行类型转换 |
| ObjectToArrayConverter | 对象到单元素数组转换 |
| CollectionToStringConverter | 任意集合（List、Set）到字符串转换 |
| StringToCollectionConverter | 字符串到集合（List、Set）转换，默认通过","分割，且去除字符串两边的空格（trim） |
| CollectionToObjectConverter | 任意集合到任意 Object 的转换，如果目标类型和源类型兼容，直接返回源对象；否则返回集合的第一个元素并进行类型转换 |
| ObjectToCollectionConverter | Object 到单元素集合的类型转换 |

类型转换是在视图与控制器相互传递数据时发生的。SpringMVC 框架对于基本类型（如 int、long、float、double、boolean 及 char 等）已经做好了基本的类型转换。

注意：在使用内置类型转换器时，请求参数输入值与接收参数类型要兼容，否则会报"400"错误。请求参数类型与接收参数类型不兼容问题需要学习输入校验后才能解决。

（2）自定义类型转换器

当 SpringMVC 框架内置的类型转换器不能满足需求时，开发者可以开发自己的类型转换器。例如，需要用户在页面表单中输入信息来创建商品信息。当输入"bianchengbang,18,1.85"时，表示在程序中自动创建一个 new User，并将"bianchengbang"值自动赋给 name 属性，将"18"值自动赋给 age 属性，将"1.85"值自动赋给 height 属性。

如果想实现上述应用，需要完成以下 5 步：

① 创建实体类；

② 创建控制器类；

③ 创建自定义类型转换器类；

④ 注册类型转换器；

⑤ 创建相关视图。

（3）示例

本示例是基于 4.2 创建的 spring-mvc 应用。

1）创建实体类

在 src 文件夹下创建名为 cn.gskeju.pojo 的包，创建完成后右击该包"New"→"Class"新建名为 User.java 的 java 类，代码如下：

```java
public class User {
    private String name;
    private Integer age;
    private Double height;
    public String getName() {
        return name;
    }
    public void setName(String name) {
        this.name = name;
    }
    public Integer getAge() {
        return age;
    }
    public void setAge(Integer age) {
        this.age = age;
    }
    public Double getHeight() {
        return height;
    }
    public void setHeight(Double height) {
        this.height = height;
    }
}
```

2）创建控制器类

在 cn.gskeju.controller 包下创建名为 UserController.java 的控制器，代码如下：

```java
@Controller
public class UserController {
    @RequestMapping("/addUser")
    public String addUser() {
        return "addUser";
    }
}
```

在 cn.gskeju.controller 包下创建名为 ConverterController.java 的控制器，代码如下：

```java
@Controller
public class ConverterController {
    @RequestMapping("/converter")
    public String myConverter(@RequestParam("user") User user, Model model) {
        model.addAttribute("user", user);
        return "showUser";
    }
}
```

3）创建自定义类型转换器

在 src 文件夹下创建名为 cn.gskeju.converter 的包，创建完成后右击该包 "New" → "Class" 创建自定义类型转换器 UserConverter，代码如下：

```java
@Component
public class UserConverter implements Converter<String, User> {
    @Override
    public User convert(String source) {
        // 创建 User 实例
        User user = new User();
        // 以 "," 分隔
        String stringvalues[] = source.split(",");
        if (stringvalues != null && stringvalues.length == 3) {
            // 为 user 实例赋值
            user.setName(stringvalues[0]);
            user.setAge(Integer.parseInt(stringvalues[1]));
            user.setHeight(Double.parseDouble(stringvalues[2]));
            return user;
        } else {
            throw new IllegalArgumentException(String.format(" 类型转换失败，需要格式 'name,age,Height', 但格式是 [% s ] ", source));
        }
    }
}
```

4）配置转换器

在 springmvc.xml 文件中添加如下代码：

```xml
<mvc:annotation-driven conversion-service="conversionService" />
    <!-- 注册类型转换器 UserConverter -->
<bean id="conversionService" class="org.springframework.context.support.ConversionServiceFactoryBean">
<property name="converters">
  <list>
    <bean class="net.biancheng.converter.UserConverter" />
  </list>
</property>
</bean>
```

5）创建相关视图

创建添加用户页面 addUser.jsp，代码如下：

```jsp
<%@ page language="java" contentType="text/html; charset=UTF-8"
    pageEncoding="UTF-8"%>
<!DOCTYPE html PUBLIC "-//W3C//DTD HTML 4.01 Transitional//EN" "http://www.w3.org/TR/html4/loose.dtd">
<html>
<head>
  <meta http-equiv="Content-Type" content="text/html; charset=UTF-8">
  <title> 添加用户 </title>
</head>
<body>
<form action="${pageContext.request.contextPath}/converter"
    method="post">
请输入用户信息：
<input type="text" name="user" />
<br>
<input type="submit" value=" 提交 " />
</form>
</body>
</html>
```

创建显示用户页面 showUser.jsp，代码如下：

```jsp
<%@ page language="java" contentType="text/html; charset=UTF-8"
    pageEncoding="UTF-8"%>
```

```
<!DOCTYPE html PUBLIC "-//W3C//DTD HTML 4.01 Transitional//EN" "http://www.w3.org/TR/html4/loose.dtd">
<html>
<head>
<meta http-equiv="Content-Type" content="text/html; charset=UTF-8">
<title></title>
</head>
<body>
您创建的用户信息如下：
<br/>
<!-- 使用 EL 表达式取出 model 中的 user 信息 -->
用户名：${user.name } <br/>
年龄：${user.age } <br/>
身高：${user.height }
</body>
</html>
```

### 4.8.2　SpringMVC 数据格式化（Formatter）

SpringMVC 框架的 Formatter&lt;T&gt; 与 Converter&lt;S, T&gt; 一样，也是一个可以将一种数据类型转换成另一种数据类型的接口。不同的是，Formatter 的源类型必须是 String 类型，而 Converter 的源类型可以是任意数据类型。Formatter 更适合 Web 层，而 Converter 可以在任意层中应用。所以需要转换表单中的用户输入情况，应该选择 Formatter，而不是 Converter。

在 Web 应用中由 HTTP 发送的请求数据到控制器中都是以 String 类型获取，因此在 Web 应用中选择 Formatter&lt;T&gt; 比 Converter&lt;S, T&gt; 更合理。

（1）内置的格式化转换器

SpringMVC 提供了几个内置的格式化转换器，具体如下。

① NumberFormatter：实现 Number 与 String 之间的解析与格式化。

② CurrencyFormatter：实现 Number 与 String 之间的解析与格式化（带货币符号）。

③ PercentFormatter：实现 Number 与 String 之间的解析与格式化（带百分号）。

④ DateFormatter：实现 Date 与 String 之间的解析与格式化。

（2）自定义格式化转换器

自定义格式化转换器就是编写一个实现 org.springframework.format.Formatter 接口的 Java 类。该接口声明如下。

```
public interface Formatter<T>
```

这里的 T 表示由字符串转换的目标数据类型。该接口有 parse 和 print 两种方法，自定义格式化转换器类必须覆盖它们。

```
public T parse(String s, java.util.Locale locale)
public String print(T object, java.util.Locale locale)
```

parse 方法的功能是利用指定的 Locale 将一个 String 类型转换成目标类型；print 方法与之相反，用于表示返回目标对象的字符串。

（3）示例

本示例是基于 4.2 创建的 spring-mvc 应用。

1）创建实体类

创建实体类代码如下：

```
public class User {
    private String name;
    private Integer age;
    private Double height;
    public String getName() {
        return name;
    }
    public void setName(String name) {
        this.name = name;
    }
    public Integer getAge() {
        return age;
    }
    public void setAge(Integer age) {
        this.age = age;
    }
    public Double getHeight() {
        return height;
    }
    public void setHeight(Double height) {
        this.height = height;
    }
}
```

2）创建控制器类

创建控制器类代码如下：

```java
@Controller
public class FormatterController {
    @RequestMapping("/formatter")
    public String myFormatter(User us, Model model) {
        model.addAttribute("user", us);
        return "showUser";
    }
}
```

3）创建自定义格式化转换器类

创建 cn.gskeju.formatter 包，并在该包中创建 MyFormatter 的自定义格式化转换器类，代码如下：

```java
@Component
public class MyFormatter implements Formatter<Date> {
    SimpleDateFormat dateFormat = new SimpleDateFormat("yyyy-MM-dd");

    public String print(Date object, Locale arg1) {
        return dateFormat.format(object);
    }
    public Date parse(String source, Locale arg1) throws ParseException
    {
        return dateFormat.parse(source); // Formatter 只能对字符串转换
    }
}
```

4）注册格式化转换器

在 springmvc-servlet.xml 配置文件中注册格式化转换器，具体代码如下：

```xml
<!-- 注册 MyFormatter -->
<bean id="conversionService"
 class="org.springframework.format.support.FormattingConversionServiceFactoryBean">
    <property name="formatters">
        <set>
            <bean class="cn.gskeju.formatter.MyFormatter" />
        </set>
```

```
        </property>
    </bean>
    <mvc:annotation-driven conversion-service="conversionService" />
```

5）创建相关视图

创建添加用户页面 addUser.jsp，代码如下：

```
<%@ page language="java" contentType="text/html; charset=UTF-8"
    pageEncoding="UTF-8"%>
<!DOCTYPE html PUBLIC "-//W3C//DTD HTML 4.01 Transitional//EN" "http://www.w3.org/TR/html4/loose.dtd">
<html>
<head>
    <meta http-equiv="Content-Type" content="text/html; charset=UTF-8">
    <title> 添加用户 </title>
</head>
<body>
<form action="${pageContext.request.contextPath}/formatter" method="post">
    用户名：<input type="text" name="name" />
    <br>
    年龄：<input type="text" name="age" />
    <br>
    身高：<input type="text" name="height" />
    <br>
    创建日期：<input type="text" name="createDate" />
    <br>
    <input type="submit" value=" 提交 " />
</form>
</body>
</html>
```

创建信息显示页面 showUser.jsp，代码如下：

```
<%@ page language="java" contentType="text/html; charset=UTF-8"
    pageEncoding="UTF-8"%>
<!DOCTYPE html PUBLIC "-//W3C//DTD HTML 4.01 Transitional//EN" "http://www.w3.org/TR/html4/loose.dtd">
<html>
```

```
<head>
<meta http-equiv="Content-Type" content="text/html; charset=UTF-8">
<title>用户信息 </title>
</head>
<body>
您创建的用户信息如下：
<br />
<!-- 使用 EL 表达式取出 model 中的 user 信息 -->
用户名：${user.name}
<br />
年龄：${user.age}
<br />
身高：${user.height}
<br />
创建日期：${user.createDate}
</body>
</html>
```

## 4.9  SpringMVC 标签库

在进行 SpringMVC 项目开发时，一般会使用 EL 表达式和 JSTL 标签来完成页面视图的开发。其实 Spring 也有一套表单标签库，通过 Spring 表单标签，很容易将模型数据中的命令对象绑定到 HTML 的表单元素中。

首先和 JSTL 标签的使用方法相同，在使用 Spring 表单标签之前，必须在 JSP 页面开头处声明 taglib 指令，指令代码如下：

```
<%@ taglib prefix="fm" uri="http://www.springframework.org/tags/form"%>
```

常用的 Spring 表单标签如表 4-4 所示。

表 4-4  Spring 表单标签

| 名称 | 作用 |
| --- | --- |
| form | 渲染表单元素 |
| input | 输入框组件标签，渲染 \<input type="text"/\> 元素 |
| password | 密码框组件标签，渲染 \<input type="password"/\> 元素 |
| hidden | 隐藏框组件标签，渲染 \<input type="hidden"/\> 元素 |

续表

| 名称 | 作用 |
|---|---|
| textarea | 多行输入框组件标签，渲染 textarea 元素 |
| checkbox | 复选框组件标签，渲染单个 <input type="checkbox"/> 元素 |
| checkboxes | 渲染多个 <input type="checkbox"/> 元素 |
| radiobutton | 单选框组件标签，渲染单个 <input type="radio"/> 元素 |
| radiobuttons | 渲染多个 <input type="radio"/> 元素 |
| select | 下拉列表组件标签，渲染单个选择元素 |
| option | 渲染单个选项元素 |
| options | 渲染多个选项元素 |
| errors | 显示表单数据校验所对应的错误信息 |

以上标签基本都拥有以下属性。

① path：路径属性，表示表单对象属性，如 userName、userCode 等。

② cssClass：表单组件对应的 CSS 样式类名。

③ cssErrorClass：当提交表单后报错（服务端错误），采用的 CSS 样式类。

④ cssStyle：表单组件对应的 CSS 样式。

⑤ htmlEscape：绑定的表单属性值是否要对 HTML 特殊字符进行转换，默认为 true。

### 4.9.1 表单标签

表单标签的语法格式如下：

```
<form:form modelAttribute="×××" method="post" action="×××">
    ...
</form:form>
```

表单标签除了具有 HTML 表单元素属性外，还具有 acceptCharset、commandName、cssClass、cssStyle、htmlEscape 和 modelAttribute 等属性。

① acceptCharset：定义服务器接受的字符编码列表。

② commandName：暴露表单对象的模型属性名称，默认为 command。

③ cssClass：定义应用到 form 元素的 CSS 类。

④ cssStyle：定义应用到 form 元素的 CSS 样式。

⑤ htmlEscape：true 或 false，表示是否进行 HTML 转义。

⑥ modelAttribute：暴露 form backing object 的模型属性名称，默认为 command。

其中，commandName 和 modelAttribute 属性的功能基本一致，属性值绑定一个

JavaBean 对象。假设控制器类 UserController 的方法 inputUser 是返回 userAdd.jsp 的请求处理方法，inputUser 方法的代码：

```
@RequestMapping(value="/input")
public String inputUser(Model model) {
    ...
    model.addAttribute("user", new User());
    return "userAdd";
}
```

userAdd.jsp 的表单标签代码如下：

```
<form:form modelAttribute="user" method="post" action="user/save">
    ...
</form:form>
```

注意：在 inputUser 方法中，如果没有 Model 属性 user，userAdd.jsp 页面就会出现异常，因为表单标签无法找到在其 modelAttribute 属性中指定的 form backing object。

### 4.9.2 input 标签

input 标签的语法格式如下：

```
<form:input path="×××"/>
```

该标签除了有 cssClass、cssStyle、htmlEscape 属性外，还有一个最重要的属性——path。path 属性是将文本框输入值绑定到 form backing object 的一个属性，示例代码如下：

```
<form:form modelAttribute="user" method="post" action="user/save">
    <form:input path="userName"/>
</form:form>
```

### 4.9.3 password 标签

password 标签的语法格式如下：

```
<form:password path="×××"/>
```

该标签与 input 标签的用法完全一致，这里不再赘述。

### 4.9.4 hidden 标签

hidden 标签的语法格式如下：

```
<form:hidden path="× × ×"/>
```

该标签与 input 标签的用法基本一致，只不过它无法显示，不支持 cssClass 和 cssStyle 属性。

### 4.9.5 textarea 标签

textarea 标签基本上就是一个支持多行输入的 input 元素，该标签与 input 标签的用法完全一致。语法格式如下：

```
<form:textarea path="× × ×"/>
```

### 4.9.6 checkbox 标签

checkbox 标签的语法格式如下：

```
<form:checkbox path="× × ×" value="× × ×"/>
```

多个 path 相同的 checkbox 标签，它们是一个选项组，允许多选，选项值绑定到一个数组属性。示例代码如下：

```
<form:checkbox path="friends" value=" 张三 "/> 张三
<form:checkbox path="friends" value=" 李四 "/> 李四
<form:checkbox path="friends" value=" 王五 "/> 王五
<form:checkbox path="friends" value=" 赵六 "/> 赵六
```

上述示例代码中复选框的值绑定到一个字符串数组属性 friends（String[ ] friends）。该标签的其他用法与 input 标签基本一致，这里不再赘述。

### 4.9.7 checkboxes 标签

checkboxes 标签渲染多个复选框，是一个选项组，等价于多个 path 相同的 checkbox 标签。它有 3 个非常重要的属性，即 items、itemLabel 和 itemValue。

① items：用于生成 input 元素的 Collection、Map 或 Array。
② itemLabel：items 属性中指定的集合对象属性，为每个 input 元素提供 label。
③ itemValue：items 属性中指定集合对象的属性，为每个 input 元素提供 value。

checkboxes 标签的语法格式如下：

```
<form:checkboxes items="× × ×" path="× × ×"/>
```

示例代码如下：

```
<form:checkboxes items="${hobbys}" path="hobby"/>
```

上述示例代码是将 model 属性 hobbys 的内容（集合元素）渲染为复选框。在 itemLabel 和 itemValue 省略的情况下，如果集合是数组，复选框的 label 和 value 相同；如果是 Map 集合，复选框的 label 是 Map 的值（value），复选框的 value 是 Map 的关键字（key word）。

### 4.9.8  radiobutton 标签

radiobutton 标签的语法格式如下：

```
<form:radiobutton path="×××" value="×××"/>
```

多个 path 相同的 radiobutton 标签，它们是一个选项组，只允许单选。

### 4.9.9  radiobuttons 标签

radiobuttons 标签渲染多个 radio，是一个选项组，等价于多个 path 相同的 radiobutton 标签。radiobuttons 标签的语法格式如下：

```
<form:radiobuttons items="×××" path="×××"/>
```

该标签的 itemLabel 和 itemValue 属性与 checkboxes 标签的 itemLabe 和 itemValue 属性完全相同，但其只允许单选。

### 4.9.10  select 标签

select 标签的选项可能来自其属性 items 指定的集合，或者来自嵌套的 option 标签或 options 标签。其语法格式如下：

```
<form:select path="×××" items="×××"/>
```

或

```
<form:select path="×××" items="×××">
  <option value="×××">×××</option>
</form:select>
```

或

```
<form:select path="×××">
  <form:options items="×××"/>
</form:select>
```

该标签的 itemLabel 和 itemValue 属性与 checkboxes 标签的 itemLabel 和 itemValue 属性完全一致。

### 4.9.11 options 标签

options 标签生成一个 select 标签的选项列表，因此需要和 select 标签一同使用，具体用法参见 4.9.10。

### 4.9.12 errors 标签

errors 标签渲染一个或者多个 span 元素，每个 span 元素包含一个错误消息。它可以用于显示一个特定的错误消息，也可以用于显示所有错误消息。其语法格式如下：

```
<form:errors path="*"/>
```

或

```
<form:errors path="×××"/>
```

其中，"*" 表示显示所有错误消息；"×××" 表示显示由 "×××" 指定的特定错误消息。

## 4.10 SpringMVC JSON 数据交互

SpringMVC 在数据绑定的过程中需要对传递数据的格式和类型进行转换，它既可以转换 String 等类型的数据，也可以转换 JSON 等类型的数据。

### 4.10.1 JSON 概述

JSON（Java Script Object Notation，JS 对象标记）是一种轻量级的数据交换格式。与 XML 一样，JSON 也是一种基于纯文本的数据交换格式。它有对象结构和数组结构两种数据结构。

（1）对象结构

对象结构以"{"开始、以"}"结束，中间部分由 0 个或多个以英文","分隔的 key/value 对构成，key 和 value 之间以英文":"分隔。对象结构的语法结构如下：

```
{
    key1:value1,
    key2:value2,
    ...
}
```

其中，key 必须为 String 类型，value 可以是 String、Number、Object、Array 等类型。例如，一个人物对象包含姓名、密码、年龄等信息，使用 JSON 格式的表示形式如下：

```
{
    "pname":"张三",
```

```
    "password":"123456",
    "page":40
}
```

（2）数组结构

数组结构以"{"开始、以"}"结束，中间部分由 0 个或多个以英文","分隔的值的列表组成。数组结构的语法结构如下：

```
{
    value1,
    value2,
    ...
}
```

上述两种（对象、数组）数据结构也可以分别组合构成更加复杂的数据结构。例如，一个学生对象包含 sno、sname、hobby 和 college，使用 JSON 格式的表示形式如下：

```
{
    "sno":"201802228888",
    "sname":" 张三 ",
    "hobby":[" 跳绳 "],
    "college":{
        "cname":" ×× 大学 ",
        "city":" 兰州 "
    }
}
```

### 4.10.2 JSON 数据转换

为实现浏览器与控制器类之间的 JSON 数据交互，SpringMVC 提供 MappingJackson2HttpMessageConverter 实现类默认处理 JSON 格式请求响应。该实现类利用 Jackson 开源包读写 JSON 数据，将 Java 对象转换为 JSON 对象和 XML 文档，同时也可以将 JSON 对象和 XML 文档转换为 Java 对象。

在使用注解开发时需要用到两个重要的 JSON 格式转换注解，分别是 @RequestBody 和 @ResponseBody。@RequestBody 用于将请求体中的数据绑定到方法的形参中，该注解应用在方法的形参上；@ResponseBody 用于直接返回 return 对象，该注解应用在方法上。

需要注意的是在该处理方法上，除了通过 @RequestMapping 指定请求的 URL，还有 @ResponseBody 注解。@ResponseBody 注解的作用是将标注该注解处理方法的返回结果直接写入 HTTP Response Body（Response 对象的 body 数据区）中。一般情况下，

@ResponseBody 都会在异步获取数据时使用，被其标注的处理方法返回的数据都将输出到响应流中，客户端获取并显示数据。

### 4.10.3 各个 JSON 技术对比

早期，JSON 的组装和解析都是通过手动编写代码来实现的，效率不高故而后来有许多关于组装和解析 JSON 格式信息的工具类出现，如 json-lib、Jackson、Gson 和 FastJson 等，它们可以解决 JSON 交互的开发效率。

（1）json-lib

json-lib 是应用广泛的 JSON 解析工具，缺点是依赖很多的第三方包，如 commons-beanutils.jar、ezmorph-1.0.6.jar、commons-collections-3.2.jar、commons-lang-2.6.jar、commons-logging-1.1.1.jar 等。

对于复杂类型的转换，json-lib 在将 JSON 转换成 Bean 时，有一定的缺陷。例如，一个类里包含另一个类的 List 或者 Map 集合，转换就会出现问题。因此，json-lib 在功能和性能上都无法满足现代互联网化的需求。

（2）Jackson

开源的 Jackson 是 SpringMVC 内置的 JSON 转换工具。相比 json-lib，Jackson 所依赖的 jar 文件较少、简单易用、性能相对更高，并且 Jackson 版本更新速度快。但是 Jackson 在复杂类型（Map、List）的 JSON 转换 Bean 时，也会出现问题。而且 Jackson 在于复杂类型的 Bean 转换 JSON 时，转换的 JSON 格式不是标准的 JSON 格式。

（3）Gson

Google 的 Gson 是目前功能最全的 JSON 解析器，Gson 当初是为满足 Google 公司的内部需求由 Google 自行研发的。自从于 2008 年 5 月公开发布第一版后，Gson 就已经被许多公司或用户应用。

Gson 主要提供了 toJson 与 fromJson 两个转换函数，不需要依赖其他 jar 文件，就能直接在 JDK 上运行。在使用这两个函数转换前，需要先创建好对象的类型及其成员，才能成功地将 JSON 字符串转换为相对应的对象。

类里面只要有 get 和 set 方法，Gson 完全可以将复杂类型的 JSON 转换到 Bean，或将 Bean 转换到 JSON，是 JSON 解析的神器。Gson 在功能上无可挑剔，但性能与 FastJson 相比还有一定的差距。

（4）FastJson

阿里巴巴的 FastJson 是用 Java 语言编写的高性能 JSON 处理器。FastJson 不需依赖其他 jar 文件，就能直接在 JDK 上运行。FastJson 在复杂类型的 Bean 转换 JSON 上会出现一些问题，可能会因引用类型导致 JSON 转换错误，需要制定引用。

FastJson 采用独创的算法，将 parse 的速度提升到极致，超过所有 JSON 组装和解析工具。

通过上述 4 种 JSON 技术的比较，在项目选型时可 Google 的 Gson 和阿里巴巴的 FastJson 两种并行使用。如果只有功能上面的要求，没有性能上面的要求，可以使用

Google 的 Gson。如果性能与功能上面都有要求，可以使用 Gson 将 Bean 转换 JSON 确保数据的准确；使用 FastJson 将 JSON 转换 Bean。

### 4.10.4 示例

本示例基于阿里巴巴提供的 FastJson，结合具体需求演示 SpringMVC 如何处理 JSON 格式数据。本节代码是基于 4.2 创建的 spring-mvc 应用。

（1）导入 jar 文件

导入所需 jar 包 fastjson-1.2.62.jar。

（2）配置 SpringMVC 核心配置文件

在 springmvc.xml 中添加以下代码：

```xml
<mvc:annotation-driven>
    <!-- 配置 @ResponseBody 由 fastjson 解析 -->
    <mvc:message-converters>
        <bean class="org.springframework.http.converter.
                    StringHttpMessageConverter">
            <property name="defaultCharset" value="UTF-8" />
        </bean>
        <bean class="com.alibaba.fastjson.support.spring
            .FastJsonHttpMessageConverter4" />
    </mvc:message-converters>
</mvc:annotation-driven>
<mvc:default-servlet-handler />
<bean id="fastJsonpResponseBodyAdvice" class="com.alibaba.fastjson.support.spring.FastJsonpResponseBodyAdvice">
    <constructor-arg>
        <list>
            <value>callback</value>
            <value>jsonp</value>
        </list>
    </constructor-arg>
</bean>
<!-- annotation-driven 用于简化开发的配置,注解 DefaultAnnotationHandlerMapping 和 AnnotationMethodHandlerAdapter -->
<!-- 使用 resources 过滤掉不需要 dispatcherservlet 的资源（即静态资源，如 css、js、html、images）。
在使用 resources 时必须使用 annotation-driven，否则 resources 元素会阻止任意控制器被调用 -->
```

```xml
<!-- 允许 js 目录下的所有文件可见 -->
<mvc:resources location="/" mapping="/**" />
```

（3）创建 PoJo 类

在 cn.gskeju.pojo 包下创建 User 类，代码如下：

```java
public class User {
    private String name;
    private String password;
    private Integer age;
    public String getName() {
        return name;
    }
    public void setName(String name) {
        this.name = name;
    }
    public String getPassword() {
        return password;
    }
    public void setPassword(String password) {
        this.password = password;
    }
    public Integer getAge() {
        return age;
    }
    public void setAge(Integer age) {
        this.age = age;
    }
}
```

（4）修改 index.jsp 页面

index.jsp 页面测试 JSON 数据交互。首先右键点击"WebRoot"→"WEB-INF"新建名为 js 的文件夹，网站下载 jquery-3.2.1.min.js 文件，下载完成后将该文件复制到 js 文件夹下，示例代码如下：

```jsp
<%@ page language="java" contentType="text/html; charset=UTF-8"
pageEncoding="UTF-8"%>
```

```html
<!DOCTYPE html PUBLIC "-//W3C//DTD HTML 4.01 Transitional//EN" "http://www.w3.org/TR/html4/loose.dtd">
<html>
<head>
    <meta http-equiv="Content-Type" content="text/html; charset=UTF-8">
    <title> 测试 JSON 交互 </title>
    <script type="text/javaScript" src="${pageContext.request.contextPath }/js/jquery-3.2.1.min.js"> </script>
</head>
<body>
<form action="">
    用户名：<input type="text" name="name" id="name" />
    <br>
    密码：<input type="password" name="password" id="password" />
    <br>
    年龄：<input type="text" name="age" id="age">
    <br>
    <input type="button" value=" 测试 " onclick="testJson()" />
</form>
</body>
<script type="text/javaScript">
    function testJson() {
        var name = $("#name").val();
        var password = $("#password").val();
        var age = $("#age").val();
        $.ajax({
            // 请求路径
            url : "${pageContext.request.contextPath}/testJson",
            // 请求类型
            type : "post",
            //data 表示发送的数据
            data : JSON.stringify({
                name : name,
                password : password,
                age : age
            }), // 定义发送请求的数据格式为 JSON 字符串
            contentType : "application/json;charset=utf-8",
```

```
            // 定义回调响应的数据格式为 JSON 字符串，该属性可以省略
            dataType : "json",
            // 成功响应的结果
            success : function(data) {
                if (data != null) {
                    alert(" 输入的用户名："+ data.name + "，密码：" + data.password
                        + "，年龄：" + data.age);
                }
            }
        });
    }
</script>
</body>
</html>
```

（5）创建控制器

右击 "src" → "cn.gskeju.controller" 创建名为 UserController 的 class 类。示例代码如下：

```
/**
 * 接收页面请求的 JSON 参数，并返回 JSON 格式的结果
 */
@RequestMapping("/testJson")
@ResponseBody
public User testJson(@RequestBody User user) {
// 打印接收的 JSON 数据
    System.out.println("name=" + user.getName() + ",password=" + user.getPassword() + ",age=" + user.getAge());
// 返回 JSON 格式的响应
    return user;
}
```

在上述控制器类中编写了接收和响应 JSON 格式数据的 testJson 方法，方法中的 @RequestBody 注解用于将前端请求体中的 JSON 格式数据绑定到形参 User 上，@ResponseBody 注解用于直接返回 Person 对象（当返回 PoJo 对象时默认转换为 JSON 格式数据，进行响应）。

## 4.11 SpringMVC 拦截器

### 4.11.1 定义

SpringMVC 拦截器类似于 Servlet 开发中的过滤器（Filter），用于对处理器进行预处理和后处理。

### 4.11.2 拦截器定义

在 SpringMVC 框架中，拦截器的定义形式有以下 2 种。

① 通过实现 HandlerInterceptor 接口或继承 HandlerInterceptor 接口的实现类（如 HandlerInterceptorAdapter）来定义。

② 通过实现 WebRequestInterceptor 接口或继承 WebRequestInterceptor 接口的实现类来定义。

本节以实现 HandlerInterceptor 接口实现类为例讲解自定义拦截器的使用方法，示例代码如下：

```java
public class TestInterceptor implements HandlerInterceptor {
    // controller 执行后且视图返回后调用此方法
    // 这里可得到执行 controller 时的异常信息
    // 这里可记录操作日志
    @Override
    public void afterCompletion(HttpServletRequest arg0, HttpServletResponse arg1, Object arg2, Exception arg3)
                    throws Exception {
        System.out.println("afterCompletion 方法在控制器的处理请求方法执行完成后执行，即视图渲染结束之后执行 ");
    }
    // controller 执行后但未返回视图前调用此方法
    // 这里可在返回用户前对模型数据进行加工处理，比如这里加入公用信息以便页面显示
    @Override
    public void postHandle(HttpServletRequest arg0, HttpServletResponse arg1, Object arg2, ModelAndView arg3)
                    throws Exception {
        System.out.println("postHandle 方法在控制器的处理请求方法调用之后，解析视图之前执行 ");
    }
    // Controller 执行前调用此方法
    // 返回 true 表示继续执行，返回 false 中止执行
```

```
            // 这里可以加入登录校验、权限拦截等
            @Override
            public boolean preHandle(HttpServletRequest arg0, HttpServletResponse arg1, Object arg2) throws
Exception {
                    System.out.println("preHandle 方法在控制器的处理请求方法调用之前执行 ");
                    // 设置为 true，测试使用
                    return true;
            }
    }
```

上述拦截器的定义中实现了 HandlerInterceptor 接口，并实现了接口中的 3 个方法，说明如下。

① preHandle()，该方法在控制器处理请求方法前执行，其返回值表示是否中断后续操作，返回 true 表示继续向下执行，返回 false 表示中断后续操作。

② postHandle()，该方法在控制器的处理请求方法调用之后、解析视图之前执行，可通过此方法对请求域中的模型和视图做进一步修改。

③ afterCompletion()，该方法在控制器的处理请求方法执行完成后执行，即视图渲染结束后执行，可以通过此方法实现一些资源清理、记录日志信息等工作。

### 4.11.3 拦截器配置

自定义的拦截器生效前需要在 SpringMVC 的配置文件中进行配置，配置示例代码如下：

```xml
    <!-- 配置拦截器 -->
    <mvc:interceptors>
       <!-- 配置一个全局拦截器，拦截所有请求 -->
    <bean class="cn.gskeju.interceptor.TestInterceptor" />
        <mvc:interceptor>
                <!-- 所有的请求都进入拦截器 -->
                <mvc:mapping path="/**" />
                <!-- 配置具体的拦截器 -->
                <bean class="cn.gskeju.interceptor.HandlerInterceptor1" />
        </mvc:interceptor>
        <mvc:interceptor>
                <!-- 所有的请求都进入拦截器 -->
                <mvc:mapping path="/**" />
                <!-- 配置具体的拦截器 -->
```

```
            <bean class="cn.gskeju.interceptor.HandlerInterceptor2" />
        </mvc:interceptor>
    </mvc:interceptors>
```

在上述示例代码的元素说明如下。

① <mvc:interceptors>，该元素用于配置一组拦截器。

② <bean>，该元素是 <mvc:interceptors> 的子元素，用于定义全局拦截器，即拦截所有的请求。

③ <mvc:interceptor>，该元素用于定义指定路径的拦截器。

④ <mvc:mapping>，该元素是 <mvc:interceptor> 的子元素，用于配置拦截器作用的路径，该路径在其属性 path 中定义。path 的属性值为 /** 时，表示拦截所有路径；为 /goTest 时，表示拦截所有以 /goTest 结尾的路径。如果在请求路径中包含不需要拦截的内容，可以通过 <mvc:exclude-mapping> 子元素进行配置。

需要注意的是，<mvc:interceptor> 元素的子元素必须按照 <mvc:mapping.../>、<mvc:exclude-mapping.../>、<bean.../> 的顺序配置。

### 4.11.4 拦截器应用

下面通过拦截器来完成一个用户登录权限验证的 Web 应用，具体要求如下：只有成功登录的用户才能访问系统的主页面 main.jsp，如果没有成功登录而直接访问主页面，则拦截器将拦截请求，并转发到登录页面 login.jsp。当成功登录的用户在系统主页面中单击"退出"链接时回到登录页面。

（1）创建 POJO 类

在 src 下的 cn.gskeju.pojo 包中创建名为 User 的类，代码如下：

```java
package cn.gskeju.pojo;
public class User {
    private String name;
    private String pwd;
    public String getName() {
            return name;
    }
    public void setName(String name) {
            name = name;
    }
    public String getPwd() {
            return pwd;
    }
```

```java
        public void setPwd(String pwd) {
                pwd = pwd;
        }
}
```

（2）创建控制器类

在 SpringMVC 的 cn.gskeju.controller 包中创建用户登录的控制器类 UserController，代码如下：

```java
@Controller
public class UserController {
    /**
     * 登录页面初始化
     */
    @RequestMapping("/toLogin")
    public String initLogin() {
        return "login";
    }
    /**
     * 处理登录功能
     */
    @RequestMapping("/login")
    public String login(User user, Model model, HttpSession session) {
        System.out.println(user.getName());
        if ("bianchengbang".equals(user.getName()) && "123456".equals(user.getPwd())) {
            // 登录成功，将用户信息保存到 session 对象中
            session.setAttribute("user", user);
            // 重定向到主页面的跳转方法
            return "redirect:main";
        }
        model.addAttribute("msg", " 用户名或密码错误，请重新登录！ ");
        return "login";
    }
    /**
     * 跳转到主页面
     */
    @RequestMapping("/main")
```

```java
    public String toMain() {
        return "main";
    }
    /**
     * 退出登录
     */
    @RequestMapping("/logout")
    public String logout(HttpSession session) {
        // 清除 session
        session.invalidate();
        return "login";
    }
}
```

（3）创建拦截器类

在 SpringMVC 的 cn.gskeju.interceptor 包中创建拦截器类 LoginInterceptor，代码如下：

```java
public class LoginInterceptor implements HandlerInterceptor {
    @Override
    public boolean preHandle(HttpServletRequest request, HttpServletResponse response, Object handler)
            throws Exception {
        // 获取请求的 URL
        String url = request.getRequestURI();
        // login.jsp 或登录请求放行，不拦截
        if (url.indexOf("/toLogin") >= 0 || url.indexOf("/login") >= 0) {
            return true;
        }
        // 获取 session
        HttpSession session = request.getSession();
        Object obj = session.getAttribute("user");
        if (obj != null)
            return true;
        // 没有登录且不是登录页面，转发到登录页面，并给出提示错误信息
        request.setAttribute("msg", " 还没登录，请先登录！ ");
        request.getRequestDispatcher("/WEB-INF/jsp/login.jsp").forward(request, response);
        return false;
```

```
    }
    @Override
    public void afterCompletion(HttpServletRequest arg0, HttpServletResponse arg1, Object arg2, Exception arg3)
            throws Exception {
        // TODO Auto-generated method stub
    }
    @Override
    public void postHandle(HttpServletRequest arg0, HttpServletResponse arg1, Object arg2, ModelAndView arg3)
            throws Exception {
        // TODO Auto-generated method stub
    }
}
```

（4）配置拦截器

在 WEB-INF 目录下创建文件 springmvc-servlet.xml 和 web.xml。在 springmvc-servlet.xml 文件中配置拦截器 LoginInterceptor，代码如下：

```xml
<!-- 配置拦截器 -->
<mvc:interceptors>
    <mvc:interceptor>
        <!-- 配置拦截器作用的路径 -->
        <mvc:mapping path="/**" />
        <bean class="cn.gskeju.interceptor.LoginInterceptor" />
    </mvc:interceptor>
</mvc:interceptors>
```

web.xml 代码如下：

```xml
<?xml version="1.0" encoding="UTF-8"?>
<web-app xmlns:xsi="http://www.w3.org/2001/XMLSchema-instance"
    xmlns="http://java.sun.com/xml/ns/javaee"
    xmlns:web="http://java.sun.com/xml/ns/javaee/web-app_2_5.xsd"
    xsi:schemaLocation="http://java.sun.com/xml/ns/javaee http://java.sun.com/xml/ns/javaee/web-app_3_0.xsd"
    version="3.0">
    <display-name>springMVC</display-name>
```

```xml
<!-- 部署 DispatcherServlet -->
<servlet>
<servlet-name>springmvc</servlet-name>
<servlet-class>org.springframework.web.servlet.DispatcherServlet</servlet-class>
<init-param>
<param-name>contextConfigLocation</param-name>
<param-value>/WEB-INF/springmvc-servlet.xml</param-value>
</init-param>
<!-- 表示容器再启动时立即加载 servlet -->
<load-on-startup>1</load-on-startup>
</servlet>
<servlet-mapping>
<servlet-name>springmvc</servlet-name>
<!-- 处理所有 URL -->
<url-pattern>/</url-pattern>
</servlet-mapping>
</web-app>
```

（5）创建视图 JSP 页面

在 WEB-INF 目录下创建文件夹 jsp，并在该文件夹中创建 login.jsp 和 main.jsp。

① login.jsp 的代码如下：

```jsp
<%@ page language="java" contentType="text/html; charset=UTF-8"
pageEncoding="UTF-8"%>
<!DOCTYPE html PUBLIC "-//W3C//DTD HTML 4.01 Transitional//EN" "http://www.w3.org/TR/html4/loose.dtd">
<html>
<head>
<meta http-equiv="Content-Type" content="text/html; charset=UTF-8">
<title> 用户登录 </title>
</head>
<body>
${msg}
<form action="${pageContext.request.contextPath }/login" method="post">
用户名：<input type="text" name="name" /><br>
密码：<input type="password" name="pwd" /><br>
<input type="submit" value=" 登录 " />
```

```
    </form>
  </body>
</html>
```

② main.jsp 的代码如下：

```
<%@ page language="java" contentType="text/html; charset=UTF-8"
pageEncoding="UTF-8"%>
<!DOCTYPE html PUBLIC "-//W3C//DTD HTML 4.01 Transitional//EN" "http://www.w3.org/TR/html4/loose.dtd">
<html>
<head>
  <meta http-equiv="Content-Type" content="text/html; charset=UTF-8">
  <title> 首页 </title>
</head>
<body>
欢迎 ${user.name }<br />
<a href="${pageContext.request.contextPath }/logout"> 退出 </a>
</body>
</html>
```

## 4.12 SpringMVC 文件上传和下载

### 4.12.1 SpringMVC 文件上传

SpringMVC 文件上传基于 commons-fileupload 组件，并在该组件上做了进一步的封装，简化文件上传代码的同时取消了在不同上传组件的编程差异。

（1）MultipartResolver 接口

在 SpringMVC 中实现文件上传十分容易，其中 MultpartiResolver 接口为文件上传提供了直接支持。MultipartResolver 接口用于处理上传请求，将上传请求包装成可直接获取文件的数据，方便操作。

MultpartiResolver 接口有以下两个实现类：

① StandardServletMultipartResolver，使用了 Servlet 3.0 标准的上传方式；

② CommonsMultipartResolver，使用了 Apache 的 commons-fileupload 来完成具体的上传。

MultpartiResolver 接口方法及作用如表 4-5 所示。

表 4-5  MultpartiResolver 接口方法及作用

| 名称 | 作用 |
|---|---|
| byte[] getBytes() | 以字节数组的形式返回文件内容 |
| String getContentType() | 返回文件内容类型 |
| InputStream getInputStream() | 返回一个 InputStream，从中读取文件内容 |
| String getName() | 返回请求参数名称 |
| String getOriginalFillename() | 返回客户端提交的原始文件名称 |
| long getSize() | 返回文件的大小，单位为字节 |
| boolean isEmpty() | 判断上传文件是否为空 |
| void transferTo(File destination) | 将上传文件保存到目标目录下 |

使用 CommonsMultipartResolver 实现类可完成单文件和多文件上传。

（2）单文件上传

本示例是基于 4.2 创建的 spring-mvc 应用。

1）导入 jar 文件

文件上传使用 Apache Commons FileUpload 组件，需要导入 commons-io-2.11.0.jar 和 commons-fileupload-1.4.jar 两个 jar 文件（可在 Apache 官网下载）。将 jar 包复制到项目"WebRoot"→"Web-INF"的 lib 文件下。

2）配置 MultipartResolver 解析器

使用 CommonsMultipartReslover 配置 MultipartResolver 解析器，在 springmvc.xml 中添加如下代码：

```xml
<!-- 配置 MultipartResolver，用于上传文件，使用 spring 的 CommonsMultipartResolver -->
<bean id="multipartResolver" class="org.springframework.web
                .multipart.commons.CommonsMultipartResolver">
  <property name="maxUploadSize" value="5000000" />
  <property name="defaultEncoding" value="UTF-8" />
</bean>
```

其中，maxUploadSize 表示上传文件大小的上限，单位为字节；defaultEncoding 表示请求的编码格式，默认为 ISO 8859-1，此处设置为 UTF-8（注：defaultEncoding 必须和 JSP 中的 pageEncoding 一致，以便正确读取表单内容）。

3）编写文件上传表单页面

右击"WebRoot"→"Web-INF"→"pages"创建名为 fileUpload.jsp 的页面（注意负责文件上传表单的编码类型必须是"multipart/form-data"类型），fileUpload.jsp 代码如下：

```
<%@ page language="java" contentType="text/html; charset=UTF-8"
    pageEncoding="UTF-8"%>
<!DOCTYPE html PUBLIC "-//W3C//DTD HTML 4.01 Transitional//EN" "http://www.w3.org/TR/html4/loose.dtd">
<html>
<head>
<meta http-equiv="Content-Type" content="text/html; charset=UTF-8">
<title> 文件上传 </title>
</head>
<body>
    <form action="${pageContext.request.contextPath}/fileupload"
        method="post" enctype="multipart/form-data">
        选择文件：<input type="file" name="myfile"><br>
        文件描述：<input type="text" name="description"><br>
        <input type="submit" value=" 提交 ">
    </form>
</body>
</html>
```

基于表单的文件上传需要使用 enctype 属性，并将它的值设置为 multipart/form-data，同时将表单的提交方式设置为 post。

表单 enctype 属性指定的是表单数据编码方式，该属性有以下 3 个值：

① application/x-www-form-urlencoded，这是默认的编码方式，只处理表单域中的 value 属性值；

② multipart/form-data，该编码方式以二进制流处理表单数据，并将文件域指定文件的内容封装至请求参数；

③ text/plain，该编码方式只有当表单的 action 属性为"mailto："URL 时使用，主要适用于直接通过表单发送邮件。

4）创建 POJO 类

右击 cn.gskeju.pojo 包，创建名为 FileDomain 的类，在该 POJO 类中声明一个 MultipartFile 类型的属性，用于封装被上传的文件信息，属性名与文件选择页面 filleUpload.jsp 中 file 类型的表单参数名 myfile 相同，代码如下：

```
public class FileDomain {
    private String description;
    private MultipartFile myfile;
    public String getDescription() {
```

```java
        return description;
    }
    public void setDescription(String description) {
        this.description = description;
    }
    public MultipartFile getMyfile() {
        return myfile;
    }
    public void setMyfile(MultipartFile myfile) {
        this.myfile = myfile;
    }
}
```

5）编写控制器

在 cn.gskeju.controller 包下编写 FileUploadController 控制器，具体代码如下：

```java
@Controller
public class FileUploadController {
    // 得到一个用来记录日志的对象，这样在打印信息时能够标记打印的是哪个类的信息
    private static final Log logger = LogFactory.getLog(FileUploadController.class);
    @RequestMapping("getFileUpload")
    public String getFileUpload() {
        return "fileUpload";
    }
    /**
     * 单文件上传
     */
    @RequestMapping("/fileupload")
    public String oneFileUpload(@ModelAttribute FileDomain fileDomain, HttpServletRequest request) {
        /*
         * 文件上传到服务器的位置 "/uploadfiles"，该位置是指 workspace\.metadata\.plugins\org.eclipse
         * .wst.server.core\tmp0\wtpwebapps，发布后使用
         */
        String realpath = request.getSession().getServletContext().getRealPath("uploadfiles");
        String fileName = fileDomain.getMyfile().getOriginalFilename();
        File targetFile = new File(realpath, fileName);
```

```
        if (!targetFile.exists()) {
            targetFile.mkdirs();
        }
        // 上传
        try {
            fileDomain.getMyfile().transferTo(targetFile);
            logger.info(" 成功 ");
        } catch (Exception e) {
            e.printStackTrace();
        }
        return "success";
    }
}
```

6）创建成功显示页面

将 success.jsp 中内容替换为如下代码：

```
<%@ page language="java" contentType="text/html; charset=UTF-8"
    pageEncoding="UTF-8"%>
<!DOCTYPE html PUBLIC "-//W3C//DTD HTML 4.01 Transitional//EN" "http://www.w3.org/TR/html4/loose.dtd">
<html>
<head>
    <meta http-equiv="Content-Type" content="text/html; charset=UTF-8">
    <title> 文件上传 </title>
</head>
<body>
文件描述：${fileDomain.description }
<br>
<!-- fileDomain.getMyFile().getOriginalFilename()-->
文件名称：${fileDomain.myfile.originalFilename }
</body>
</html>
```

单文件上传页面、单文件跳转成功页面及单文件上传路径页面分别如图 4-10 至图 4-12 所示。

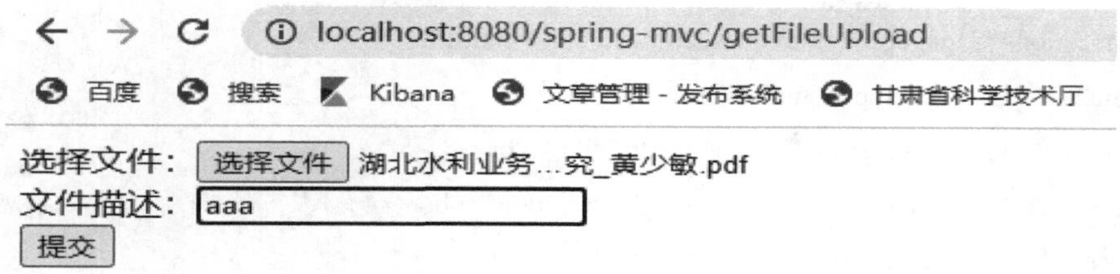

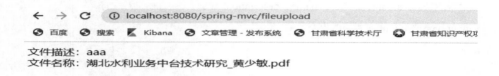

图 4-10　单文件上传页面

图 4-11　单文件上传成功页面

图 4-12　单文件上传路径页面

（3）多文件上传

在以上代码的基础上，实现 SpringMVC 多文件上传。

1）创建 JSP 页面

右击"WebRoot"→"Web-INF"→"pages"，创建名为 multiFiles.jsp 的页面，在该页面中使用表单上传多个文件，代码如下：

```
<%@ page language="java" contentType="text/html; charset=UTF-8"
pageEncoding="UTF-8"%>
<%@ taglib prefix="fm" uri="http://www.springframework.org/tags/form"%>
<!DOCTYPE html PUBLIC "-//W3C//DTD HTML 4.01 Transitional//EN" "http://www.w3.org/TR/html4/loose.dtd">
<html>
<head>
    <meta http-equiv="Content-Type" content="text/html; charset=UTF-8">
    <title> 多文件上传 </title>
</head>
<body>
```

```html
<form action="${pageContext.request.contextPath }/multifile"
    method="post" enctype="multipart/form-data">
  选择文件 1：<input type="file" name="myfile"><br>
  文件描述 1：<input type="text" name="description"><br>
  选择文件 2：<input type="file" name="myfile"><br>
  文件描述 2：<input type="text" name="description"><br>
  选择文件 3：<input type="file" name="myfile"><br>
  文件描述 3：<input type="text" name="description"><br>
  <input type="submit" value=" 提交 ">
</form>
</body>
</html>
```

2）创建 POJO 类

右键 cn.gskeju.pojo 包创建名为 MultiFileDomain 的类，上传多文件时用于封装文件信息，代码如下：

```java
public class MultiFileDomain {
    private List<String> description;
    private List<MultipartFile> myfile;
    public List<String> getDescription() {
        return description;
    }
    public void setDescription(List<String> description) {
        this.description = description;
    }
    public List<MultipartFile> getMyfile() {
        return myfile;
    }
    public void setMyfile(List<MultipartFile> myfile) {
        this.myfile = myfile;
    }
}
```

3）添加多文件上传处理方法

在 FileUploadController 控制器类中添加多文件上传处理方法 multifile，具体代码如下：

```java
@RequestMapping("/getmultiFile")
public String getmultiFile() {
    return "multiFiles";
}
/**
 * 多文件上传
 */
@RequestMapping("/multifile")
public String multiFileUpload(@ModelAttribute MultiFileDomain multiFileDomain, HttpServletRequest request) {
    String realpath = request.getSession().getServletContext().getRealPath("uploadfiles");
    File targetDir = new File(realpath);
    if (!targetDir.exists()) {
    targetDir.mkdirs();
    }
    List<MultipartFile> files = multiFileDomain.getMyfile();
    System.out.println("files"+files);
    for (int i = 0; i < files.size(); i++) {
        MultipartFile file = files.get(i);
      String fileName = file.getOriginalFilename();
      File targetFile = new File(realpath, fileName);
      // 上传
      try {
            file.transferTo(targetFile);
      } catch (Exception e) {
            e.printStackTrace();
      }
    }
    return "showMulti";
}
```

4）创建成功显示页面

右击"WebRoot"→"Web-INF"→"pages"，创建名为showMulti.jsp的多文件上传页面，具体代码如下：

```
<%@ page language="java" contentType="text/html; charset=UTF-8"
pageEncoding="UTF-8"%>
```

```jsp
<%@taglib uri="http://java.sun.com/jsp/jstl/core" prefix="c"%>
<!DOCTYPE html PUBLIC "-//W3C//DTD HTML 4.01 Transitional//EN" "http://www.w3.org/TR/html4/loose.dtd">
<html>
<head>
    <meta http-equiv="Content-Type" content="text/html; charset=UTF-8">
    <title> 多文件上传显示 </title>
</head>
<body>
<table border="1px">
    <tr>
        <td> 详情 </td>
        <td> 文件名 </td>
    </tr>
    <!-- 同时取两个数组的元素 -->
    <c:forEach items="${multiFileDomain.description}" var="description" varStatus="loop">
        <tr>
            <td>${description}</td>
            <td>${multiFileDomain.myfile[loop.count-1].originalFilename}</td>
        </tr>
    </c:forEach>
    <!-- fileDomain.getMyfile().getOriginalFilename() -->
</table>
</body>
</html>
```

多文件上传页面、跳转成功页面及多文件上传路径页面如图 4-13 至图 4-15 所示。

图 4-13　多文件上传页面

图 4-14  多文件上传成功页面

图 4-15  多文件上传路径页面

## 4.12.2  SpringMVC 文件下载

（1）文件下载的实现方法

文件下载有以下两种实现方法：

①通过超链接实现下载，该方法实现简单，但暴露了下载文件的真实位置，并且只能下载 Web 应用程序所在目录下的文件（WEB-INF 目录除外）。

②利用程序编码实现下载，增强安全访问控制，可以下载除 Web 应用程序所在目录以外的其他文件，也可以将文件保存到数据库。

利用程序编码实现下载，需要设置以下两个报头：

① Web 服务器需告诉浏览器其所输出内容的类型不是普通文本文件或 HTML 文件，而是一个要保存在本地的下载文件。告诉的方法是把代码 Content-Type 值设置为 application/x-msdownload。

② Web 服务器不支持浏览器直接处理相应的实体内容，而应由用户选择，将相应的实体内容保存至一个文件中，则需要在代码上设置 Content-Disposition 报头。该报头指定了接收程序处理数据内容的方式，在 HTTP 应用中只有 attachment 是标准方式，attachment 表示要求用户干预。在 attachment 后面还可以指定 filename 参数，该参数是服务器建议浏览器将实体内容保存到文件中的文件名称。

设置报头的示例如下：

```
response.setHeader("Content-Type", "application/x-msdownload");
response.setHeader("Content-Disposition", "attachment;filename="+filename);
```

程序编码文件下载可分为两个步骤：

第一步，在客户端使用一个文件下载超链接，链接指向后台下载文件的方法及文件名。

第二步，在控制器类中，提供文件下载方法并进行下载。

（2）示例

本示例基于 4.2 创建的 SpringMVC 应用。

1）编写控制器类

首先编写控制器类 FileDownController。该类有 3 个方法，即 show、down 和 toUTF8String。其中，show 获取被下载的文件名称；down 执行下载功能；toUTF8String 是下载保存时中文文件名的字符编码转换方法。

FileDownController 类的代码如下：

```java
@Controller
public class FileDownController {
    // 得到一个用来记录日志的对象，在打印时标记打印的是哪个类的信息
    private static final Log logger = LogFactory
            .getLog(FileDownController.class);
    /**
     * 显示要下载的文件
     */
    @RequestMapping("showDownFiles")
    public String show(HttpServletRequest request, Model model) {
    // 从 workspace\.metadata\.plugins\org.eclipse.wst.server.core\
    // tmp0\wtpwebapps\demo2\ 下载
        String realpath = request.getServletContext()
                .getRealPath("uploadfiles");
        File dir = new File(realpath);
        File files[ ] = dir.listFiles();
    // 获取该目录下的所有文件名
        ArrayList<String> fileName = new ArrayList<String>();
        for (int i = 0; i < files.length; i++) {
            fileName.add(files[i].getName());
        }
        model.addAttribute("files", fileName);
        return "showDownFiles";
    }
    /**
```

```java
 * 执行下载
 */
@RequestMapping("down")
public String down(@RequestParam String filename,
        HttpServletRequest request, HttpServletResponse response) {
    String aFilePath = null; // 要下载的文件路径
    FileInputStream in = null; // 输入流
    ServletOutputStream out = null; // 输出流
    try {
        // 从 workspace\.metadata\.plugins\org.eclipse.wst.server.core\
        // tmp0\wtpwebapps 下载
        aFilePath = request.getServletContext().getRealPath("uploadfiles");
        // 设置下载文件使用的报头
        response.setHeader("Content-Type", "application/x-msdownload");
        response.setHeader("Content-Disposition", "attachment; filename="
                + toUTF8String(filename));
        // 读入文件
        in = new FileInputStream(aFilePath + "\\" + filename);
        // 得到响应对象的输出流，用于向客户端输出二进制数据
        out = response.getOutputStream();
        out.flush();
        int aRead = 0;
        byte b[ ] = new byte[1024];
        while ((aRead = in.read(b)) != -1 & in != null) {
            out.write(b, 0, aRead);
        }
        out.flush();
        in.close();
        out.close();
    } catch (Throwable e) {
        e.printStackTrace();
    }
    logger.info(" 下载成功 ");
    return null;
}
/**
```

```
 * 下载保存时中文文件名的字符编码转换方法
 */
public String toUTF8String(String str) {
    StringBuffer sb = new StringBuffer();
    int len = str.length();
    for (int i = 0; i < len; i++) {
        // 取出字符中的每个字符
        char c = str.charAt(i);
        // Unicode 码值为 0~255 时,不做处理
        if (c >= 0 && c <= 255) {
            sb.append(c);
        } else { // 转换 UTF-8 编码
            byte b[ ];
            try {
                b = Character.toString(c).getBytes("UTF-8");
            } catch (UnsupportedEncodingException e) {
                e.printStackTrace();
                b = null;
            }
            // 转换为 %HH 的字符串形式
            for (int j = 0; j < b.length; j++) {
                int k = b[j];
                if (k < 0) {
                    k &= 255;
                }
                sb.append("%" + Integer.toHexString(k).toUpperCase());
            }
        }
    }
    return sb.toString();
}
```

2）创建文件列表页面

下载文件示例需要一个显示被下载文件的 JSP 页面——showDownFiles.jsp,代码如下:

```jsp
<%@ page language="java" contentType="text/html; charset=UTF-8"
pageEncoding="UTF-8"%>
<%@ taglib uri="http://java.sun.com/jsp/jstl/core" prefix="c"%>
<head>
    <meta http-equiv="Content-Type" content="text/html; charset=UTF-8">
    <title>Insert title here</title>
</head>
<body>
<table>
    <tr>
        <td> 被下载的文件名 </td>
    </tr>
    <!-- 遍历 model 中的 files-->
    <c:forEach items="${files}" var="filename">
        <tr>
            <td>
                <a href="${pageContext.request.contextPath }/down?filename=${filename}">${filename}</a>
            </td>
        </tr>
    </c:forEach>
</table>
</body>
</html>
```

# 第五章 MyBatis 框架详解

## 5.1 MyBatis 概述

MyBatis 是一款用于操作数据库的半自动、轻量级的持久化层框架。它并不完全是一个 ORM 框架，其内部对 JDBC 操作的很多细节进行了封装，需要开发人员直接编写 SQL 语句。故 MyBatis 非常擅长复杂的查询，适用于分析型系统。

MyBatis 是将 SQL 语句配置在 mapper.xml 文件中与 Java 代码分离，开发人员只需将 SQL 语句写入配置文件中，MyBatis 会通过映射文件或注解的方式将要执行的各种 statement 配置起来，并通过 java 对象和 statement 中的 SQL 进行映射，最终生成执行的 SQL 语句，最后由 MyBatis 框架执行 SQL，并将结果映射成 java 对象再返回。即配置文件中的 SQL 解决数据库中数据进行映射的一个领域（解决数据交互），Java 编码解决的是业务逻辑（预编译、设置参数、执行 SQL 语句及封装结果）。因此，MyBatis 学习成本较低易上手，可以更为细致地对 SQL 进行优化。

## 5.2 MyBatis 架构设计

MyBatis 体系结构分为接口层、核心处理层、基础支持层，如图 5-1 所示。

图 5-1 MyBatis 体系结构

### 5.2.1 接口层

核心接口为 SqlSession。SqlSession 作为 MyBatis 工作的顶层 API 接口，用于数据库的会话访问，完成数据增加、删除、查询及修改。

### 5.2.2 核心处理层

①配置解析，可对 SQL 映射文件及 xml 配置文件进行解析。

②参数映射，可将入参的 Java 类型数据转换成 JDBC 类型数据；也可以将出参的 JDBC 类型数据转化成 Java 类型数据。

③ SQL 解析，MyBatis 提供动态 SQL 功能，MyBatis 会根据传入的实参解析映射文件中定义的动态 SQL 节点，并生成可执行的 SQL，然后处理 SQL 中占位符绑定传入的实参。

④ SQL 执行，先对 SQL 实参进行绑定，然后执行 SQL 语句得到的结果，再对结果集进行映射，并将得到的结果对象返回。

⑤结果集映射，可以把从数据库中查询出来的结果映射到实体类上。

⑥插件，MyBatis 提供插件接口，可以进行扩展，如可以重写拦截 SQL。

### 5.2.3 基础支持层

① 反射：对 Java 原生反射进行封装、优化，加缓存提高性能。

② 类型转换：可以实现 Java 类型与 JDBC 类型的相互转换。

③ 日志：MyBatis 使用了自己定义的一套 logging 接口，可将 SQL 语句、输入输出参数等调试信息打印出来。

④ 资源加载：可对类加载器进行封装。

⑤ 解析器：可解析 mybatis-config.xml 配置文件及映射文件，也可为处理动态 SQL 语句的占位符提供支持。

⑥ 数据源：提供了数据源 / 连接池。

⑦ 事务管理：提供了相应的事务接口和简单实现。

⑧ 缓存：可以降低服务器与数据库交互的次数，MyBatis 提供一级缓存和二级缓存。

⑨ Binding：将用户自定义的 Mapper 接口和映射配置文件关联起来，完成数据库的操作。

## 5.3 MyBatis 入门

先对 MyBatis 进行一个简单的入门，使用 MyBatis 实现根据用户 ID 查询用户功能。MyBatis 开发环境搭建：MyEclipse 9 版本，JDK 1.8，SQLSever 2012。

### 5.3.1 MyBatis 下载

第一步，打开 https://github.com/mybatis/mybatis-3/releases 下载地址，点击 mybatis-3.4.6.zip 压缩包，下载压缩包。

第二步，解压 mybatis-3.4.6.zip 压缩包，文件夹中包含 lib 文件夹（MyBatis 依赖包所在）、mybatis-3.4.6.jar（MyBatis 核心包）、mybatis-3.4.6.pdf（MyBatis 使用手册），如图 5-2 所示。

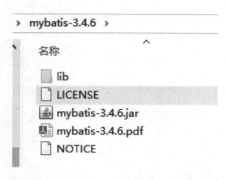

图 5-2　mybatis-3.4.6 文件结构

### 5.3.2　创建 java 工程

第一步，打开 MyEclipse 软件，点击左上角的"File"→"New"→"Java Project"。

第二步，创建名为"mybatis"的项目，MyEclipse 有自带的 jre，这里我们选择 1.7 版本，然后点击"Finish"完成创建。

### 5.3.3　导入 jar 包

核心包为 mybatis-3.4.6.jar。依赖包有 ant-1.9.6.jar、ant-launcher-1.9.6.jar、asm-5.2.jar、cglib-3.2.5.jar、log4j-1.2.17.jar、log4j-api-log4j-api-2.3.jar、log4j-core-2.3.jar、ognl-3.1.16.jar、javassist-3.22.0-GA.jar、slf4j-api-1.7.25.jar、slf4j-log4j12-1.7.25.jar、commons-logging-1.2.jar。数据驱动包为 sqljdbc4-2.0.jar、ojdbc14.jar。

导入过程：右键点击"New"→"Folder"，创建名为 lib 的文件，将上述的 jar 包复制到 lib 文件下，选中全部 jar 包右击"build Path"→"Add to Build Path"，如图 5-3 所示。

图 5-3　导入 jar 包效果

### 5.3.4　创建 POJO 类

第一步，在 SQLSever 中创建数据库 mybatis 与数据表 SA_USER[①]。SQL 脚本如下：

---

①本章将全部使用此数据库表。

```sql
-- 创建数据库 mybatis
CREATE DATABASE mybatis;
-- 使用数据库
use mybatis;
-- 创建数据表 SA_USER
create table SA_USER
(
    USER_ID           varchar(60)  not null   primary key,  -- 用户 ID, 设置为主键
    USER_NICKNAME     varchar(60)  null,                    -- 用户昵称
    USER_GENDER       varchar(60)  null,                    -- 用户性别
    USER_CITY         varchar(60)  null,                    -- 用户所在城市
    USER_COUNTRY      varchar(60)  null,                    -- 用户所在国家
    USER_AVATARURL    varchar(MAX) null,                    -- 用户头像
    USER_PROVINCE     varchar(60)  null,                    -- 用户所在省份
    USER_OPENID       varchar(60)  null,                    -- 用户 openid
)
```

第二步，创建 POJO 类并编写代码。POJO 类作为 MyBatis 进行 SQL 映射使用。右键 "src" 文件夹点击 "New" → "package"，创建 cn.gskeju.pojo 数据包，创建完成后右键该包点击 "New" → "class"，创建 User 类，示例代码如下：

```java
package cn.gskeju.pojo;
public class User {
    private String USER_ID;        // 用户 ID
    private String USER_NICKNAME;// 用户昵称
    private String USER_GENDER;// 性别
    private String USER_CITY;// 城市
    private String USER_COUNTRY;// 国家
    private String USER_AVATARURL;// 头像地址
    private String USER_PROVINCE;// 省份
    private String USER_OPENID;// 用户 openid
    public String getUSER_ID() {
        return USER_ID;
    }
    public void setUSER_ID(String uSER_ID) {
        USER_ID = uSER_ID;
    }
```

```java
public String getUSER_NICKNAME() {
    return USER_NICKNAME;
}
public void setUSER_NICKNAME(String uSER_NICKNAME) {
    USER_NICKNAME = uSER_NICKNAME;
}
public String getUSER_GENDER() {
    return USER_GENDER;
}
public void setUSER_GENDER(String uSER_GENDER) {
    USER_GENDER = uSER_GENDER;
}
public String getUSER_CITY() {
    return USER_CITY;
}
public void setUSER_CITY(String uSER_CITY) {
    USER_CITY = uSER_CITY;
}
public String getUSER_COUNTRY() {
    return USER_COUNTRY;
}
public void setUSER_COUNTRY(String uSER_COUNTRY) {
    USER_COUNTRY = uSER_COUNTRY;
}
public String getUSER_AVATARURL() {
    return USER_AVATARURL;
}
public void setUSER_AVATARURL(String uSER_AVATARURL) {
    USER_AVATARURL = uSER_AVATARURL;
}
public String getUSER_PROVINCE() {
    return USER_PROVINCE;
}
public void setUSER_PROVINCE(String uSER_PROVINCE) {
    USER_PROVINCE = uSER_PROVINCE;
}
```

```java
    public String getUSER_OPENID() {
        return USER_OPENID;
    }
    public void setUSER_OPENID(String uSER_OPENID) {
        USER_OPENID = uSER_OPENID;
    }
    @Override
    public String toString() {
        return "User [USER_ID=" + USER_ID + ", USER_NICKNAME=" + USER_NICKNAME+ ", USER_GENDER=" + USER_GENDER +
                ", USER_CITY=" + USER_CITY+", USER_COUNTRY=" + USER_COUNTRY + ",\n USER_AVATARURL="+ USER_AVATARURL +
                ",\n USER_PROVINCE=" + USER_PROVINCE
                + ", USER_OPENID=" + USER_OPENID + "]";
    }
}
```

### 5.3.5  SQL 映射文件

MyBatis 是通过 XML 文件来完成持久化类的属性和数据库表之间的映射。具体操作：首先在 config 下创建 sqlmap 包，然后右键 sqlmap 包，点击"new"→"file"创建 User.xml 文件，示例代码如下：

```xml
<?xml version="1.0" encoding="UTF-8" ?>
<!DOCTYPE mapper
PUBLIC "-//mybatis.org//DTD Mapper 3.0//EN"
"http://mybatis.org/dtd/mybatis-3-mapper.dtd">
<!-- namespace：命名空间，用于隔离 sql -->
<mapper namespace="test">
    <!-- id:statement 的 id 或者叫作 sql 的 id-->
    <!-- parameterType: 声明输入参数的类型 -->
    <!-- resultType: 声明输出结果的类型，应该填写 pojo 的全路径 -->
    <!-- #{}：输入参数的占位符，相当于 jdbc 的？ -->
    <select id="queryUserById" parameterType="java.lang.String"
        resultType="cn.gskeju.pojo.User">
        SELECT * FROM SA_USER WHERE USER_ID = #{id}
```

```
        </select>
    </mapper>
```

### 5.3.6 编写配置文件

第一步，创建资源文件夹 config。右击"New"→"Source Folder"，创建 config 文件。

第二步，创建 log4j.properties 配置文件。log4j.properties 配置文件的作用是在控制台打印日志信息，config 文件夹右击"new"→"file"，创建 log4j.properties 配置文件。log4j.properties 配置文件的具体代码如下：

```
# Global logging configuration
log4j.rootLogger=DEBUG, stdout
# Console output ...
log4j.appender.stdout=org.apache.log4j.ConsoleAppender
log4j.appender.stdout.layout=org.apache.log4j.PatternLayout
log4j.appender.stdout.layout.ConversionPattern=%5p [%t] - %m%n
```

第三步，创建 SqlMapConfig.xml 配置文件。SqlMapConfig.xml 的作用是配置数据库连接信息及自定义 SQL 文件的引用，示例代码如下：

```xml
<?xml version="1.0" encoding="UTF-8" ?>
<!DOCTYPE configuration
PUBLIC "-//mybatis.org//DTD Config 3.0//EN"
"http://mybatis.org/dtd/mybatis-3-config.dtd">
<configuration>
    <environments default="development">
        <environment id="development">
            <!-- 使用 jdbc 事务管理 -->
            <transactionManager type="JDBC" />
            <!-- 数据库连接池 -->
            <dataSource type="POOLED">
                <property name="driver" value="com.microsoft.sqlserver.jdbc.SQLServerDriver" />
                <property name="url" value="jdbc:sqlserver://localhost:1433;databaseName=mybatis" />
                <property name="username" value="sa" />
                <property name="password" value="123456" />
            </dataSource>
```

```xml
            </environment>
        </environments>
        <mappers>
            <mapper resource="sqlmap/User.xml"/>
        </mappers>
</configuration>
```

### 5.3.7 测试程序

创建测试类，测试程序。测试程序步骤如下：
第一步，创建 SqlSessionFactoryBuilder 对象；
第二步，加载 SqlMapConfig.xml 配置文件；
第三步，创建 SqlSessionFactory 对象；
第四步，创建 SqlSession 对象；
第五步，执行 SqlSession 对象查询，获取结果 User；
第六步，打印结果；
第七步，释放资源。

在 src 文件夹下创建 cn.gskeju.test 包，再在 cn.gskeju.test 包下创建 MybatisTest 类。测试程序示例代码如下：

```java
public class MybatisTest {
    @Test
    public void testQueryUserById() throws Exception {
        // 1. 创建 SqlSessionFactoryBuilder 对象
        SqlSessionFactoryBuilder sqlSessionFactoryBuilder = new SqlSessionFactoryBuilder();
        // 2. 加载 SqlMapConfig.xml 配置文件
        InputStream inputStream = Resources.getResourceAsStream("SqlMapConfig.xml");
        // 3. 创建 SqlSessionFactory 对象
        SqlSessionFactory sqlSessionFactory = sqlSessionFactoryBuilder.build(inputStream);
        // 4. 创建 SqlSession 对象
        SqlSession sqlSession = sqlSessionFactory.openSession();
        // 5. 执行 SqlSession 对象执行查询，获取结果 User
        // 6. 第一个参数是 User.xml 的 statement 的 id，第二个参数是执行 sql 需要的参数；
        Object user = sqlSession.selectOne("queryUserById", "200309C6T8R7Y7MW");
```

```
        // 7. 打印结果
        System.out.println(user.toString());
        // 8. 释放资源
        sqlSession.close();
    }
}
```

数据表中的数据如图 5-4 所示。

| | USER_ID | USER_N... | U... | USER_... | USER_COUNTRY | USER_AVATARURL | USER_OPENID | USER_PROVINCE |
|---|---|---|---|---|---|---|---|---|
| 1 | 200309C6T8R7Y7MW | tearpit | 2 | Lanzhou | China | https://wx.q... | o4ugR5bACFU... | Gansu |
| 2 | 200609BR3ORN27OH | everday | 2 | Wuwei | China | https://wx.q... | o4ugR5UBjR... | Gansu |

**图 5-4　数据表**

在控制台可以看到执行测试程序的日志信息，其中包括 sql 的执行语句、传入传出参数及查询到的结果数。控制台显示如下：

```
DEBUG [main] - ==>  Preparing: SELECT * FROM SA_USER WHERE USER_ID = ?
DEBUG [main] - ==> Parameters: 200309C6T8R7Y7MW(String)
DEBUG [main] - <==      Total: 1
User [USER_ID=200309C6T8R7Y7MW, USER_NICKNAME=tearpit, USER_GENDER=2,
USER_CITY=Lanzhou, USER_COUNTRY=China,
USER_AVATARURL=https://wx.qlogo.cn/mmopen/vi_32/QicHQvXgVQfwmyUqIiauuot28ibbnQ03De
WrWP,USER_PROVINCE=Gansu, USER_OPENID=o4ugR5bACFUOwaNiPq6Vkmxyi3D0]
```

## 5.4　MyBatis 工作流程

第一步，加载配置文件并初始化。开发者配置 MyBatis 文件（SqlMapConfig.xml、Mapper.xml），其中 SqlMapConfig.xml 是 MyBatis 的全局配置文件（名称不固定），配置了数据源、事务等运行环境信息；Mapper.xml（名字不固定）为 SQL 映射文件，配置了操作数据库的 SQL 语句，需要在 SqlMapConfig.xml 中加载。

第二步，创建会话工厂。通过配置文件，加载 MyBatis 的运行环境，构造 SqlSessionFactory，即会话工厂。

第三步，通过会话工厂创建会话（SqlSession）。SqlSession 是一个面向开发人员的接口，可对数据库进行增删、改查操作。它的线程是不安全，需要每个线程都有 SqlSession，使用完便可关闭。

第四步，创建数据库执行器（Executor）。它是一个接口，包括基本执行器与缓存执行器这两个实现。由于 SqlSession 并不能直接操作数据库，故 MyBatis 底层定义了数据库执行器（Executor）的接口，用来操作数据库。

第五步：封装 SQL 对象。Executor 执行器将 MyBatis 配置信息和待处理的 SQL 信息等封装到 MappedStatement 对象中。MappedStatement 作用就是对操作数据库存储进行存储封装，包括 sql 语句，输入参数（包括 HashMap、Java 简单类型、POJO 自定义）、输出参数结果类型（包括 HashMap、Java 简单类型、POJO 自定义）。

第六步：操作数据库。

MyBabits 工作流程如图 5-5 所示。

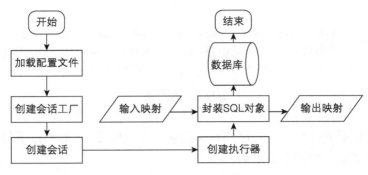

图 5-5　MyBatis 工作流程

## 5.5　MyBatis 核心对象

主要包含两个核心对象：SqlSessionFactory 和 SqlSession，下面我们依次介绍这两个对象。

### 5.5.1　SqlSessionFactory

SqlSessionFactory 是 MyBatis 中的关键对象，它是单个数据库映射关系经过编译后的内存镜像，其主要作用是创建 SqlSession 实例工厂。SqlSessionFactory 对象的实例可以通过 SqlSessionFactory 提供的 openSession() 方法来获取 SqlSession 实例。

SqlSessionFactory 对象是线程安全的，对象一旦创建就会在整个应用运行过程中始终存在，故在应用运行中不建议多次创建 SqlSessionFactory。因此 SqlSessionFactory 的最佳作用域是 Application，即与应用的生命周期一同存在。那么这种"存在于整个应用运行期间，并且同时只存在一个对象实例的模式"就是单例模式（在应用运行期间有且仅有一个实例）。

通过 XML 配置文件构建出的 SqlSessionFactory 实例，示例代码如下：

```
//1. 读取配置文件
 InputStream is = Resources.getResourceAsStream("SqlMapConfig.xml");
// 2. 根据配置文件构建 SqlSessionFactory
 SqlSessionFactory factory = new SqlSessionFactoryBuilder().
                    sqlSessionFactoryBuilder.build(is);
```

## 5.5.2 SqlSession

SqlSession 是应用程序与持久层之间执行交互操作的一个单线程对象,其主要作用是执行持久化操作。SqlSession 对象包含数据库中所有执行 SQL 操作的方法,底层封装了 JDBC 连接,可以直接使用其实例来执行已映射的 SQL 语句。

SqlSession 对应着一次数据库会话,由于数据库会话不是永久的,因此 SqlSession 的生命周期也不是永久的,在每次访问数据库时都需要创建它。每个线程都应该有自己的 SqlSession 实例,并且不能被共享,因此最佳的范围是在一次请求或一个方法中,绝对不能将其放在一个类的静态字段、实例字段或任何类型的管理范围(如 Serlvet 的 HttpSession)。使用完 SqlSession 对象后要及时关闭,通常可以将其放入 finally 块关闭。

通过 XML 配置文件构建出的 SqlSession 实例,示例代码如下:

```
// 1. 创建 SqlSession 对象
    SqlSession sqlSession = sqlSessionFactory.openSession();
    try {
        // 2. 此处执行持久化操作;(SqlSession 对象执行查询,获取结果)
    }
    finally {
        //3. 关闭 sqlSession
    sqlSession.close();
}
```

## 5.6 MyBatis 的 XML 配置文件

SqlMapConfig.xml 是 MyBatis 核心配置文件,配置文件内容为获取数据库连接实例的数据源和决定事务范围和控制的事务管理器。SqlMapConfig.xml 示例如下:

```
<?xml version="1.0" encoding="UTF-8" ?>
<!DOCTYPE configuration
PUBLIC "-//mybatis.org//DTD Config 3.0//EN"
"http://mybatis.org/dtd/mybatis-3-config.dtd">
<configuration>
    <properties resource="jdbc.properties"/>
    <!-- 别名 包以其子包下所有类  头字母大小都行 -->
    <typeAliases>
            <package name="cn.example.pojo"/>
    </typeAliases>
    <environments default="development">
```

```xml
<environment id="development">
    <!-- 使用 jdbc 事务管理 -->
    <transactionManager type="JDBC" />
    <!-- 数据库连接池 -->
    <dataSource type="POOLED">
        <property name="driver" value="${jdbc.driver}" />
        <property name="url"  value="${jdbc.url}" />
        <property name="username" value="${jdbc.username}" />
        <property name="password" value="${jdbc.password}" />
    </dataSource>
</environment>
</environments>
<!-- Mapper 的位置 Mapper.xml 写 Sql 语句的文件的位置 -->
<mappers>
    <package name="cn.example.mapper"/>
</mappers>
</configuration>
```

在 MyBatis 框架的核心配置文件中，<configuration> 是配置文件的根目录，其他元素都要在 <configuration> 元素内配置，如图 5-6 所示。

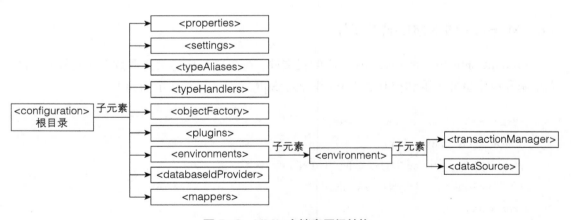

图 5-6　XML 文档高层级结构

### 5.6.1　properties 元素

<properties> 是一个配置属性元素，该元素通常能将内部的配置外在化，具有可替代的属性。例如，数据库的连接等属性就可以通过典型的 Java 属性文件的配置来替代，具体代码如下：

```xml
<properties resource="org/mybatis/example/config.properties">
<!-- 连接数据库的用户名 -->
<property name="username" value="username"/>
<!-- 连接数据库的密码 -->
<property name="password" value="password"/>
</properties>
```

其中的属性就可以在整个配置文件中使用，使用可替换的属性来实现动态配置。下面给出了可替换的属性来实现动态配置的实例。

（1）编写 db.properties

```
jdbc.driver=com.mysql.jdbc.Driver
jdbc.url=jdbc:mysql://localhost:3306/mybatis
jdbc.username=root
jdbc.password=root
```

（2）配置 <properties ... /> 属性

```xml
<properties resource="db.properties" />
```

（3）修改配置文件中数据库连接的信息

```xml
<dataSource type="POOLED">
<!-- 数据库驱动 -->
<property name="driver" value="${jdbc.driver}" />
<!-- 连接数据库的 url -->
<property name="url" value="${jdbc.url}" />
<!-- 连接数据库的用户名 -->
<property name="username" value="${jdbc.username}" />
<!-- 连接数据库的密码 -->
<property name="password" value="${jdbc.password}" />
</dataSource>
```

## 5.6.2 settings 元素

<settings> 元素主要用于修改 MyBatis 运行的行为方式，如开启二级缓存、开启延迟加载等。通常不需要开发人员去配置，仅仅作为了解。表 5-1 给出了 <settings> 元素的设置参数、描述、有效值和默认值。

表 5-1 <settings> 元素的设置参数、描述、有效值和默认值

| 设置参数 | 描述 | 有效值 | 默认值 |
| --- | --- | --- | --- |
| cacheEnabled | 这个配置使全局映射器的启用或禁用缓存 | true \| false | true |
| lazyLoadingEnabled | 全局启用或禁用延迟加载。当禁用时，所有关联对象都会即时加载 | true \| false | true |
| aggressiveLazyLoading | 当启用时，有延迟加载属性的对象在被调用时将会完全加载任意属性。否则，每种属性将会按需要加载 | true \| false | true |
| multipleResultSetsEnabled | 允许或不允许多种结果集从一个单独的语句中返回（需要适合的驱动） | true \| false | true |
| useColumnLabel | 使用列标签代替列名。不同的驱动在这表现不同。参考驱动文档或充分测试两种方法来决定所使用的驱动 | true \| false | true |
| useGeneratedKeys | 允许 JDBC 支持生成的键。需要适合的驱动。如果设置为 true，则该设置强制生成的键被使用，尽管一些驱动拒绝兼容但仍有效（如 Derby） | true \| false | false |
| autoMappingBehavior | 指定 MyBatis 如何自动映射列到字段/属性。PARTIAL 只会自动映射简单，没有嵌套的结果。FULL 会自动映射任意复杂的结果（嵌套的或其他情况） | none \| partial \| full | partial |
| defaultExecutorType | 配置默认的执行器。SIMPLE 执行器没有什么特别之处；REUSE 执行器重用预处理语句；BATCH 执行器重用语句和批量更新 | simple \| reuse \| batch | simple |
| defaultStatementTimeout | 设置超时时间，它决定驱动等待一个数据库响应的时间 | 任何正整数 | not set (null) |

下面为一个设置信息元素的示例，其完全配置如下：

```
<!-- 设置 -->
<settings>
    <setting name="cacheEnabled" value="true" />
    <setting name="lazyLoadingEnabled" value="true" />
    <setting name="multipleResultSetsEnabled" value="true" />
    <setting name="useColumnLabel" value="true" />
```

```
<setting name="useGeneratedKeys" value="false" />
<setting name="autoMappingBehavior" value="PARTIAL" />
<setting name="enhancementEnabled" value="false"/>
<setting name="defaultExecutorType" value="SIMPLE"/>
<setting name="defaultStatementTimeout" value="25000"/>
</settings>
```

### 5.6.3 typeAliases 元素

类型别名是为配置文件 Java 类型设置的一个简短的名字。类型别名的设置与 XML 配置相关，只用来减少类完全限定类名的冗余。

使用 typeAliases 元素配置别名的方法如下：

```
<typeAliases>
    <typeAlias alias="user" type="cn.example.user"/>
</typeAliases>
```

当实体类过多时，可通过自动扫描包的形式自定义别名，自定义别名的方法如下：

```
<typeAliases>
    <package name="cn.example"/>
</typeAliases>
```

MyBatis 框架默认为许多常见的 Java 类型提供映射的类型别名，如表 5-2 所示。

表 5-2 MyBatis 框架为 Java 类型提供的映射类型及别名

| 别名 | 映射类型 | 别名 | 映射类型 |
|---|---|---|---|
| _byte | byte | byte | Byte |
| _long | long | long | Long |
| _short | short | short | Short |
| _int | int | int | Integer |
| _integer | int | integer | Integer |
| _double | double | double | Double |
| _float | float | float | Float |
| _boolean | boolean | boolean | Boolean |
| string | String | date | Date |

续表

| 别名 | 映射类型 | 别名 | 映射类型 |
|---|---|---|---|
| decimal | BigDecimal | list | List |
| bigdecimal | BigDecima | arraylist | ArrayList |
| object | Object | collection | Collection |
| map | Map | iterator | Iterator |
| hashmap | HashMap | | |

### 5.6.4 typeHandlers 元素

typeHandler 的作用是将预处理语句中传入的参数从 javaType（Java 类型）转换为 jdbcType（JDBC 类型），或者从数据库取出结果时将 jdbcType 转换为 javaType。<typeHandler> 元素可在配置文件中注册自定义的类型处理器如下：

```xml
<typeHandlers>
<typeHandler javaType="String" jdbcType="VARCHAR"
    handler="cn.example.ExampleTypeHandler"/>
</typeHandlers>
```

### 5.6.5 objectFactory 元素

objectFactory 的作用是实例化结果对象。它可通过两种方法实例化对象，即通过默认构造方法来实例化；如果存在参数映射通过参数构造方法来实例化。objectFactory 的示例代码如下：

```java
// ObjectFactory.java
public class ExampleObjectFactory extends DefaultObjectFactory {
 public Object create(Class type) {
return super.create(type);
}
public Object create(Class type,List<Class> constructorArgTypes, List<Object> constructorArgs) {
return super.create(type, constructorArgTypes, constructorArgs);
}
public void setProperties(Properties properties) {
 super.setProperties(properties);
}
}
```

```xml
// xml
<objectFactory type="cn.example.ExampleObjectFactory">
<property name="name" value="ExampleObjectFactory"/>
</objectFactory>
```

注意：由于自定义的 objectFactory 在实际开发中不常使用，通常用默认的 objectFactory 即可。

### 5.6.6 plugins 元素

通过插件来实现某一点拦截已映射语句执行的调用。plugins 元素的作用是配置用户所开发的插件。本书对插件的开发不做详细描述。

### 5.6.7 environments 元素

MyBatis 可配置多种环境，环境配置实际上就是配置数据源，可使 SQL 映射应用于多种数据库，<environments> 元素的作用是配置环境（注意：可以配置多种环境，但需要创建多个 SqlSessionFactory 实例，确保每个数据库对应一个）。在与 Spring 整合后 environments 配置将被废除，示例代码如下：

```xml
<!-- default="development" 为 默认的环境 ID-->
<environments default="development">
<!-- 每个 environment 元素定义的环境 ID-->
    <environment id="development">
        <!-- 使用 jdbc 事务管理 -->
        <transactionManager type="JDBC" />
        <!-- 数据库连接池 -->
        <dataSource type="POOLED">
            <property name="driver" value="${jdbc.driver}" />
            <property name="url"    value="${jdbc.url}" />
            <property name="username" value="${jdbc.username}" />
            <property name="password" value="${jdbc.password}" />
        </dataSource>
    </environment>
</environments>
```

其中，<transactionManager.../> 配置的是事务管理。在 MyBatis 中，可以配置两种类型的事务管理器，分别是 JDBC 和 MANAGED。关于这两种事务管理器的描述如下。

① JDBC 直接使用了 JDBC 的提交和回滚设置，依赖于从数据源得到的连接来管理事务的作用域。

② MANAGED 从不提交或回滚某一个连接，而是让容器来管理事务的整个生命周期。默认情况下，它会关闭连接，但一些容器不需关闭连接，可将 closeConnection 属性设置为 false 来阻止其默认的关闭行为。

注意：如果项目中使用的是 Spring+ MyBatis，则没必要在 MyBatis 中配置事务管理器，因为实际开发中，会使用 Spring 自带的管理器来实现事务管理。

<dataSource.../> 配置的是数据源。在 MyBatis 中，可配置 3 种类型的数据源，分别是 UNPOOLED、POOLED 和 JNDI。

① UNPOOLED，配置此数据源类型后，在每次被请求时会打开和关闭连接。它对没有性能要求的简单应用程序是一个很好的选择。在使用时，需要配置 5 种属性，如表 5-3 所示。

表 5-3 使用 UNPOOLED 数据源时应配置的属性

| 属性 | 说明 |
| --- | --- |
| driver | JDBC 驱动的 Java 类的完全限定名（如果驱动包含，它便不是数据源类） |
| url | 数据库的 URL 地址 |
| username | 登录数据库的用户名 |
| password | 登录数据库的密码 |
| defaultTransactionIsolationLevel | 默认的连接事务隔离级别 |

② POOLED，此数据源利用"池"的概念将 JDBC 连接对象组织起来，避免在创建新的连接实例时，初始化和认证需要过长的时间。这种方式使得并发 Web 应用快速响应请求，是当前流行的处理方式。在使用时，可以配置更多的属性，如表 5-4 所示。

表 5-4 使用 POOLED 数据源时应配置的属性

| 属性 | 说明 |
| --- | --- |
| poolMaximumActiveConnections | 在任意时间可以存在的活动(也就是正在使用)连接数量，默认值：10 |
| poolMaximumIdleConnections | 任意时间可能存在的空闲连接数 |
| poolMaximumCheckoutTime | 在被强制返回之前，池中连接被检出(checked out)时间，默认值：20000 毫秒，即 20 秒 |
| poolTimeToWait | 如果获取连接花费的时间较长，它会给连接池打印状态日志并重新尝试获取一个连接（避免在误配置的情况下一直处于无提示的失败），默认值：20000 毫秒，即 20 秒 |

续表

| 属性 | 说明 |
|---|---|
| poolPingQuery | 发送到数据库的侦测查询，用来检验连接是否处在正常工作秩序中。默认是 "NO PING QUERY SET"，这会导致多数数据库驱动失败时，带有一定的错误消息 |
| poolPingEnabled | 是否启用侦测查询。若开启，必须使用一个可执行的 SQL 语句设置，poolPingQuery 属性（最好是一个非常快的 SQL），默认值：false |
| poolPingConnectionsNotUsedFor | 配置 poolPingQuery 的使用频度。可以被设置成匹配具体的数据库连接超时时间，来避免不必要的侦测，默认值：0（表示所有连接每一时刻都被侦测，只有 poolPingEnabled 的属性值为 true 时适用）|

③ JNDI，可以在 EJB 或应用服务器等容器中使用。容器可集中或在外部配置数据源，然后放置一个 JNDI 上下文的引用。在使用时，需要配置 2 个属性，如表 5-5 所示。

表 5-5 使用 JNDI 时需要配置的属性

| 属性 | 说明 |
|---|---|
| initial_context | 该属性主要用于 InitialContext 中寻找上下文 [initialContext.lookup(initial_context)]。该属性为可选属性，在忽略时，data_source 属性会直接从 InitialContext 中寻找 |
| data_source | 该此属性表示引用数据源实例位置的上下文路径。如果提供了 initial_context 配置，那么程序会在其返回的上下文进行查找；如果没有提供，则程序直接在 InitialContext 中查找 |

### 5.6.8 mappers 元素

<mappers> 元素用于指定 MyBatis 映射文件的位置，一般可使用以下 4 种方法引入映射器文件，具体如下。

（1）使用相对类路径引入

```
<mappers>
<mapper resource="mapper/Usermapper.xml"/>
</mappers>
```

（2）使用本地文件路径引入

```
<mappers>
<mapper url="file:///E:/cn/example/mapper/UserMapper.xml"/>
</mappers>
```

（3）使用 mapper 接口类路径引入

```
<mappers>
<mapper class="cn.example.mapper.UserMapper"/>
</mappers>
```

（4）使用注册指定包下的所有 mapper 接口的引入

```
<mappers>
<package name="cn.example.mapper"/>
</mappers>
```

注意：(3)、(4) 这两种方法要求 mapper 接口名称和 mapper 映射文件名称相同，且要放在同一个目录中。

## 5.7 MyBatis 的 SQL 映射文件

在映射文件中，元素是映射文件的根元素，其他元素都是它的子元素，如图 5-7 所示。

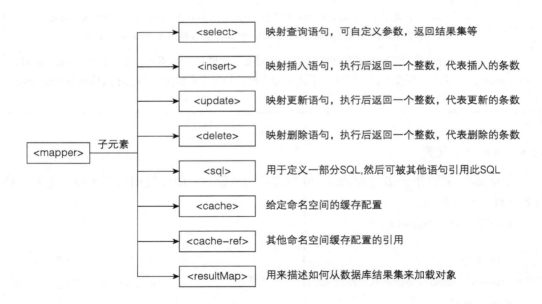

图 5-7　SQL 映射文件层级结构

### 5.7.1 select 元素

<select> 元素用来映射查询语句。执行查询语句示例如下：

```xml
<select id="selectUserByName" parameterType="string"
    resultType="cn.gskeju.pojo.User">
    SELECT * FROM SA_USER WHERE USER_NICKNAME USER_ID = #{id}
</select>
```

这一 sql 语句的 id 为 selectUserByName，其中输入参数 parameterType 的类型为 string，输出参数 resultType 是自定义的 POJO 类型，#{ } 表示输入参数的占位符，相当于 jdbc 的"?"。

&lt;select&gt; 元素常用属性如表 5-6 所示。

表 5-6 &lt;select&gt; 元素常用属性

| 属性 | 描述 |
| --- | --- |
| id | 命名空间中唯一的标识符，可被用来引用这条语句 |
| parameterType | 将传入这条语句的参数类完全限定名或别名 |
| resultType | 从这条语句中返回期望类型类的完全限定名或别名。注意集合情形，应该是集合可以包含的类型，而不能是集合本身。使用 resultType 或 resultMap，但两者不能同时使用 |
| resultMap | 命名引用外部的 resultMap。返回 map 是 MyBatis 最有力的特性，若对其理解好，那么许多复杂映射的情形就能被解决。使用 resultMap 或 resultType，但两者不能同时使用 |
| flushCache | 将其设置为 true，无论语句什么时候被调用，都会导致缓存被清空。默认值：false |
| useCache | 将其设置为 true，将会导致本条语句的结果被缓存。默认值：true |
| timeout | 用于设置驱动程序等待数据库返回请求结果，并抛出异常时间的最大等待值。默认值：不设置（驱动自行处理） |
| fetchSize | 这是暗示驱动程序每次批量返回的结果行数。默认值：不设置（驱动自行处理） |
| statementType | STATEMENT、PREPARED 或 CALLABLE 的一种。这会让 MyBatis 选择使用 Statement、PreparedStatement 或 CallableStatement。默认值：PREPARED |
| resultSetType | FORWARD_ONLY\|SCROLL_SENSITIVE\|SCROLL_INSENSITIVE 中的一种。默认值：不设置（驱动自行处理） |

示例：查询所属省份为 Gansu 的数据总条数。
在 User.xml 映射文件中添加如下代码：

```xml
<select id="selectUserCount" parameterType="string"
        resultType="int">
    SELECT count(*) FROM SA_USER WHERE USER_PROVINCE LIKE =#{province}
</select>
```

<select.../> 元素中,传入这条语句的参数类型 parameterType 为 string,返回的参数类型 resultType 为 int。

在 MybatisTest.java 添加测试代码如下:

```java
@Test
public void selectUserCount() throws Exception {
// 1. 创建 SqlSessionFactoryBuilder 对象
    SqlSessionFactoryBuilder sqlSessionFactoryBuilder = new SqlSessionFactoryBuilder();
    // 2. 加载 SqlMapConfig.xml 配置文件
    InputStream inputStream = Resources.getResourceAsStream("SqlMapConfig.xml");
    // 3. 创建 SqlSessionFactory 对象
    this.sqlSessionFactory = sqlSessionFactoryBuilder.build(inputStream);
    // 4. 创建 SqlSession 对象
    SqlSession sqlSession = sqlSessionFactory.openSession();
    // 5. 执行 SqlSession 对象执行查询,获取结果
    Integer count = sqlSession.selectOne("selectUserCount", "Gansu");
    // 6. 打印结果
    System.out.println(" 所属省份为 Gansu 的总条数为: "+count);
    // 7. 释放资源
    sqlSession.close();
}
```

sqlSession 有 selectOne、selectList 两种常用的查询方法。若返回结果为一条记录时,可以使用 selectOne;若返回结果记录为多条或者没有返回,就会抛出异常,其中返回记录为多条时,使用 selectList。

运行测试方法,其中调用 sqlSession 中 id 为 "selectUserCount",参数值为 "Gansu" 的 selectOne 方法。控制台打印出查询 SQL 的日志信息如下:

```
DEBUG [main] - ==> Preparing: SELECT count(*) FROM SA_USER WHERE USER_PROVINCE=?
DEBUG [main] - ==> Parameters: Gansu(String)
DEBUG [main] - <==      Total: 1
所属省份为 Gansu 的总条数为：2
```

## 5.7.2 insert、update、delete 元素

<insert> 元素用来映射插入语句；<update> 元素用来映射更新语句；<delete> 元素用来映射删除语句，它们的常用属性如表 5-7 所示。

**表 5-7 <insert>、<update> 和 <delete> 元素的常用属性**

| 属性 | 描述 |
| --- | --- |
| id | 命名空间中唯一的标识符，可被用来引用这条语句 |
| parameterType | 将会传入这条语句参数类的完全限定名或别名 |
| flushCache | 将其设置为 true 后，只要语句被调用都会导致本地缓存和二级缓存被清空，默认值（对 insert、update 和 delete 语句）：true |
| timeout | 这个设置驱动程序等待数据库返回请求结果，并抛出异常时间的最大等待值。默认值：不设置（驱动自行处理） |
| statementType | STATEMENT、PREPARED 或 CALLABLE 的一种。这会让 MyBatis 选择使用 Statement、PreparedStatement 或 CallableStatement。默认值：PREPARED |
| useGeneratedKeys | （仅对 insert 有用）MyBatis 使用 JDBC 的 getGeneratedKeys 方法来取出由数据（如像 MySQL 和 SQLServer 这样的数据库管理系统的自动递增字段）内部生成的主键。默认值：false |
| keyProperty | （仅对 insert 有用）标记一个属性，MyBatis 会通过 getGeneratedKeys 或者通过 insert 语句的 selectKey 子元素设置它的值。默认值：不设置 |

示例一：向数据库添加用户
①向 User.xml 映射文件添加代码如下：

```
<insert id="addUser" parameterType="cn.gskeju.pojo.User">
    INSERT INTO SA_USER
            (USER_ID,USER_NICKNAME,USER_GENDER,USER_CITY,USER_COUNTRY)
VALUES
    (#{USER_ID},#{USER_NICKNAME},#{USER_GENDER},#{USER_CITY},#{USER_COUNTRY})
</insert>
```

<insert.../>元素中，传入这条语句的参数类型parameterType为User的POJO类，无返回参数。

②向MybatisTest.java添加测试代码如下：

```java
@Test
public void addUser() throws Exception {
    // 1. 创建SqlSessionFactoryBuilder对象
    SqlSessionFactoryBuilder sqlSessionFactoryBuilder = new SqlSessionFactoryBuilder();
    // 2. 加载SqlMapConfig.xml配置文件
    InputStream inputStream = Resources.getResourceAsStream("SqlMapConfig.xml");
    // 3. 创建SqlSessionFactory对象
    this.sqlSessionFactory = sqlSessionFactoryBuilder.build(inputStream);
    // 4. 创建SqlSession对象
    SqlSession sqlSession = sqlSessionFactory.openSession();
    // 5. 执行SqlSession对象执行保存
    // 6. 创建需要添加的User
    User user = new User();
    user.setUSER_ID("200925C6T8R7T4SC");
    user.setUSER_NICKNAME("goodboy");
    user.setUSER_GENDER("1");
    user.setUSER_CITY("Lanzhou");
    user.setUSER_COUNTRY("China");
    sqlSession.insert("addUser", user);
    System.out.println(user);
    // 7. 需要进行事务提交
    sqlSession.commit();
    // 8. 释放资源
    sqlSession.close();
}
```

运行测试方法，调用sqlSession中id为"addUser"，参数值为user的insert方法，调用sqlSession中事务提交commit方法。注意插入SQL语句一定要进行事务提交，否则数据库不会插入此条数据，并且如果id是自增长的，在下一次执行添加的时候会自动跳过未 commit 的数据 id。

插入后的数据表 SA_USER 如图 5-8 所示。

| | USER_ID | USER_NICKNAME | USER_GENDER | USER_CITY | USER_COUNTRY | USER_AVATARURL | USER_PROVINCE | USER_OPENID |
|---|---|---|---|---|---|---|---|---|
| 1 | 200309C6T8R7Y7MW | tearpit | 2 | Lanzhou | China | https://wx.qlog... | Gansu | o4ugR5bACFUO... |
| 2 | 200609BR3ORN27OH | everday | 2 | Wuwei | China | https://wx.qlog... | Gansu | o4ugR5UBjR_O... |
| 3 | 200925C6T8R7T4SC | goodboy | 1 | Lanzhou | China | NULL | NULL | NULL |

图 5-8　数据表 SA_USER

控制台打印出查询 SQL 的日志信息如下：

> DEBUG [main] - ==> Preparing: INSERT INTO SA_USER (USER_ID,USER_NICKNAME,USER_GENDER,USER_CITY,USER_COUNTRY) VALUES (?,?,?,?,?)

> DEBUG [main] - ==> Parameters: 200925C6T8R7T4SC(String), goodboy(String), 1(String), Lanzhou(String), China(String)
>
> DEBUG [main] - <== Updates: 1
>
> User [USER_ID=200925C6T8R7T4SC, USER_NICKNAME=goodboy, USER_GENDER=1, USER_CITY=Lanzhou, USER_COUNTRY=China, USER_AVATARURL=null, USER_PROVINCE=null, USER_OPENID=null]

示例二：更新用户的用户名。

在 User.xml 映射文件中添加代码如下：

> \<update id="modifyNickname" parameterType="string"\>
> 　　UPDATE SA_USER SET
> 　　USER_NICKNAME = #{USER_NICKNAME} WHERE USER_ID = #{USER_ID}
> \</update\>

<update.../> 元素中，传入这条语句的参数类型 parameterType 为 User 的 POJO 类，无返回参数。

在 MybatisTest.java 添加测试代码如下：

```java
@Test
public void modifyNickname() throws Exception {
    // 1. 创建 SqlSessionFactoryBuilder 对象
    SqlSessionFactoryBuilder sqlSessionFactoryBuilder = new SqlSessionFactoryBuilder();
    // 2. 加载 SqlMapConfig.xml 配置文件
    InputStream inputStream = Resources.getResourceAsStream("SqlMapConfig.xml");
    // 3. 创建 SqlSessionFactory 对象
    this.sqlSessionFactory = sqlSessionFactoryBuilder.build(inputStream);
    // 4. 创建 SqlSession 对象
    SqlSession sqlSession = sqlSessionFactory.openSession();
    // 5. 执行 SqlSession 对象执行更新
    // 6. 创建需要更新的 User
    User user = new User();
    user.setUSER_ID("200309C6T8R7Y7MW");
    user.setUSER_NICKNAME("smile");
    sqlSession.update("modifyNickname", user);
    // 7. 需要进行事务提交
    sqlSession.commit();
    // 8. 释放资源
    sqlSession.close();
}
```

运行测试方法，调用 sqlSession 中 id 为 "modifyNickname"，参数值为 user 的 update 方法，调用 sqlSession 中事务提交 commit 方法。注意更新 SQL 语句时，一定要进行事务提交，否则数据库不会更新此条数据。数据表 SA_USER 如图 5-9 所示。

| USER_ID | USER_NICKNAME | USER_GENDER | USER_CITY | USER_COUNTRY | USER_AVATARURL | USER_PROVINCE | USER_OPENID |
|---|---|---|---|---|---|---|---|
| 200309C6T8R7Y7MW | smile | 2 | Lanzhou | China | https://wx.qlo... | Gansu | o4ugR5bACFU... |

图 5-9　数据表 SA_USER

控制台打印出查询 SQL 的日志信息，如下所示：

```
DEBUG [main] - ==> Preparing: UPDATE SA_USER SET USER_NICKNAME = ? WHERE USER_ID = ?
DEBUG [main] - ==> Parameters: smile(String), 200309C6T8R7Y7MW(String)
DEBUG [main] - <==    Updates: 1
```

示例三：删除用户

在 User.xml 映射文件中添加代码如下：

```xml
<delete id="deleteUser" parameterType="string">
    delete from  sa_user  WHERE USER_NICKNAME = #{name}
</delete>
```

\<delete.../\> 元素中，传入这条语句的参数类型 parameterType 为 string，无返回的参数。

在 MybatisTest.java 添加测试代码如下：

```java
@Test
public void deleteUser() throws Exception {
    // 1. 创建 SqlSessionFactoryBuilder 对象
    SqlSessionFactoryBuilder sqlSessionFactoryBuilder = new SqlSessionFactoryBuilder();
    // 2. 加载 SqlMapConfig.xml 配置文件
    InputStream inputStream = Resources.getResourceAsStream("SqlMapConfig.xml");
    // 3. 创建 SqlSessionFactory 对象
    this.sqlSessionFactory = sqlSessionFactoryBuilder.build(inputStream);
    // 4. 创建 SqlSession 对象
    SqlSession sqlSession = sqlSessionFactory.openSession();
    // 5. 执行 SqlSession 对象执行删除
    sqlSession.delete("deleteUser", "goodboy");
    // 6. 需要进行事务提交
    sqlSession.commit();
    // 7. 释放资源
    sqlSession.close();
}
```

运行测试方法，调用 sqlSession 中 id 为 "deleteUser"，参数值为 "goodboy" 的 delete 方法，调用 sqlSession 中事务提交 commit 方法。注意更新 SQL 语句一定要进行事务提交，否则数据库不会删除此条数据。数据表 SA_USER 如图 5-10 所示。

| USER_ID | USER_NICKNAME | USER_GENDER | USER_CITY | USER_COUNTRY | USER_AVATARURL | USER_PROVINCE | USER_OPENID |
|---|---|---|---|---|---|---|---|
| 200309C6T8R7Y7MW | smile | 2 | Lanzhou | China | https://wx.qlo... | Gansu | o4ugR5bACFU... |
| 200609BR30RN270H | everday | 2 | Wuwei | China | https://wx.qlo... | Gansu | o4ugR5UBjR... |

图 5-10  数据表 SA_USER

控制台打印出查询 SQL 的日志信息如下：

```
DEBUG [main] - ==>  Preparing: delete from sa_user WHERE USER_NICKNAME = ?
DEBUG [main] - ==> Parameters: goodboy(String)
DEBUG [main] - <==    Updates: 1
```

### 5.7.3 sql 元素

sql 元素是定义可以被重复使用高频的 SQL 代码段，是可以重用的 SQL 块，也可以被其他语句引用。

```
<sql id="userColumns"> SELECT USER_ID,USER_NICKNAME </sql>
// 这个 SQL 片段可以被包含在其他语句中
<select id="selectUserByName" parameterType="string"
            resultType="cn.gskeju.pojo.User">
    <include refid="userColumns"/>
                  FROM SA_USER WHERE USER_NICKNAME LIKE  #{nickname}
</select>
```

### 5.7.4 输入映射（parameterType）

输入映射（parameterType）包括简单类型（String、Integer 等）、复杂类型（POJO 类型、POJO 包装对象类型等）。

（1）简单类型

示例：根据用户名模糊查询用户。

方案一：在 User.xml 映射文件中添加如下代码：

```
<select id="selectUserByName1" parameterType="string"
            resultType="cn.gskeju.pojo.User">
         SELECT * FROM SA_USER WHERE USER_NICKNAME LIKE  '%${value}%'
</select>
```

在 MybatisTest.java 添加如下测试代码：

```java
@Test
    public void selectUserByName1() throws Exception {
// 1. 创建 SqlSessionFactoryBuilder 对象
        SqlSessionFactoryBuilder sqlSessionFactoryBuilder = new SqlSessionFactoryBuilder();
        // 2. 加载 SqlMapConfig.xml 配置文件
        InputStream inputStream = Resources.getResourceAsStream("SqlMapConfig.xml");
        // 3. 创建 SqlSessionFactory 对象
        this.sqlSessionFactory = sqlSessionFactoryBuilder.build(inputStream);
        // 4. 创建 SqlSession 对象
        SqlSession sqlSession = sqlSessionFactory.openSession();
        // 5. 执行 SqlSession 对象执行查询，获取结果 User
        // 6. 查询多条数据使用 selectList 方法
        List<Object> list = sqlSession.selectList("selectUserByName1", "a");
        // 7. 打印结果
        for (Object user : list) {
            System.out.println(user);
        }
        // 8. 释放资源
        sqlSession.close();
    }
```

在控制台可以看到如下执行测试程序的日志信息：

```
EBUG [main] - ==>  Preparing: SELECT * FROM SA_USER WHERE USER_NICKNAME LIKE '%a%'
DEBUG [main] - ==> Parameters:
DEBUG [main] - <==      Total: 1
User [USER_ID=200609BR30RN27OH, USER_NICKNAME=everday, USER_GENDER=2, USER_CITY=Wuwei, USER_COUNTRY=China, USER_AVATARURL=https://wx.qlogo.cn/mmopen/vi_32/Q0j4TwGTfTL3W2TA8Kia6Jib6t IMmckzQmEywB, USER_PROVINCE=Gansu, USER_OPENID=o4ugR5UBjR_0QJzmPUJQggdWmWo0]
```

方案二：在 User.xml 映射文件中添加如下代码：

```xml
<select id="selectUserByName2" parameterType="string"
    resultType="cn.gskeju.pojo.User">
    SELECT * FROM SA_USER WHERE USER_NICKNAME LIKE #{nickname}
</select>
```

在 MybatisTest.java 添加如下测试代码：

```java
@Test
public void selectUserByName2() throws Exception {
    // 1. 创建 SqlSessionFactoryBuilder 对象
    SqlSessionFactoryBuilder sqlSessionFactoryBuilder = new SqlSessionFactoryBuilder();
    // 2. 加载 SqlMapConfig.xml 配置文件
    InputStream inputStream = Resources.getResourceAsStream("SqlMapConfig.xml");
    // 3. 创建 SqlSessionFactory 对象
    this.sqlSessionFactory = sqlSessionFactoryBuilder.build(inputStream);
    // 4. 创建 SqlSession 对象
    SqlSession sqlSession = sqlSessionFactory.openSession();
    // 5. 执行 SqlSession 对象执行查询，获取结果 User
    // 6. 查询多条数据使用 selectList 方法
    List<Object> list = sqlSession.selectList("selectUserByName2", "%a%");
    // 7. 打印结果
    for (Object user : list) {
        System.out.println(user);
    }
    // 8. 释放资源
    sqlSession.close();
}
```

在控制台可以看到如下执行测试程序的日志信息：

```
DEBUG [main] - ==>  Preparing: SELECT * FROM SA_USER WHERE USER_NICKNAME LIKE ?
DEBUG [main] - ==> Parameters: %a%(String)
DEBUG [main] - <==      Total: 1
User [USER_ID=200609BR30RN27OH, USER_NICKNAME=everday, USER_GENDER=2, USER_
CITY=Wuwei, USER_COUNTRY=China, USER_AVATARURL=https://wx.qlogo.cn/mmopen/vi_32/
Q0j4TwGTfTL3W2TA8Kia6Jib6t IMmckzQmEywB, USER_PROVINCE=Gansu, USER_OPENID=o4ugR5
UBjR_0QJzmPUJQggdWmWo0]
```

以上两种方法均可实现，其中不难发现#{}和\${}是有区别的。

#{}表示一个占位符号，如在控制台打印的SQL语句为"SELECT * FROM SA_USER WHERE USER_NICKNAME LIKE ?"，通过#{}可以实现preparedStatement向占位符中设置值，自动进行java类型与jdbc类型转换。#{}可以有效防止SQL注入。#{}可以接收简单类型值或POJO属性值。若传输单个简单类型的值，#{}括号中可以填写任意名称；若parameterType传多个简单类型的值，#{}中的名称就要与参数对象的属性名保持一致。

\${}表示拼接sql串，通过\${}可以将parameterType传入的内容拼接在sql中且不进行jdbc类型转换，\${}可以接收简单类型值或pojo属性值，如果parameterType传输单个简单类型值，\${}中只能是value。

（2）复杂类型

示例：向数据库表添加用户信息。

在User.xml映射文件中添加示例代码如下：

```
<insert id="addUser" parameterType="cn.gskeju.pojo.User">
        INSERT INTO SA_USER
(USER_ID,USER_NICKNAME,USER_GENDER,USER_CITY,USER_COUNTRY)
        VALUES
(#{USER_ID},#{USER_NICKNAME},#{USER_GENDER},#{USER_CITY},#{USER_COUNTRY})
</insert>
```

在MybatisTest.java添加如下测试代码：

```java
@Test
    public void addUser() throws Exception {
// 1. 创建 SqlSessionFactoryBuilder 对象
            SqlSessionFactoryBuilder sqlSessionFactoryBuilder = new SqlSessionFactoryBuilder();
            // 2. 加载 SqlMapConfig.xml 配置文件
            InputStream inputStream = Resources.getResourceAsStream("SqlMapConfig.xml");
            // 3. 创建 SqlSessionFactory 对象
            this.sqlSessionFactory = sqlSessionFactoryBuilder.build(inputStream);
            // 4. 创建 SqlSession 对象
            SqlSession sqlSession = sqlSessionFactory.openSession();
            // 5. 执行 SqlSession 对象执行保存
            // 6. 创建需要保存的 User
            User user = new User();
            user.setUSER_ID("200925C6T8R7T4SC");
            user.setUSER_NICKNAME("goodboy");
            user.setUSER_GENDER("1");
            user.setUSER_CITY("Lanzhou");
            user.setUSER_COUNTRY("China");
            sqlSession.insert("addUser", user);
            System.out.println(user);
            // 7. 需要进行事务提交
            sqlSession.commit();
            // 8. 释放资源
            sqlSession.close();
    }
```

在控制台可以看到执行测试程序的日志信息如下：

```
DEBUG [main] - ==>  Preparing: INSERT INTO SA_USER (USER_ID,USER_NICKNAME,USER_GENDER,USER_CITY,USER_COUNTRY) VALUES (?,?,?,?,?)
DEBUG [main] - ==> Parameters: 200925C6T8R7T4SC(String), goodboy(String), 1(String), Lanzhou(String), China(String)
DEBUG [main] - <==    Updates: 1
```

User [USER_ID=200925C6T8R7T4SC, USER_NICKNAME=goodboy, USER_GENDER=1, USER_CITY=Lanzhou, USER_COUNTRY=China, USER_AVATARURL=null, USER_PROVINCE=null, USER_OPENID=null]

### 5.7.5 输出映射（resultType）

输出映射 resultType 就是对 SQL 查询结果集的一个映射，若 POJO 类中的属性与数据库列名一致，可以使用 resultType 输出类型。若不一致，返回的 POJO 类的属性将为 null。resultType 输出类型有输出简单类型（String、Integer 等）、复杂类型（POJO 类型、POJO 列表类型等）。

（1）简单类型

示例：根据用户 id 查询该用户的用户名。

在 User.xml 映射文件中添加如下代码：

```xml
<select id="selectNameByID" parameterType="string"
        resultType="string">
    SELECT USER_NICKNAME FROM SA_USER WHERE USER_ID = #{id}
</select>
```

在 MybatisTest.java 添加如下测试代码：

```java
@Test
    public void selectNameByID() throws Exception {
// 1. 创建 SqlSessionFactoryBuilder 对象
            SqlSessionFactoryBuilder sqlSessionFactoryBuilder = new SqlSessionFactoryBuilder();
            // 2. 加载 SqlMapConfig.xml 配置文件
            InputStream inputStream = Resources.getResourceAsStream("SqlMapConfig.xml");
            // 3. 创建 SqlSessionFactory 对象
            this.sqlSessionFactory = sqlSessionFactoryBuilder.build(inputStream);
            // 4. 创建 SqlSession 对象
            SqlSession sqlSession = sqlSessionFactory.openSession();
            // 5. 执行 SqlSession 对象执行查询，获取结果 name
                String name = sqlSession.selectOne("selectNameByID", "200309C6T8R7Y7MW");
            // 6. 打印结果
            System.out.println(name);
```

```
        // 7. 释放资源
        sqlSession.close();
    }
```

在控制台可以看到执行测试程序的日志信息如下：

```
DEBUG [main] - ==>Preparing: SELECT USER_NICKNAME FROM SA_USER WHERE USER_ID = ?
DEBUG [main] - ==> Parameters: 200309C6T8R7Y7MW(String)
DEBUG [main] - <==      Total: 1
smile
```

如上所示，输出结果"smile"为 String 类型的字符串。
（2）复杂类型
见 5.3 的示例，由图 5-5 可以观察到输出的结果类型为 User。

### 5.7.6 输出映射（resultMap）

resultMap 是对外部 resultMap 定义的引用，对应外部 resultMap 的 id, 表示返回结果映射到哪个 resultMap 上，当 POJO 类中的属性与数据库列名不一致时，可使用 resultMap 输出映射。注意：resultType 属性和 resultMap 属性绝对不能同时存在。

示例：查询订单表数据。

创建如下名为 Order 的数据库表：

```
-- 使用数据库
use mybatis;
-- 创建数据表 SA_ORDER
create table SA_ORDER
(
        OrderID         int     identity(1,1)   not null  primary key,   --ID, 设置为主键
    OrderCode           varchar(60)        null,              -- 订单 id
        Order_UserID    varchar(60)        null,              -- 用户 ID
Order_Total        decimal(18, 0)   null,
        Order_CreatTime          datetime  null     default(getDate()), -- 下单时间
        Order_Note      varchar(600)       null,              -- 用户留言
)
```

创建名为 Order 的 POJO 类，示例代码如下：

```java
public class Order {
    // id
    private int orderId;
    // 订单 id
    private String orderCode;
    // 用户 id
    private String userId;
    // 订单创建时间
    private Date createtime;
    // 备注
    private String note;
    public int getOrderId() {
        return orderId;
    }
    public void setOrderId(int orderId) {
        this.orderId = orderId;
    }
    public String getOrderCode() {
        return orderCode;
    }
    public void setOrderCode(String orderCode) {
        this.orderCode = orderCode;
    }
    public String getUserId() {
        return userId;
    }
    public void setUserId(String userId) {
        this.userId = userId;
    }
    public Date getCreatetime() {
        return createtime;
    }
    public void setCreatetime(Date createtime) {
        this.createtime = createtime;
    }
    public String getNote() {
```

```java
            return note;
    }
    public void setNote(String note) {
            this.note = note;
    }
    @Override
    public String toString() {
            return "Order [orderId=" + orderId + ", orderCode=" + orderCode
                            + ", userId=" + userId + ", createtime=" + createtime
                            + ", note=" + note + "]";
    }
}
```

在 SqlMapConfig.xml 中添加如下代码：

```xml
<mapper resource="sqlmap/Order.xml"/>
```

创建名为 Order 的 XML 文件。在 config--->sqlmap 目录下右击 sqlmap 包 "new"→"file" 创建 Order.xml 文件。示例代码如下：

```xml
<?xml version="1.0" encoding="UTF-8" ?>
<!DOCTYPE mapper
PUBLIC "-//mybatis.org//DTD Mapper 3.0//EN"
"http://mybatis.org/dtd/mybatis-3-mapper.dtd">
<!-- namespace：命名空间，用于隔离 sql -->
<mapper namespace="ordertest">
    <resultMap type="cn.gskeju.pojo.Order" id="orderResultMap">
            <id property="orderId" column="OrderID" />
            <result property="orderCode" column="OrderCode" />
            <result property="userId" column="Order_UserID" />
            <result property="createtime" column="Order_CreatTime" />
            <result property="note" column="Order_Note" />
    </resultMap>
    <select id="selectOrders"  resultMap="orderResultMap">
            SELECT * FROM [SA_ORDER]
    </select>
</mapper>
```

由于上边的 xml 中 sql 查询列 (user_id) 和 Order 类属性 (userId) 不一致，所以查询结果不能映射到 POJO 中。需要定义 resultMap，用 orderResultMap 将 sql 查询列 (user_id) 和 Order 类属性 (userId) 对应起来。resultMap 最终还是将结果映射到 POJO 上，<resultMap.../> 中 type 为定映射 POJO 类，id 为此 ResultMap 设置的名称，property 为属性在 POJO 中的属性名，column 为在数据库中的列名，注意定义主键非常重要。

在 MyBatisTest.java 添加测试代码如下：

```
@Test
    public void selectOrders() throws Exception {
// 1. 创建 SqlSessionFactoryBuilder 对象
            SqlSessionFactoryBuilder sqlSessionFactoryBuilder = new SqlSessionFactoryBuilder();
            // 2. 加载 SqlMapConfig.xml 配置文件
            InputStream inputStream = Resources.getResourceAsStream("SqlMapConfig.xml");
            // 3. 创建 SqlSessionFactory 对象
            this.sqlSessionFactory = sqlSessionFactoryBuilder.build(inputStream);
            // 4. 创建 SqlSession 对象
            SqlSession sqlSession = sqlSessionFactory.openSession();
            // 5. 执行 SqlSession 对象执行删除
            List<Object> list = sqlSession.selectList("selectOrders");
            // 6. 打印结果
            for (Object order : list) {
                    System.out.println(order);
            }
            // 7. 释放资源
            sqlSession.close();
    }
```

在控制台可以看到执行测试程序的日志信息如下：

```
DEBUG [main] - ==>  Preparing: SELECT * FROM [SA_ORDER]
DEBUG [main] - ==> Parameters:
DEBUG [main] - <==      Total: 2
Order [orderId=1, orderCode=2020092712312, userId=200309C6T8R7Y7MW, createtime=Wed Mar 10 10:16:02 CST 2021, note=null]
Order [orderId=2, orderCode=2020092854572, userId=200309C6T8R7Y7MW, createtime=Wed Mar 10 10:16:58 CST 2021, note=null]
```

## 5.8 MyBatis 开发 DAO 层的两种方式

MyBatis 开发 DAO 层可采用原始 DAO 开发方式和 Mapper 动态代理方式。

MyBatis 官方推荐使用 Mapper 代理方法开发 Mapper 接口，程序员不用编写 Mapper 接口实现类，使用 Mapper 代理方法时，输入参数可以使用 POJO 包装对象或 map 对象，保证 DAO 的通用性；传统的 DAO 层开发容易出现硬编码问题。

### 5.8.1 原始 DAO 层开发

在 Order.xml 映射文件中添加如下代码：

```xml
<select id="selectOrderByCode" parameterType="java.lang.String"
        resultMap="orderResultMap">
    SELECT * FROM [SA_ORDER] WHERE [orderCode] =#{orderCode}
</select>
```

创建名为 OrderDao 的类并对 DAO 的接口进行开发。右击 "src" 文件夹 "New" → "Package"，创建名为 cn.gskeju.dao 的包，创建完成后右击该包 "New" → "Class"，创建名为 OrderDao 的类，示例代码如下：

```java
public interface OrderDao {
    Order selectOrderByCode(String code);
}
```

创建名为 OrderDaoImp 的 DAO 的实现类并编写该类。右击 cn.gskeju.dao 包 "New" → "Class"，创建名为 OrderDaoImp 的类，示例代码如下：

```java
public Order selectOrderByCode(String code) {
    // 创建 SqlSession
    SqlSession sqlSession = this.sqlSessionFactory.openSession();
    // 执行查询逻辑
    Order order = sqlSession.selectOne("selectOrderByCode", code);
    // 释放资源
    sqlSession.close();
    return order;
}
```

在 MybatisTest.java 添加测试示例代码如下：

```java
@Test
public void selectOrderByCode() {
```

```
            // 1. 创建 SqlSessionFactoryBuilder 对象
            SqlSessionFactoryBuilder sqlSessionFactoryBuilder =
new SqlSessionFactoryBuilder();
            // 2. 加载 SqlMapConfig.xml 配置文件
            InputStream inputStream =
Resources.getResourceAsStream("SqlMapConfig.xml");
            // 3. 创建 SqlSessionFactory 对象
            this.sqlSessionFactory =
sqlSessionFactoryBuilder.build(inputStream);
            // 4. 创建 DAO
            OrderDao orderDao = new OrderDaoImpl(this.sqlSessionFactory);
            // 5. 执行查询
            Order order = orderDao.selectOrderByCode("20200927123l2");
            System.out.println(order);
        }
```

在控制台可以看到执行如下测试程序的日志信息：

```
DEBUG [main] - ==>  Preparing: SELECT * FROM [SA_ORDER] WHERE [OrderCode] =?
DEBUG [main] - ==> Parameters: 20200927123l2(String)
DEBUG [main] - <==      Total: 1
DEBUG [main] - Resetting autocommit to true on JDBC Connection [ConnectionID:1]
DEBUG [main] - Closing JDBC Connection [ConnectionID:1]
DEBUG [main] - Returned connection 2069684245 to pool.
Order [orderId=1, orderCode=20200927123l2, userId=200309C6T8R7Y7MW,,
createtime=Wed Mar 10 10:16:02 CST 2021, note=null]
```

MyBatis 传统 DAO 层开发存在如下问题：

① DAO 接口中存在大量模板方法，增加工作量；

② 调用 sqlSession 方法时，硬编码了 statement 的 id；

③ 调用 sqlSession 传入的变量，由于 sqlSession 方法使用泛型，即使变量类型传入错误，在编译阶段也不报错，不利于程序开发。

### 5.8.2 Mapper 动态代理方式

Mapper 接口开发方法只需要程序员编写 Mapper 接口（相当于 DAO 接口），由 Mybatis 框架根据接口定义创建接口的动态代理对象，代理对象的方法体与 DAO 接口实现类方法相同。

Mapper 接口开发需要遵循以下规范：

① Mapper.xml 文件中的 namespace 与 mapper 接口的类路径相同；

② Mapper 接口方法名和 Mapper.xml 中定义的每个 statement 的 id 相同；

③ Mapper 接口方法的输入参数类型和 mapper.xml 中定义的每个 sql 的 parameterType 的类型相同；

④ Mapper 接口方法的输出参数类型和 Mapper.xml 定义的每个 sql 的 resultType 的类型相同。

创建 Mapper 映射文件并编写该文件。在 config 文件夹下创建名为 mapper 的包，在该包下创建名为 OrderMapper.xml 的映射文件，示例代码如下：

```xml
<?xml version="1.0" encoding="UTF-8" ?>
<!DOCTYPE mapper
PUBLIC "-//mybatis.org//DTD Mapper 3.0//EN"
"http://mybatis.org/dtd/mybatis-3-mapper.dtd">
<mapper namespace="mapper.OrderMapper">
    <!-- 根据订单号查询订单信息 -->
    <select id="selectOrderbyCodeMapper"
parameterType="java.lang.String" resultMap="orderResultMap">
        SELECT * FROM [SA_ORDER] WHERE [orderCode] =#{orderCode}
    </select>
    <resultMap type="cn.gskeju.pojo.Order" id="orderResultMap">
        <id property="orderId" column="OrderID" />
        <result property="orderCode" column="OrderCode" />
        <result property="userId" column="Order_UserID" />
        <result property="createtime" column="Order_CreatTime" />
        <result property="note" column="Order_Note" />
    </resultMap>
</mapper>
```

创建 OrderMapper 接口文件并编写该接口。在 config → mapper 目录下创建名为 OrderMapper.java 的接口文件，代码如下：

```java
public interface OrderMapper {
    Order selectOrderbyCodeMapper(String code);
}
```

注意：

① OrderMapper 接口方法名和 OrderMapper.xml 中定义的 statement id 相同。

② OrderMapper 接口方法的输入参数类型和 OrderMapper.xml 中定义的 statement parameterType 的类型相同。

③ OrderMapper 接口方法的输出参数类型和 OrderMapper.xml 中定义的 statement resultType 的类型相同。

在 SqlMapConfig.xml 文件中加载 UserMapper.xml 文件，添加内容如下：

```xml
<mappers>
    <mapper resource="sqlmap/User.xml"/>
    <mapper resource="sqlmap/Order.xml"/>
    <mapper resource="mapper/OrderMapper.xml" />
</mappers>
```

创建并编写测试类。在 src → cn.gskeju.test 目录下创建名为 OrderTest.java 测试类，示例代码如下：

```java
public class OrderTest {
    private SqlSessionFactory sqlSessionFactory;
    @Before
    public void init() throws Exception {
        // 1. 创建 SqlSessionFactoryBuilder
        SqlSessionFactoryBuilder sqlSessionFactoryBuilder = new SqlSessionFactoryBuilder();
        // 2. 加载 SqlMapConfig.xml 配置文件
        InputStream inputStream = Resources.getResourceAsStream("SqlMapConfig.xml");
        // 3. 创建 SqlsessionFactory
        this.sqlSessionFactory = sqlSessionFactoryBuilder.build(inputStream);
    }

    @Test
    public void testQueryUserByCodeMapper() {
        // 4. 获取 sqlSession
        SqlSession sqlSession = this.sqlSessionFactory.openSession();
        // 5. 从 sqlSession 中获取 Mapper 接口的代理对象
        OrderMapper orderMapper = sqlSession.getMapper(OrderMapper.class);
        Order order = orderMapper.selectOrderbyCodeMapper("2020092712312");
        System.out.println(order);
        //6. 提交事务
        sqlSession.commit();
        //7. 关闭事务
```

```
            sqlSession.close();
    }
}
```

在控制台可以看到如下执行测试程序的日志信息：

```
DEBUG [main] - ==>  Preparing: SELECT * FROM [SA_ORDER] WHERE [orderCode] =?
DEBUG [main] - ==> Parameters: 20200927123l2(String)
DEBUG [main] - <==      Total: 1
Order [orderId=1, orderCode=20200927123l2, userId=200309C6T8R7Y7MW,
createtime=Wed Mar 10 10:16:02 CST 2021, note=null]
```

Mapper 代理开发接口不用写实现类，节省了代码量；Mapper 代理对象减少了硬编码，使编码更灵活。

### 5.8.3 MyBatis3 的注解配置

注解配置是 MyBatis3 的新特性，注解如表 5-8 所示。

**表 5-8 MyBatis3 的注解配置**

| 注解 | 目标 | 相对应的 XML | 描述 |
| --- | --- | --- | --- |
| @CacheNamespace | 类 | \<cache\> | 为给定的命名空间（如类）配置缓存属性含 implemetation、eviction、flushInterval、size 和 readWrite |
| @CacheNamespaceRef | 类 | \<cacheRef\> | 参照另外一个命名空间的缓存来使用。属性为 value，应该是一个名空间的字符串值（也就是类的完全限定名） |
| @ConstructorArgs | 方法 | \<constructor\> | 收集一组结果传递给一个劫夺对象的构造方法。属性为 value，是形式参数的数组 |
| @Arg | 方法 | \<arg\> \<idArg\> | 单独构造方法的参数，是 ConstructorArgs 集合的一部分。属性有 id、column、javaType、typeHandler。id 属性是布尔值，是用于标识比较的属性，和 \<idArg\>XML 元素相似 |
| @TypeDiscriminator | 方法 | \<discriminator\> | 一组实例值被用来决定结果映射的表现。属性有 typeHandler、javaType、jdbcType、cases、column、cases 属性就是实例的数组 |

续表

| 注解 | 目标 | 相对应的 XML | 描述 |
|---|---|---|---|
| @Case | 方法 | &lt;case&gt; | 单独实例的值和它对应的映射。属性有 value、type、results。results 属性是结果数组，因此这个注解和实际的 ResultMap 很相似，由下属的 results 注解指定 |
| @Results | 方法 | &lt;resultMap&gt; | 结果映射的列表，包含了一个特别结果列如何被映射到属性或字段的详情。属性 value 是 Result 注解的数组 |
| @Result | 方法 | &lt;result&gt; &lt;id&gt; | 在列和属性或字段之间的单独结果映射。属性含 id、column、property、javaType、jdbcType、typeHandler、one、many。id 属性是一个布尔值，表示应该被用于比较（和在 XML 映射中的 &lt;id&gt; 相似）的属性。one 属性是单独的联系，和 &lt;association&gt; 相似；many 属性是对集合而言的，和 &lt;collection&gt; 相似，它们采用这样的命名形式是为了避免名称冲突 |
| @One | 方法 | &lt;association&gt; | 复杂类型的单独属性值映射。属性为 select，已映射语句（也就是映射器方法）的完全限定名，它可以加载合适类型的实例。注意：联合映射在注解 API 中是不支持的。这是因为 Java 注解的限制，不允许循环引用 |
| @Many | 方法 | &lt;collection&gt; | 复杂类型的集合属性映射，必须指定 select 属性，表示已映射的 SQL 语句的完全限定名 |
| @MapKey | 方法 | | 复杂类型的集合属性映射。属性为 select，是映射语句（也就是映射器方法）的完全限定名，它可以加载合适类型的一组实例。注意：不支持联合映射在 Java 注解中。这是因为 Java 注解的限制，不允许循环引用 |
| @Options | 方法 | 映射语句的属性 | 这个注解提供访问交换和配置选项的宽广范围，它们通常在映射语句上作为属性出现。而不是将每条语句注解变复杂，Options 注解可提供连贯清晰的方式来访问它们。属性有 useCache =true、flushCache = false、resultSetType = FORWARD_ONLY、statementType =PREPARED、fetchSize = –1、timeout = –1、useGeneratedKeys=false、keyProperty= "id"。理解 Java 注解是很重要的，因为没有办法来指定"null"作为值。因此，一旦使用了 Options 注解，语句就受所有默认值的支配。选择合适的默认值，可避免不期望的行为发生 |

续表

| 注解 | 目标 | 相对应的 XML | 描述 |
| --- | --- | --- | --- |
| @Insert<br>@Update<br>@Delete<br>@Select | 方法 | &lt;insert&gt;<br>&lt;update&gt;<br>&lt;delete&gt;<br>&lt;select&gt; | 这些注解都代表了执行的真实 SQL。它们每一个都使用字符串数组（或单独的字符串）。如果传递的是字符串数组，它们便由每个分隔的单独空间串联起来。当用 Java 代码构建 SQL 时，就避免了"丢失空间"的问题。然而，依据个人喜好，可串联单独的字符串。属性为 value，这是字符串数组用来组成单独的 SQL 语句 |
| @InsertProvider<br>@UpdateProvider<br>@DeleteProvider<br>@SelectProvider | 方法 | &lt;insert&gt;<br>&lt;update&gt;<br>&lt;delete&gt;<br>&lt;select&gt; | 这些可选的 SQL 注解允许指定一个类名和一个方法在执行时来返回运行允许，创建动态 SQL。基于执行的映射语句，MyBatis 会实例化这一类，然后执行由 Provider 指定的方法。该方法可以有选择地接受参数对象（改为 MyBatis 3.4 之后，支持多参数处理）。属性为 type、method。type 属性是类，method 属性是方法名 |
| @Param | 参数 | N/A | 如果映射器的方法需要多个参数，这个注解可以被应用于映射器的方法参数来定义每个参数的名字。否则，多参数将会以它们的顺序位置来命名（不包括任何 RowBounds 参数），如 #{param1}、#{param2} 等。使用 @Param("person")，参数将被命名为 #{person} |
| @SelectKey | 方法 | &lt;selectKey&gt; | 此注解复制了 @Insert 或 @InsertProvider 注释方法的 &lt;selectKey&gt; 功能。在其他方法中它是被忽略的。如果指定 @SelectKey 注释，则 MyBatis 将忽略通过 @Options 注释或配置属性设置的任何生成属性。Attributes:statement 字符串数组，它是要执行 SQL 语句的，keyProperty 是将用新值更新的 parameter 对象属性，其前面必须为 true 或 false，以指示 SQL 语句应在 insert 之前或之后执行，resultType 是 keyProperty 的 Java 类型，statementType = PREPARED |
| @ResultMap | 方法 | N/A | 此注解用于将 XML 映射器中 &lt;resultMap&gt; 元素的 id 提供给 @Select 或 @SelectProvider 注释。这允许带注释的 select 重用 XML 中定义的 resultmap。如果在带注释的 select 上指定了 @Results 或 @ConstructorArgs，则此批注将覆盖任何 @Results 或 @ConstructorArgs 批注 |

续表

| 注解 | 目标 | 相对应的 XML | 描述 |
|---|---|---|---|
| @ResultType | 方法 | N/A | 此注解在使用结果处理程序时使用。在这种情况下，返回类型是 void，因此 MyBatis 必须有一种方法来确定为每一行构造的对象类型。如果有 XML 结果映射，应使用 @ResultMap 注释。如果在 <select> 元素上用 XML 指定了结果类型，则不需要其他注释。在其他情况下，请使用此注释。例如，如果 @Select 注释方法将使用结果处理程序，则返回类型必须为 void，并且此注释（或 @ResultMap）是必需的。除非方法返回类型为 void，否则将忽略此批注 |
| @Flush | 方法 | N/A | 如果使用此注释，则可以通过在映射器接口上定义的方法将其调用为 SQLSession\ flushStatements()，（适用于 MyBatis 3.3 或更高版本） |

### 5.8.4 @Insert

@Insert 是在实体类的 Mapper 类里注解添加方法的 SQL 语句，其中定义主键有 3 种方式，即手动指定主键、自增主键、选择主键。

（1）手动指定主键

在应用层手动指定主键与定义普通字段一致，代码如下：

@Insert("INSERT INTO [Order] (id, username) VALUES (#{id}, #{username})")
  int addUseOrder (Order order);

（2）自增主键

自增主键对应 XML 配置中的主键回填，代码如下：

@Options(useGeneratedKeys = true, keyProperty = "id")
@Insert("INSERT INTO [SA_Order] (username) VALUES (#{username})")
  int addUseOrder (Order  order);

使用 Option 来对应 XML 设置的 select 标签属性，userGeneratordKeys 表示要使用自增主键，keyProperty 用来指定主键字段的字段名。自增主键会使用数据库底层的自增特性。

（3）选择主键

从数据层生成一个值，并用这个值作为主键的值。

```java
@Insert("INSERT INTO SA_Order(userid,ordername) VALUES (#{userid},#{ordername})")
    @SelectKey(statement = "SELECT UNIX_TIMESTAMP(NOW())", keyColumn = "id",
keyProperty = "id", resultType = Long.class, before = true)
        int addOrder(Order Order);
```

示例：向 order 表中添加一笔消费记录。

向 orderMapper 类中添加如下代码：

```java
@Insert("INSERT INTO [SA_Order] ( OrderCode, Order_UserID,Order_Note) VALUES (#{orderCode}, #{userId},#{note})")
        int addOrder(Order order);
```

MybatisTest.java 添加如下测试代码：

```java
@Test
public void AddOrder() {
// 1. 创建 SqlSessionFactoryBuilder 对象
SqlSessionFactoryBuilder sqlSessionFactoryBuilder =
new SqlSessionFactoryBuilder();
// 2. 加载 SqlMapConfig.xml 配置文件
InputStream inputStream =
Resources.getResourceAsStream("SqlMapConfig.xml");
// 3. 创建 SqlSessionFactory 对象
this.sqlSessionFactory =
sqlSessionFactoryBuilder.build(inputStream);
        // 4. 获取 sqlSession
        SqlSession sqlSession = this.sqlSessionFactory.openSession();
        // 5. 从 sqlSession 中获取 Mapper 接口的代理对象
        OrderMapper orderMapper = sqlSession
.getMapper(OrderMapper.class);
        //6. 创建 order 对象，并设置属性
        Order order= new Order();
        order.setUserId("200309C6T8R7Y7MW");
        order.setOrderCode("2020092858635");
        order.setNote(" 备注 ");
        //7. 插入数据
        orderMapper.addOrder(order);
        //8. 提交事务
```

```
            sqlSession.commit();
            //9. 关闭事务
            sqlSession.close();
        }
```

数据表 SA_Order 中的数据如图 5-11 所示。

| | OrderID | OrderCode | Order_UserID | Order_Total | Order_CreatTime | Order_Note |
|---|---|---|---|---|---|---|
| 1 | 1 | 2020092712312 | 200309C6T8R7Y7MW | NULL | 2021-03-10 10:16:02.760 | NULL |
| 2 | 2 | 2020092854572 | 200309C6T8R7Y7MW | NULL | 2021-03-10 10:16:58.050 | NULL |
| 3 | 3 | 2020092858635 | 200309C6T8R7Y7MW | NULL | 2021-03-11 15:59:37.860 | 备注 |

图 5-11  数据表 SA_Order

在控制台可以看到执行测试程序的日志信息如下：

DEBUG [main] - ==>  Preparing: INSERT INTO [SA_Order] ( OrderCode, Order_UserID,Order_Note) VALUES (?, ?,?)
DEBUG [main] - ==> Parameters: 2020092858635(String), 200309C6T8R7Y7MW(String), 备注(String)
DEBUG [main] - <==    Updates: 1

### 5.8.5 @Update

示例：根据订单号修改订单备注。

向 orderMapper 类中添加如下代码：

```
@Update("UPDATE [Order]  SET Order_Note=#{note}
 WHERE orderCode=#{orderCode}")
    int updateOrder(Order Order);
```

向 MybatisTest.java 添加如下测试代码：

```
@Test
public void updateOrder() {
// 1. 创建 SqlSessionFactoryBuilder 对象
SqlSessionFactoryBuilder sqlSessionFactoryBuilder =
new SqlSessionFactoryBuilder();
// 2. 加载 SqlMapConfig.xml 配置文件
InputStream inputStream =
```

```
            Resources.getResourceAsStream("SqlMapConfig.xml");
            // 3. 创建 SqlSessionFactory 对象
            this.sqlSessionFactory =
sqlSessionFactoryBuilder.build(inputStream);
                    // 4. 获取 sqlSession
                    SqlSession sqlSession = this.sqlSessionFactory.openSession();
                    // 5. 从 sqlSession 中获取 Mapper 接口的代理对象
                    OrderMapper orderMapper =
sqlSession.getMapper(OrderMapper.class);
                    // 6. 创建 order 对象，并设置属性
                    Order order= new Order();
                    order.setOrderCode("2020092858635");
                    order.setNote(" 修改后的备注 ");
                    // 7. 插入数据
                    orderMapper.updateOrder(order);
                    // 8. 提交事务
                    sqlSession.commit();
                    // 9. 关闭事务
                    sqlSession.close();
            }
```

数据表 SA_Order 中的数据如图 5-12 所示。

| OrderID | OrderCode | Order_UserID | Order_Total | Order_CreatTime | Order_Note |
|---|---|---|---|---|---|
| 1 | 2020092712312 | 200309C6T8R7Y7MW | NULL | 2021-03-10 10:16:02.760 | NULL |
| 2 | 2020092854572 | 200309C6T8R7Y7MW | NULL | 2021-03-10 10:16:58.050 | NULL |
| 3 | 2020092858635 | 200309C6T8R7Y7MW | NULL | 2021-03-11 15:59:37.860 | 修改后的备注 |

图 5-12 数据表 SA_Order

在控制台可以看到如下执行测试程序的日志信息：

```
DEBUG [main] - ==>  Preparing: UPDATE [SA_Order] SET Order_Note=? WHERE orderCode=?
DEBUG [main] - ==> Parameters: 修改后的备注 (String), 2020092858635(String)
DEBUG [main] - <==    Updates: 1
```

### 5.8.6　@Delete

示例：根据订单号删除记录。

向 orderMapper 类中添加如下代码：

```java
@Delete("DELETE FROM [Order] WHERE orderCode=#{orderCode}")
int delete(String id);
```

向 MybatisTest.java 添加如下测试代码：

```java
@Test
    public void deleteOrder() {
// 1. 创建 SqlSessionFactoryBuilder 对象
SqlSessionFactoryBuilder sqlSessionFactoryBuilder =
new SqlSessionFactoryBuilder();
// 2. 加载 SqlMapConfig.xml 配置文件
InputStream inputStream =
Resources.getResourceAsStream("SqlMapConfig.xml");
// 3. 创建 SqlSessionFactory 对象
this.sqlSessionFactory =
sqlSessionFactoryBuilder.build(inputStream);
        // 4. 获取 sqlSession
        SqlSession sqlSession = this.sqlSessionFactory.openSession();
        // 5. 从 sqlSession 中获取 Mapper 接口的代理对象
        OrderMapper orderMapper = sqlSession
.getMapper(OrderMapper.class);
        orderMapper.deleteOrder("2020092858635");
        // 6. 提交事务
        sqlSession.commit();
        // 7. 关闭事务
        sqlSession.close();
    }
```

数据表 SA_Order 中的数据如图 5-13 所示。

| OrderID | OrderCode | Order_UserID | Order_Total | Order_CreatTime | Order_Note |
|---|---|---|---|---|---|
| 1 | 2020092712312 | 200309C6T8R7Y7MW | NULL | 2021-03-10 10:16:02.760 | NULL |
| 2 | 2020092854572 | 200309C6T8R7Y7MW | NULL | 2021-03-10 10:16:58.050 | NULL |

图 5-13 数据表 SA_Order

在控制台可以看到如下执行测试程序的日志信息：

```
DEBUG [main] - ==> Preparing: DELETE FROM [SA_Order] WHERE orderCode=?
DEBUG [main] - ==> Parameters: 2020092858635(String)
DEBUG [main] - <==    Updates: 1
```

## 5.8.7 @Select

示例：根据订单号查询订单信息。

向 orderMapper 类中添加如下代码：

```
@Results(id = "orderMap", value = {
    @Result(id=true, column = "OrderID", property = "orderId"),
    @Result(column = "OrderCode", property = "orderCode"),
    @Result(column = "Order_UserID", property = "userId"),
    @Result(column = "Order_CreatTime", property = "createtime"),
    @Result(column = "Order_Note", property = "note")
})
    @Select("SELECT * FROM [Order] WHERE orderCode=#{orderCode}")
    Order selectOrder(String id);
```

向 MybatisTest.java 添加如下测试代码：

```
@Test
    public void selectOrder() {
// 1. 创建 SqlSessionFactoryBuilder 对象
SqlSessionFactoryBuilder sqlSessionFactoryBuilder =
new SqlSessionFactoryBuilder();
// 2. 加载 SqlMapConfig.xml 配置文件
InputStream inputStream =
Resources.getResourceAsStream("SqlMapConfig.xml");
// 3. 创建 SqlSessionFactory 对象
this.sqlSessionFactory =
sqlSessionFactoryBuilder.build(inputStream);
        // 4. 获取 sqlSession
        SqlSession sqlSession = this.sqlSessionFactory.openSession();
        // 5. 从 sqlSession 中获取 Mapper 接口的代理对象
        OrderMapper orderMapper = sqlSession.getMapper(OrderMapper.class);
        Order order = orderMapper.selectOrder("2020092854572");
        System.out.println(order);
        // 6. 提交事务
```

```
            sqlSession.commit();
            //7. 关闭事务
            sqlSession.close();
        }
```

在控制台可以看到执行测试程序的日志信息如下：

```
DEBUG [main] - ==>  Preparing: SELECT * FROM [SA_Order] WHERE orderCode=?
DEBUG [main] - ==> Parameters: 2020092854572(String)
DEBUG [main] - <==      Total: 1
Order [orderId=2, orderCode=2020092854572, userId=200309C6T8R7Y7MW,
createtime=Wed Mar 10 10:16:58 CST 2021, note=null]
```

## 5.9 MyBatis 的动态 SQL

MyBatis 的一个特性是动态 SQL，可以单独配置复用性高的 SQL 语句以便开发人员调用。

MyBatis 动态 SQL 语句是基于 OGNL 表达式的，主要有 if 标签、where 标签、choose（when、otherwise）标签 SQL 片段及 foreach 标签，下面将依次介绍这 4 类标签。

### 5.9.1 if 标签

使用动态 SQL 最常见情景是根据条件包含 where 子句的一部分。

示例：根据订单号、用户 id 查询订单。

在 OrderMapper.xml 映射文件中添加如下代码：

```xml
<select id="selectOrderby" parameterType="cn.gskeju.pojo.Order" resultMap="orderResultMap">
    SELECT OrderID,OrderCode,Order_UserID,Order_CreatTime,Order_Note
    FROM [SA_ORDER] WHERE 1=1
            <if test="orderCode != null and orderCode != '' ">
                    AND orderCode = #{orderCode}
            </if>
            <if test="userId != null and userId != '' ">
                    AND Order_UserID = #{userId}
            </if>
</select>
```

这条语句提供了可选的查找文本功能。如果不传入 "orderCode"，第一个 <if> 标签中的 sql 语句将不执行。

在 OrderMapper.java 编写 Mapper 接口，示例代码如下：

```java
List<Order> selectOrderby(Order order);
```

在 orderTest.java 中添加测试方法，示例代码如下：

```java
@Test
    public void selectOrderby() {
            // 1. 获取 sqlSession
            SqlSession sqlSession = this.sqlSessionFactory.openSession();
            // 从 sqlSession 中获取 Mapper 接口的代理对象
            OrderMapper orderMapper = sqlSession.getMapper(OrderMapper.class);
            Order or=new Order();
            or.setUserId("200309C6T8R7Y7MW");
            or.setOrderCode("2020092854572");
            List<Order> list = orderMapper.selectOrderby(or);
            for (Order order : list) {
                    System.out.println(order);
            }
            //2. 提交事务
            sqlSession.commit();
            //3. 关闭事务
            sqlSession.close();
    }
```

在控制台可以看到如下执行测试程序的日志信息：

```
DEBUG [main]- ==> Preparing:SELECT * FROM [SA_ORDER] where 1=1 AND orderCode =?
DEBUG [main] - ==> Parameters: 2020092854572(String)
DEBUG [main] - <==    Total: 1
Order [orderId=2, orderCode=2020092854572, userId=200309C6T8R7Y7MW,, createtime=Wed Mar 10 10:16:58 CST 2021, note=null]
```

若将 OrderCode 设置为空，在控制台可以看到如下执行测试程序的日志信息：

```
DEBUG [main]- ==> Preparing:SELECT * FROM [SA_ORDER] where 1=1 AND orderCode =?
DEBUG [main] - ==> Parameters: 200309C6T8R7Y7MW(String)
DEBUG [main] - <==    Total: 2
Order [orderId=1, orderCode=2020092712312, userId=200309C6T8R7Y7MW,
```

createtime=Wed Mar 10 10:16:02 CST 2021, note=null]
Order [orderId=2, orderCode=2020092854572, userId=200309C6T8R7Y7MW, createtime=Wed Mar 10 10:16:58 CST 2021, note=null]

### 5.9.2 where 标签

where 标签可以自动添加 where，同时处理 sql 语句中第一个 and 关键字。将 OrderMapper.xml 中代码改写：

```xml
<select id="selectOrderby" parameterType="cn.gskeju.pojo.Order" resultMap="orderResultMap">
    SELECT OrderID,OrderCode,Order_UserID,Order_CreatTime,Order_Note
    FROM [SA_ORDER]
        <where>
            <if test="orderCode != null and orderCode != '' ">
                AND orderCode = #{orderCode}
            </if>
            <if test="userId != null and userId != '' ">
                AND Order_UserID = #{userId}
            </if>
        </where>
</select>
```

### 5.9.3 choose（when、otherwise）标签

有时不想使用所有的条件，而只是想从多个条件中选择一个使用。针对这种情况，MyBatis 提供了 choose 元素，它有点像 Java 中的 switch 语句。将 OrderMapper.xml 中代码改写：

```xml
<select id="selectOrderby" parameterType="cn.gskeju.pojo.Order" resultMap="orderResultMap">
    SELECT * FROM [SA_ORDER] where 1=1
    <choose>
        <when test="orderCode != null and orderCode != '' ">
            AND orderCode = #{orderCode}
        </when>
        <when test="userId != null and userId != '' ">
            AND Order_UserID = #{userId}
        </when>
        <otherwise>
```

```
                    AND featured = 1
        </otherwise>
                </choose>
</select>
```

传入了 "orderCode" 就按 "orderCode" 查找，传入了 "userId " 就按 "userId " 查找，若两个参数都没有都没有传入，就返回标记为 featured 的 BLOG。在控制台可以看到执行如下测试程序的日志信息：

```
DEBUG [main]- ==>Preparing:SELECT * FROM [SA_ORDER] where 1=1 AND featured = 1
DEBUG [main] - ==> Parameters:
```

### 5.9.4 SQL 片段

SQL 标签可将重复的 SQL 语句提取出来，达到 SQL 重用的目的。使用 include 标签加载 SQL 片段；其中 refid 是 SQL 片段的 id。

将 OrderMapper.xml 代码改写：

```
<select id="selectOrderby" parameterType="cn.gskeju.pojo.Order" resultMap="orderResultMap">
    SELECT   <include refid="OrderFields" />
FROM [SA_ORDER]
        <where>
            <if test="orderCode != null and orderCode != '' ">
                AND orderCode = #{orderCode}
            </if>
            <if test="userId != null and userId != '' ">
                AND Order_UserID = #{userId}
            </if>
        </where>
</select>
<sql id="OrderFields">
    OrderID,OrderCode,Order_UserID,Order_CreatTime,Order_Note
</sql>
```

### 5.9.5 foreach 标签

SQL 语句中有时会使用 IN 关键字。可以使用 ${ids} 方式直接获取值，但这种写法不能防止 SQL 注入，想避免 SQL 注入就应使用 #{}，这就应配合使用 foreach 标签来满足需求。

foreach 包含如下属性：

① collection，必填，值为要迭代循环的属性名，这一属性值的情况很多；
② item，变量名，值为从迭代对象中取出的每一个值；
③ index，索引的属性名，在集合数组情况下值为当前索引值，当迭代循环的对象是 Map 类型时，值为 Map 的 key（键值）；
④ open，整个循环内容开头的字符串；
⑤ close，整个循环内容结尾的字符串；
⑥ separator，每次循环的分隔符。

向 OrderMapper.java 接口中添加如下代码：

```java
List<Order> selectOrderByIds(List<Long> id);
```

向 OrderMapper.xml 添加如下代码：

```xml
<select id="selectOrderByIds" resultType="cn.gskeju.pojo.Order">
    SELECT * FROM [SA_ORDER]
    <where>
        OrderID in
        <foreach collection="list" open="(" close=")" separator="," item="id" index="i">
            #{id}
        </foreach>
    </where>
</select>
```

在 orderTest.java 中添加测试方法，示例代码如下：

```java
@Test
public void selectOrderByIds() {
    SqlSession sqlSession = this.sqlSessionFactory.openSession();
    OrderMapper orderMapper = sqlSession.getMapper(OrderMapper.class);
    List<Long> idList = new ArrayList<Long>();
    idList.add(1L);
    idList.add(2L);
    List<Order> list = orderMapper.selectOrderByIds(idList);
    for (Order order : list) {
        System.out.println(order);
    }
    sqlSession.close();
}
```

在控制台可以看到如下执行测试程序的日志信息：

```
DEBUG [main] - Setting autocommit to false on JDBC Connection [ConnectionID:1]
DEBUG [main] - ==>  Preparing: SELECT * FROM [SA_ORDER] WHERE OrderID in ( ? , ? )
DEBUG [main] - ==>  Parameters: 1(Long), 2(Long)
DEBUG [main] - <==      Total: 2
Order [orderId=1, orderCode=20200927112312, userId=null,, createtime=null, note=null]
Order [orderId=2, orderCode=20200928854572, userId=null,, createtime=null, note=null]
```

在使用 foreach 时，最关键也最容易出错的是 collection 属性，该属性是必须指定的，但是在以下 3 种不同情况下，该属性的值不一样：

① 若传入的是单参数且参数类型是 List 时，collection 属性值为 list；

② 若传入的是单参数且参数类型是 array 时，collection 的属性值为 array；

③ 若传入的参数是多个的时候，我们就需要把它们封装成一个 Map，当然单参数也可以封装成 Map，实际上如果在传入参数时，在 MyBatis 里也能把参数封装成一个 Map，Map 的 key 就是参数名，这时的 collection 属性值就是传入的 List 或 array 对象在自己封装的 Map 里面的 key。

## 5.10 MyBatis 关联查询

MyBatis 的级联关系包括一对一、一对多、多对多 3 种。下面分别展开描述。

### 5.10.1 一对一

项目开发中存在很多一对一关系，如一个订单对应一个用户、一个学生对应一个班级等。下面以一个订单对应一个用户为示例讲解 MyBatis 一对一查询的处理过程。

向 src → cn.gskeju.pojo 目录中的 Order.java 添加如下代码：

```java
private User user; // 用户关联
    public User getUser() {
            return user;
    }
    public void setUser(User user) {
            this.user = user;
    }

    @Override
    public String toString() {
            return "Order [orderId=" + orderId + ", orderCode=" + orderCode
                    + ", userId=" + userId + ", createtime=" + createtime
                    + ", note=" + note + "\n, user=" + user + "]";
    }
```

向 orderMapper.xml 中添加如下代码：

```xml
<resultMap type="cn.gskeju.pojo.Order" id="orderUserResultMap">
<id property="orderId" column="OrderID" />
<result property="orderCode" column="OrderCode" />
<result property="userId" column="Order_UserID" />
<result property="createtime" column="Order_CreatTime" />
<result property="note" column="Order_Note" />

<association property="user" javaType="cn.gskeju.pojo.User">
    <id property="USER_ID" column="USER_ID" />
    <result property="USER_NICKNAME" column="USER_NICKNAME" />
    <result property="USER_CITY" column="USER_CITY" />
<result property="USER_GENDER" column="USER_GENDER" />
        </association>
    </resultMap>
    <select id="selectOrderUserResultMap" resultMap="orderUserResultMap">
        SELECT OrderID,Order_UserID,orderCode,Order_CreatTime,
            Order_Note,USER_NICKNAME,USER_CITY,USER_GENDER
        FROM  SA_ORDER       LEFT JOIN SA_USER  ON Order_UserID = USER_ID
</select>
```

\<association\> 标签的作用是处理一对一关系，其中 property 属性为指定映射到实体类的对象属性；column 属性为指定表中对应的字段（查询返回的列名）；javaType 属性为指定映射到实体对象属性的类型；select 属性为指定引入嵌套查询的子 SQL 语句，该属性用于关联映射中的嵌套查询。

在 orderMapper.java 中添加如下代码：

```java
List<Order> selectOrderUserResultMap();
```

在 orderTest 增加如下代码：

```java
@Test
public void testQueryOrderUserResultMap() {
        SqlSession sqlSession = this.sqlSessionFactory.openSession();
        OrderMapper orderMapper =
```

```
        sqlSession.getMapper(OrderMapper.class);
            List<Order> list = orderMapper.selectOrderUserResultMap();
            for (Order o : list) {
                System.out.println(o);
            }
            sqlSession.close();
}
```

在控制台可以看到如下执行测试程序的日志信息：

```
DEBUG [main] - ==>  Preparing: SELECT o.OrderID, o.Order_UserID, o.orderCode, o.Order_
CreatTime, o.Order_Note, u.USER_NICKNAME, u.USER_CITY, u.USER_GENDER FROM SA_ORDER o
LEFT JOIN SA_USER u ON o.Order_UserID = u.USER_ID
DEBUG [main] - ==> Parameters:
DEBUG [main] - <==      Total: 2
Order [orderId=1, orderCode=2020092712312, userId=200309C6T8R7Y7MW,
createtime=Wed Mar 10 10:16:02 CST 2021, note=null]
Order [orderId=2, orderCode=2020092854572, userId=200309C6T8R7Y7MW,
createtime=Wed Mar 10 10:16:58 CST 2021, note=null]
```

## 5.10.2 一对多

项目开发中存在很多一对多关系，如一个用户对应多个订单、一个班级对应多个学生等。

下面以一个用户对应多个订单为示例讲解 MyBatis 一对多查询的处理过程。

向 src → cn.gskeju.pojo 目录中的 User.java 添加如下代码：

```java
    private List<Order> order;
    public List<Order> getOrder() {
        return order;
    }
    public void setOrder(List<Order> order) {
        this.order = order;
    }
    @Override
    public String toString() {
        return "User [USER_ID=" + USER_ID + ", USER_NICKNAME=" +
USER_NICKNAME+ ", USER_GENDER=" + USER_GENDER +
```

```
", USER_CITY=" + USER_CITY+ ", USER_COUNTRY="+
USER_COUNTRY + ", USER_AVATARURL="+ USER_AVATARURL +
", USER_PROVINCE=" + USER_PROVINCE+ ", USER_OPENID=" +
USER_OPENID + ",\n order=" + order + "]";
    }
```

在 config → mapper 目录下，创建名为 UserMapper.xml 的映射文件，示例代码如下：

```xml
<?xml version="1.0" encoding="UTF-8"?>
<!DOCTYPE mapper
PUBLIC "-//mybatis.org//DTD Mapper 3.0//EN"
"http://mybatis.org/dtd/mybatis-3-mapper.dtd">
<mapper namespace="mapper.UserMapper">
    <resultMap type="cn.gskeju.pojo.User" id="userOrderResultMap">
            <id property="USER_ID" column="USER_ID" />
            <result property="USER_NICKNAME" column="USER_NICKNAME" />
            <result property="USER_CITY" column="USER_CITY" />
            <result property="USER_COUNTRY" column="USER_COUNTRY" />
            <result property="USER_PROVINCE" column="USER_PROVINCE" />
<collection property="order" javaType="list" ofType="cn.gskeju.pojo.Order">
                <id property="orderId" column="OrderID" />
                <result property="orderCode" column="OrderCode" />
                <result property="userId" column="Order_UserID" />
                <result property="createtime" column="Order_CreatTime" />
                <result property="note" column="Order_Note" />
            </collection>
    </resultMap>
    <select id="selectUserOrder" resultMap="userOrderResultMap">
            SELECT
                    USER_NICKNAME,USER_CITY,USER_COUNTRY,USER_PROVINCE,
                    OrderID,Order_UserID,orderCode,Order_CreatTime,Order_Note
            FROM
            SA_USER LEFT JOIN SA_ORDER  ON Order_UserID = USER_ID
    </select>
</mapper>
```

向 sqlMapConfig.xml 中添加如下代码：

```xml
<mappers>
        <!--<mapper resource="sqlmap/User.xml"/>-->
        <!--<mapper resource="sqlmap/Order.xml"/>-->
        <mapper resource="mapper/OrderMapper.xml" />
        <mapper resource="mapper/UserMapper.xml" />
</mappers>
```

在 config → mapper 目录下，创建名为 UserMapper.java 的接口类，示例代码如下：

```java
public interface UserMapper {
    List<User> selectUserOrder();
}
```

在 src → cn.gskeju.test 目录下创建名为 UserTest.java 的测试类，示例代码如下：

```java
public class UserTest {
    private SqlSessionFactory sqlSessionFactory;
    @Before
    public void init() throws Exception {
            SqlSessionFactoryBuilder sqlSessionFactoryBuilder = new SqlSessionFactoryBuilder();
            InputStream inputStream = Resources.getResourceAsStream("SqlMapConfig.xml");
            this.sqlSessionFactory = sqlSessionFactoryBuilder.build(inputStream);
    }
    @Test
    public void testQueryUserOrder() {
            SqlSession sqlSession = this.sqlSessionFactory.openSession();
            UserMapper userMapper = sqlSession.getMapper(UserMapper.class);
            List<User> list = userMapper.selectUserOrder();
            for (User u : list) {
                    System.out.println(u);
            }
            sqlSession.close();
    }
}
```

在控制台可以看到如下执行测试程序的日志信息：

> DEBUG [main] - ==> Preparing: SELECT USER_NICKNAME, USER_CITY, USER_COUNTRY, USER_PROVINCE, OrderID, Order_UserID, orderCode, Order_CreatTime, Order_Note FROM SA_USER LEFT JOIN SA_ORDER ON Order_UserID = USER_ID
>
> DEBUG [main] - ==> Parameters:
>
> DEBUG [main] - <==     Total: 3
>
> User [USER_ID=null, USER_NICKNAME=tearpit, USER_GENDER=null, USER_CITY=Lanzhou, USER_COUNTRY=China, USER_AVATARURL=null, USER_PROVINCE=Gansu, USER_OPENID=null,
>
>  order=[Order [orderId=1, orderCode=2020092712312, userId=200309C6T8R7Y7MW, createtime=Wed Mar 10 10:16:02 CST 2021, note=null]]
>
> User [USER_ID=null, USER_NICKNAME=tearpit, USER_GENDER=null, USER_CITY=Lanzhou, USER_COUNTRY=China, USER_AVATARURL=null, USER_PROVINCE=Gansu,USER_OPENID=null,
>
>  order=[Order [orderId=2, orderCode=2020092854572, userId=200309C6T8R7Y7MW,, createtime=Wed Mar 10 10:16:58 CST 2021, note=null]]
>
> User [USER_ID=null, USER_NICKNAME=everday, USER_GENDER=null, USER_CITY=Wuwei, USER_COUNTRY=China, USER_AVATARURL=null, USER_PROVINCE=Gansu, USER_OPENID=null,order=[]]

### 5.10.3 多对多

项目开发中存在多对多关系，如一个订单对应多种商品、一种商品对应多个订单、一个学生对应多个选修课、一个选修课对应多个学生等。这种多对多的级联关系就需要使用一个中间表将它们转换为两个一对多的关系。

在之前 MyBatis 数据库中创建名为 SA_GOODS 的表，示例代码如下：

```sql
create table SA_GOODS
(
    GoodsID         int             identity(1,1)   not null   primary key,   -- 商品 ID, 设置为主键
    GoodsName       varchar(60)     null,                                     -- 商品名称
    Goods_Price     decimal(18, 0)  null,                                     -- 商品价格
    Goods_CreatTime datetime        null      default(getDate()) ,            -- 商品创建时间
    Goods_Note      varchar(600)    null,                                     -- 商品备注
)
Insert into SA_GOODS(GoodsName,Goods_Price,Goods_Note)
            values(' 文献平台阅读卡 ', '0' ,' 服务机构：甘肃省科学技术情报研究所 ');
            Insert into SA_GOODS(GoodsName,Goods_Price,Goods_Note)
```

```
                values('专利信息服务','600','服务机构：甘肃省知识产权事务中心');
                Insert into SA_GOODS(GoodsName,Goods_Price,Goods_Note)
                values('免疫学实验检测','300','服务机构：兰州大学');

    create table SA_ORDERE_GOODS
    (
                MID    int    identity(1,1)  not null  primary key,  --ID,设置为主键
                OrderID    int    not null,    -- 订单 ID,设置为主键
                GoodsID    int    not null,    -- 商品 ID,设置为主键
                )
    Insert into SA_ORDERE_GOODS(OrderID,GoodsID)
                values(1,1);
                Insert into SA_ORDERE_GOODS(OrderID,GoodsID)
                values(1,3);
                Insert into SA_ORDERE_GOODS(OrderID,GoodsID)
                values(2,1);
                Insert into SA_ORDERE_GOODS(OrderID,GoodsID)
                values(2,2);
                Insert into SA_ORDERE_GOODS(OrderID,GoodsID)
                values(2,3);
```

在 src--->cn.gskeju.pojo 目录下创建名为 Goods.java 的 POJO 类，示例代码如下：

```java
public class Goods {
    private int goodsId;// 商品 ID,设置为主键
    private String goodsName;// 商品名称
    private double GoodsPrice;// 商品价格
    private Date createtime;// 商品创建时间
    private String goodsNote;// 商品备注
    private List<Order> order;// 商品和订单为多对多关系
    public int getGoodsId() {
            return goodsId;
    }
    public void setGoodsId(int goodsId) {
            this.goodsId = goodsId;
    }
    public String getGoodsName() {
```

```java
            return goodsName;
    }
    public void setGoodsName(String goodsName) {
            this.goodsName = goodsName;
    }
    public double getGoodsPrice() {
            return GoodsPrice;
    }
    public void setGoodsPrice(double goodsPrice) {
            GoodsPrice = goodsPrice;
    }
    public Date getCreatetime() {
            return createtime;
    }
    public void setCreatetime(Date createtime) {
            this.createtime = createtime;
    }
    public String getGoodsNote() {
            return goodsNote;
    }
    public void setGoodsNote(String goodsNote) {
            this.goodsNote = goodsNote;
    }
    public List<Order> getOrder() {
            return order;
    }
    public void setOrder(List<Order> order) {
            this.order = order;
    }
    @Override
    public String toString() {
            return "Goods [goodsId=" + goodsId + ", goodsName=" + goodsName
                    + ", GoodsPrice=" + GoodsPrice + ", createtime=" +createtime+
", goodsNote=" + goodsNote + "]\n"";
    }
}
```

在 Order.java 的 POJO 类中添加如下代码：

```java
private List<Goods> goods;// 商品和订单为多对多关系
    public List<Goods> getGoods() {
            return goods;
    }
    public void setGoods(List<Goods> goods) {
            this.goods = goods;
    }
@Override
    public String toString() {
            return "Order [orderId=" + orderId + ", orderCode=" + orderCode
            + ", userId=" + userId + ", createtime=" + createtime+ ", note="
+ note + ", user=" + user + ",\n goods=" + goods+ "]";
}
```

在 OrderMapper.xml 的映射文件添加如下代码：

```xml
    <resultMap type="cn.gskeju.pojo.Order" id="ordersGoodsInfo">
            <id property="orderId" column="OrderID"></id>
        <result property="orderCode" column="OrderCode"></result>
            <!-- 多表关联映射 -->
            <collection property="goods" ofType="cn.gskeju.pojo.Goods">
                    <id property="goodsId" column="GoodsID"></id>
        <result property="goodsName" column="goodsName"></result>
            </collection>
    </resultMap>

<select id="goodsInfo" parameterType="int"
resultMap="ordersGoodsInfo">
      select  o.orderId,o.orderCode,g.goodsId,g.goodsName
from SA_ORDER o
inner join SA_ORDERE_GOODS og on  o.[OrderID]=og.[OrderID]
inner join SA_GOODS g ON  g.[GoodsID]=og.[GoodsID]
where og.[OrderID]=#{orderId}
 </select>
```

在 OrderMapper.java 的接口类中添加如下代码：

```java
List<Order> goodsInfo(int id);
```

在 OrderTest.java 的测试类中添加如下代码：

```java
@Test
    public void selectOrderGoods() {
        SqlSession sqlSession = this.sqlSessionFactory.openSession();
        OrderMapper orderMapper = sqlSession.getMapper(OrderMapper.class);
        List<Order> list = orderMapper.goodsInfo(1);
        for (Order o : list) {
            System.out.println( o);
        }
        sqlSession.close();
    }
```

在控制台可以看到如下执行测试程序的日志信息：

```
DEBUG [main] - ==>  Preparing: select o.orderId,orderCode,g.goodsId,goodsName from SA_ORDER o inner join SA_ORDERE_GOODS og on o.[OrderID]=og.[OrderID] inner join SA_GOODS g ON g.[GoodsID]=og.[GoodsID] where og.[OrderID]=?
DEBUG [main] - ==> Parameters: 1(Integer)
DEBUG [main] - <==      Total: 2
Order [orderId=1, orderCode=20200927123112, userId=null,, createtime=null, note=null, goods=[Goods [goodsId=1, goodsName= 文献平台阅读卡, GoodsPrice=0.0, createtime=null, goodsNote=null], Goods [goodsId=3, goodsName= 免疫学实验检测, GoodsPrice=0.0, createtime=null, goodsNote=null]  ]]
```

## 5.11 MyBatis 事务管理

### 5.11.1 事务

事务（Transaction）是指访问并可能更新数据库中各种数据项的一个程序执行单元。例如，在关系数据库中，一个事务可以是一条 SQL 语句、一组 SQL 语句或整个程序。事务是恢复和并发控制的基本单位。

事务的四大特性包括原子性(Atomicity)、一致性(Correspondence)、隔离性(Isolation)、持久性(Durability)，简称 ACID，具体描述如下。

①原子性（Atomicity），一个事务是一个不可分割的工作单位，事务中包括的操作要么都做，要么都不做。

②一致性（Consistency），事务必须是使数据库从一个一致性状态变到另一个一致性状态。一致性与原子性是密切相关的。

③隔离性（Isolation），一个事务的执行不被其他事务干扰，即一个事务内部的操作及使用的数据对并发的其他事务是隔离的，并发执行的各个事务之间不能互相干扰。

④持久性（Durability），也称永久性（Permanence），指一个事务一旦提交，它对数据库中数据的改变就应该是永久性的。接下来的其他操作或故障不应该对其产生任何影响。

### 5.11.2 MyBatis 事务管理策略

（1）使用实现的 JDBC 管理方式

利用 MyBatis 中的 java.sql.Connection 对象可通知 transaction 提交、回滚及关闭。

（2）使用 MANAGED 的事务管理机制

其事务操作可交由外部容器来管理，如 Spring 容器、Web 容器等。

### 5.11.3 Transaction 接口

Transaction 接口中包括 JdbcTransaction、ManagedTransaction 这两个实现类。Transaction 接口定义了获取 Connection 连接、提交、回滚和关闭的方法，具体代码如下：

```
public interface Transaction {
    // 获取数据库的连接
            Connection getConnection() throws SQLException;
    // 事务提交
            void commit() throws SQLException;
    // 事务回滚
            void rollback() throws SQLException;
    // 关闭数据库连接
            void close() throws SQLException;
    }
```

### 5.11.4 事务的配置、创建和事务工厂

（1）事务的配置

SqlMapConfig.xml 中的部分配置信息如下：

```
<environments default="development">
        <environment id="development">
                <transactionManager type="JDBC" />
                <dataSource type="POOLED">
                        <property name="driver" value="com.microsoft.sqlserver.jdbc.SQLServerDriver" />
```

```xml
                    <property name="url"
value="jdbc:sqlserver://localhost:1433;databaseName=mybatis" />
                    <property name="username" value="sa" />
                    <property name="password" value="123456" />
                </dataSource>
            </environment>
        </environments>
```

<environments> 元素的作用是配置数据库信息；<transactionManager> 元素的作用是配置事务管理，可以配置 JDBC 事务管理和 MANAGED 事务管理。上面示例为 JDBC 事务管理。

（2）事务的创建

MyBatis 事务的创建交由 org.apache.ibatis.transaction.TransactionFactory 事务工厂完成。在 <transactionManager> 标签中，如果 type 属性配置为 JDBC，那么 MyBatis 会创建一个 JdbcTransactionFactory；如果 type 属性配置为 MANAGED，那么 MyBatis 会创建一个 MangedTransactionFactory。

（3）事务工厂

事务工厂（TransactionFactory）可通过指定的 Connection 对象或数据源 DataSource 来创建 Transaction。与 JDBC 和 MANAGED 两种 Transaction 相对应，TransactionFactory 有两个对应的实现子类，如图 5-14 所示。

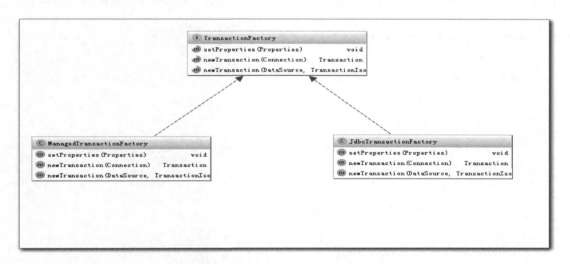

图 5-14　事务工厂 TransactionFactory

下面以 JdbcTransaction 代码为例说明 JdbcTransactionFactory 是如何生成 JdbcTransaction 的，示例代码如下：

```java
public class JdbcTransactionFactory implements TransactionFactory {
    public void setProperties(Properties props) {}
    // 根据给定的数据库连接 Connection 创建 Transaction
    public Transaction newTransaction(Connection conn) {
      return new JdbcTransaction(conn);
    }
    // 根据 DataSource、隔离级别和是否自动提交创建 Transacion
    public Transaction newTransaction(DataSource ds,
TransactionIsolationLevel level, boolean autoCommit) {
        return new JdbcTransaction(ds, level, autoCommit);
    }
}
```

（4）JdbcTransaction

JdbcTransaction 直接使用 JDBC 的提交和回滚事务管理机制。它依赖与从 dataSource 中取得的连接 connection 来管理 transaction 的作用域，connection 对象的获取被延迟到调用 getConnection()。如果 autocommit 设置为 on 开启状态的话，将会忽略 commit 和 rollback。

直观讲，JdbcTransaction 是使用 java.sql.Connection 的 commit 和 rollback 功能，JdbcTransaction 相当于对 java.sql.Connection 事务处理进行了一次包装（wrapper），Transaction 的事务管理都是通过 java.sql.Connection 实现的。JdbcTransaction 的代码如下：

```java
public class JdbcTransaction implements Transaction {
    private static final Log log =
LogFactory.getLog(JdbcTransaction.class);
    // 1. 数据库连接
    protected Connection connection;
    // 2. 数据源
    protected DataSource dataSource;
    // 3. 隔离级别
    protected TransactionIsolationLevel level;
    // 4. 是否为自动提交
    protected boolean autoCommmit;
     public JdbcTransaction(DataSource ds, TransactionIsolationLevel desiredLevel, boolean desiredAutoCommit) {
        dataSource = ds;
        level = desiredLevel;
```

```java
    autoCommmit = desiredAutoCommit;
  }
  public JdbcTransaction(Connection connection) {
    this.connection = connection;
  }
  public Connection getConnection() throws SQLException {
    if (connection == null) {
      openConnection();
    }
    return connection;
  }
  //commit() 功能使用 connection 的 commit()
  public void commit() throws SQLException {
    if (connection != null && !connection.getAutoCommit()) {
      if (log.isDebugEnabled()) {
        log.debug("Committing JDBC Connection [" + connection + "]");
      }
      connection.commit();
    }
  }
  //rollback() 功能使用 connection 的 rollback()
  public void rollback() throws SQLException {
    if (connection != null && !connection.getAutoCommit()) {
      if (log.isDebugEnabled()) {
        log.debug("Rolling back JDBC Connection [" + connection + "]");
      }
      connection.rollback();
    }
  }
  //close() 功能使用 connection 的 close()
  public void close() throws SQLException {
    if (connection != null) {
      resetAutoCommit();
      if (log.isDebugEnabled()) {
        log.debug("Closing JDBC Connection [" + connection + "]");
      }
```

```java
      connection.close();
    }
  }
    protected void setDesiredAutoCommit(boolean desiredAutoCommit) {
      try {
        if (connection.getAutoCommit() != desiredAutoCommit) {
          if (log.isDebugEnabled()) {
            log.debug("Setting autocommit to " + desiredAutoCommit + " on JDBC Connection [" + connection + "]");
          }
          connection.setAutoCommit(desiredAutoCommit);
        }
      } catch (SQLException e) {
        throw new TransactionException("Error configuring AutoCommit. "
            + "Your driver may not support getAutoCommit() or setAutoCommit(). "
            + "Requested setting: " + desiredAutoCommit + ".  Cause: " + e, e);
      }
    }
    protected void resetAutoCommit() {
      try {
        if (!connection.getAutoCommit()) {
          if (log.isDebugEnabled()) {
            log.debug("Resetting autocommit to true on JDBC Connection [" + connection + "]");
          }
          connection.setAutoCommit(true);
        }
      } catch (SQLException e) {
        log.debug("Error resetting autocommit to true "
            + "before closing the connection.  Cause: " + e);
      }
    }
    protected void openConnection() throws SQLException {
      if (log.isDebugEnabled()) {
        log.debug("Opening JDBC Connection");
      }
      connection = dataSource.getConnection();
```

```
            if (level != null) {
              connection.setTransactionIsolation(level.getLevel());
            }
            setDesiredAutoCommit(autoCommmit);
          }
        }
```

（5）ManagedTransaction

ManagedTransaction 让容器来管理事务 Transaction 的整个生命周期，即使用 ManagedTransaction 的 commit 和 rollback 功能不会对事务有任何的影响，ManagedTransaction 将事务管理的权利移交给容器来实现。ManagedTransaction 的代码如下：

```
    /**
     * 让容器管理事务 transaction 的整个生命周期
     * connection 的获取延迟到 getConnection() 方法的调用
     * 忽略所有的 commit 和 rollback 操作
     * 默认情况下，可以关闭一个连接 connection，也可以配置它不可以关闭一个连接
     * 让容器来管理 transaction 的整个生命周期
     */
    public class ManagedTransaction implements Transaction {
      private static final Log log =
    LogFactory.getLog(ManagedTransaction.class);
      private DataSource dataSource;
      private TransactionIsolationLevel level;
      private Connection connection;
      private boolean closeConnection;
      public ManagedTransaction(Connection connection, boolean closeConnection) {
        this.connection = connection;
        this.closeConnection = closeConnection;
      }
      public ManagedTransaction(DataSource ds, TransactionIsolationLevel level, boolean closeConnection) {
        this.dataSource = ds;
        this.level = level;
        this.closeConnection = closeConnection;
      }
      public Connection getConnection() throws SQLException {
        if (this.connection == null) {
```

```
        openConnection();
    }
     return this.connection;
}
public void commit() throws SQLException {}
public void rollback() throws SQLException { }
public void close() throws SQLException {
  if (this.closeConnection && this.connection != null) {
    if (log.isDebugEnabled()) {
      log.debug("Closing JDBC Connection [" + this.connection + "]");
    }
    this.connection.close();
  }
}

protected void openConnection() throws SQLException {
  if (log.isDebugEnabled()) {
    log.debug("Opening JDBC Connection");
  }
  this.connection = this.dataSource.getConnection();
  if (this.level != null) {
this.connection.setTransactionIsolation(this.level.getLevel());
  }
 }
}
```

注意：如果我们使用 MyBatis 构建的本地程序为非 Web 程序，若将 type 设置成 "MANAGED"，那么，执行任何 update 操作时，即便我们最后执行了 commit 操作，数据也不会保留，且对数据库不会造成任何影响。因为我们将 MyBatis 配置成了 "MANAGED"，即 MyBatis 自己不管理事务，但我们又在运行本地程序，没有事务管理功能，所以对数据库的 update 操作是无效的。

## 5.12  MyBatis 缓存

### 5.12.1  一级缓存

一级缓存是指 MyBatis 中 SqlSession 对象的缓存。当我们执行查询之后，查询的结果会同时存入 sqlSession 为我们提供的区域。该区域的结构是 Map，当我们再次查询同样的数据，MyBatis 会先在 SQLSession 中查询是否存在，若存在便直接拿出来使用。当 SqlSession 对象消失时，MyBatis 的一级缓存也便消失了。

如果中间 sqlSession 去执行 commit 操作（插入、更新、删除），则会清空 SqlSession

中的一级缓存,这样做的目的是保证缓存中存储的信息是最新的,避免脏读。

示例:一级缓存。

将 5.3.7 测试程序进行如下改写:

```java
public class MybatisTest {
    @Test
    public void testQueryUserById() throws Exception {
        SqlSessionFactoryBuilder sqlSessionFactoryBuilder = new SqlSessionFactoryBuilder();
        InputStream inputStream = Resources.getResourceAsStream("SqlMapConfig.xml");
        SqlSessionFactory sqlSessionFactory = sqlSessionFactoryBuilder.build(inputStream);
        SqlSession sqlSession = sqlSessionFactory.openSession();
        Object user1 = sqlSession.selectOne("queryUserById", "200309C6T8R7Y7MW");
        Object user2 = sqlSession.selectOne("queryUserById", "200309C6T8R7Y7MW");
        System.out.println(user1.toString());
        System.out.println(user2.toString());
        sqlSession.close();
    }
}
```

控制台打印信息如下:

```
DEBUG [main] - ==>  Preparing: SELECT * FROM SA_USER WHERE USER_ID = ?
DEBUG [main] - ==> Parameters: 200309C6T8R7Y7MW(String)
DEBUG [main] - <==      Total: 1
User [USER_ID=200309C6T8R7Y7MW, USER_NICKNAME=smile, USER_GENDER=2, USER_CITY=Lanzhou, USER_COUNTRY=China, USER_AVATARURL=https://wx.qlogo.cn/mmopen/vi_32/QicHQvXgVQfwmyUqIiauuot28 ibbnQ03DeWrWP, USER_PROVINCE=Gansu, USER_OPENID=o4ugR5bACFUOwaNiPq6Vkmxyi3D0:,
    order=null]
User [USER_ID=200309C6T8R7Y7MW, USER_NICKNAME=smile, USER_GENDER=2, USER_CITY=Lanzhou, USER_COUNTRY=China, USER_AVATARURL=https://wx.qlogo.cn/mmopen/vi_32/
```

QicHQvXgVQfwmyUqIiauuot28 ibbnQ03DeWrWP, USER_PROVINCE=Gansu, USER_OPENID=o4ugR5b ACFUOwaNiPq6Vkmxyi3D0:,
　　order=null]

由上可知，进行了两次查询，实际只输出了一次查询的 sql 语句，第二次获取的 user 对象并没有执行 sql 语句，而是由 MyBatis 的一级缓存提供的。

将 5.3.7 测试程序再次进行如下改写：

```java
public class MybatisTest {
    @Test
    public void testQueryUserById() throws Exception {
        SqlSessionFactoryBuilder sqlSessionFactoryBuilder = new SqlSessionFactoryBuilder();
        InputStream inputStream = Resources.getResourceAsStream("SqlMapConfig.xml");
        SqlSessionFactory sqlSessionFactory = sqlSessionFactoryBuilder.build(inputStream);
        SqlSession sqlSession = sqlSessionFactory.openSession();
        Object user1 = sqlSession.selectOne("queryUserById", "200309C6T8R7Y7MW");
        System.out.println(user1.toString());
        // 释放资源，并且再次创建一个 sqlSession
        sqlSession.close();

        SqlSessionFactoryBuilder sqlSessionFactoryBuilder2 = new SqlSessionFactoryBuilder();
        InputStream inputStream2 = Resources.getResourceAsStream("SqlMapConfig.xml");
        SqlSessionFactory sqlSessionFactory2 = sqlSessionFactoryBuilder2.build(inputStream2);
        SqlSession sqlSession2 = sqlSessionFactory2.openSession();
        Object user2 = sqlSession2.selectOne("queryUserById", "200309C6T8R7Y7MW");
        System.out.println(user2.toString());
        sqlSession.close();
    }
}
```

控制台打印信息如下：

> DEBUG [main] - ==> Preparing: SELECT * FROM SA_USER WHERE USER_ID = ?
> DEBUG [main] - ==> Parameters: 200309C6T8R7Y7MW(String)
> DEBUG [main] - <==      Total: 1
> User [USER_ID=200309C6T8R7Y7MW, USER_NICKNAME=smile, USER_GENDER=2, USER_CITY=Lanzhou, USER_COUNTRY=China, USER_AVATARURL=https://wx.qlogo.cn/mmopen/vi_32/QicHQvXgVQfwmyUqIiauuot28 ibbnQ03DeWrWP, USER_PROVINCE=Gansu, USER_OPENID=o4ugR5bACFUOwaNiPq6Vkmxyi3D0:,
>  order=null]
> DEBUG [main] - Resetting autocommit to true on JDBC Connection [ConnectionID:1]
> DEBUG [main] - Closing JDBC Connection [ConnectionID:1]
> DEBUG [main] - Returned connection 1720562267 to pool.
> DEBUG [main] - Opening JDBC Connection
> DEBUG [main] - Checked out connection 1720562267 from pool.
> DEBUG [main] - Setting autocommit to false on JDBC Connection [ConnectionID:1]
> DEBUG [main] - ==> Preparing: SELECT * FROM SA_USER WHERE USER_ID = ?
> DEBUG [main] - ==> Parameters: 200309C6T8R7Y7MW(String)
> DEBUG [main] - <==      Total: 1
> User [USER_ID=200309C6T8R7Y7MW, USER_NICKNAME=smile, USER_GENDER=2, USER_CITY=Lanzhou, USER_COUNTRY=China, USER_AVATARURL=https://wx.qlogo.cn/mmopen/vi_32/QicHQvXgVQfwmyUqIiauuot28 ibbnQ03DeWrWP, USER_PROVINCE=Gansu, USER_OPENID=o4ugR5bACFUOwaNiPq6Vkmxyi3D0:,
>  order=null]

由上可知，执行了两次 sql 语句，当 SqlSession 对象消失时，MyBatis 的一级缓存也就消失了。

### 5.12.2 二级缓存

二级缓存的原理和一级缓存的相同，第一次查询会将数据放入缓存，然后第二次查询则会直接去缓存中查询。但是一级缓存是基于 sqlSession 的，而二级缓存是基于 mapper 的 namespace，也就是说多个 sqlSession 可以共享一个 mapper 中的二级缓存区域，并且如果两个 mapper 的 namespace 相同，即使是两个 mapper，那么这两个 mapper 中执行 sql 查询到的数据也将存在相同的二级缓存区域中如图 5-15 所示。

图 5-15 mapper 的二级缓存

示例：二级缓存

和一级缓存默认开启有所不同，二级缓存需要手动开启。

在 SqlMapConfig.xml 中添加如下代码：

```
<settings>
    <setting name="cacheEnabled" value="true"/>
</settings>
```

注意：<settings> 必须放在 <environments> 前，<configuration> 中子标签的顺序为 properties->settings->typeAliases->typeHandlers->objectFactory->objectWrapperFactory->plugins->environments->databaseProvider->mappers。

在 UserMapper.xml 映射文件中开启缓存，示例代码如下：

```
<cache></cache>
<select id="selectUserByUserId" parameterType="int"
        resultType="cn.gskeju.pojo.User">
    SELECT * FROM SA_USER WHERE USER_ID = #{id}
</select>
<update id="updateUserByUserId" parameterType="cn.gskeju.pojo.User">
    UPDATE SA_USER SET
    USER_NICKNAME = #{USER_NICKNAME} WHERE USER_ID = #{USER_ID}
</update>
```

在 UserMapper.java 中添加示例代码如下：

```
User selectUserByUserId(String id);
void updateUserByUserId(User u);
```

对 User.java 的 pojo 类实现序列化，部分代码如下：

```
public class User implements Serializable { ...}
```

测试二级缓存和 sqlSession 无关。

在 UserTest.java 中添加如下代码：

```java
@Test
public void testTwoCache(){
    SqlSession sqlSession1 = this.sqlSessionFactory.openSession();
    SqlSession sqlSession2 = this.sqlSessionFactory.openSession();
    String statement= "com.ys.twocache.UserMapper.selectUserByUserId";
    UserMapper userMapper1=sqlSession1.getMapper(UserMapper.class);
    UserMapper userMapper2 = sqlSession2.getMapper(UserMapper.class);
    User u1 = userMapper1.selectUserByUserId("200309C6T8R7Y7MW");
    System.out.println(u1);
    sqlSession1.close();// 第一次查询完后关闭 sqlSession
    User u2 = userMapper2.selectUserByUserId("200309C6T8R7Y7MW");
    System.out.println(u2);
    sqlSession2.close();
}
```

控制台输出信息如下：

```
DEBUG [main] - ==>  Preparing: SELECT * FROM SA_USER WHERE USER_ID = ?
DEBUG [main] - ==> Parameters: 200309C6T8R7Y7MW(String)
DEBUG [main] - <==      Total: 1
User [USER_ID=200309C6T8R7Y7MW, USER_NICKNAME=smile, USER_GENDER=2, USER_CITY=Lanzhou, USER_COUNTRY=China, USER_AVATARURL=https://wx.qlogo.cn/mmopen/vi_32/QicHQvXgVQfwmyUqIiauuot28 ibbnQ03DeWrWP, USER_PROVINCE=Gansu, USER_OPENID=o4ugR5bACFUOwaNiPq6Vkmxyi3D0:,
  order=null]
DEBUG [main] - Resetting autocommit to true on JDBC Connection [ConnectionID:1]
DEBUG [main] - Closing JDBC Connection [ConnectionID:1]
DEBUG [main] - Returned connection 582342264 to pool.
DEBUG [main] - Cache Hit Ratio [mapper.UserMapper]: 0.5
User [USER_ID=200309C6T8R7Y7MW, USER_NICKNAME=smile, USER_GENDER=2, USER_CITY=Lanzhou, USER_COUNTRY=China, USER_AVATARURL=https://wx.qlogo.cn/mmopen/vi_32/QicHQvXgVQfwmyUqIiauuot28 ibbnQ03DeWrWP, USER_PROVINCE=Gansu, USER_OPENID=o4ugR5bACFUOwaNiPq6Vkmxyi3D0:,
  order=null]
```

由上可知，第一个 sqlSession 关闭了，第二次查询依然不发出 sql 语句。测试执行 commit() 操作，二级缓存数据清空。

在 UserTest.java 中添加如下代码：

```java
@Test
public void testTwoCache2(){
    SqlSession sqlSession1 = this.sqlSessionFactory.openSession();
    SqlSession sqlSession2 = this.sqlSessionFactory.openSession();
    SqlSession sqlSession3 = this.sqlSessionFactory.openSession();
    String statement = "com.ys.twocache.UserMapper.selectUserByUserId";
    UserMapper userMapper1=sqlSession1.getMapper(UserMapper.class);
    UserMapper userMapper2=sqlSession2.getMapper(UserMapper.class);
    UserMapper userMapper3=sqlSession2.getMapper(UserMapper.class);
    // 1. 第一次查询
    User u1 = userMapper1.selectUserByUserId("200309C6T8R7Y7MW");
    System.out.println(u1);
    sqlSession1.close();
    // 2. 执行更新操作，commit()
    u1.setUSER_NICKNAME("aaa");
    userMapper3.updateUserByUserId(u1);
    sqlSession3.commit();
    // 3. 第二次查询
    User u2 = userMapper2.selectUserByUserId("200309C6T8R7Y7MW");
    System.out.println(u2);
    sqlSession2.close();
}
```

控制台输出信息如下：

```
DEBUG [main] - ==>  Preparing: SELECT * FROM SA_USER WHERE USER_ID = ?
DEBUG [main] - ==> Parameters: 200309C6T8R7Y7MW(String)
DEBUG [main] - <==      Total: 1
User [USER_ID=200309C6T8R7Y7MW, USER_NICKNAME=smile, USER_GENDER=2, USER_CITY=Lanzhou, USER_COUNTRY=China, USER_AVATARURL=https://wx.qlogo.cn/mmopen/vi_32/QicHQvXgVQfwmyUqIiauuot28 ibbnQ03DeWrWP, USER_PROVINCE=Gansu, USER_OPENID=o4ugR5bACFUOwaNiPq6Vkmxyi3D0:,
   order=null]
DEBUG [main] - Resetting autocommit to true on JDBC Connection [ConnectionID:1]
```

> DEBUG [main] - Closing JDBC Connection [ConnectionID:1]
> DEBUG [main] - Returned connection 749136325 to pool.
> DEBUG [main] - Opening JDBC Connection.
> DEBUG [main] - Checked out connection 749136325 from pool.
> DEBUG [main] - Setting autocommit to false on JDBC Connection [ConnectionID:1]
> DEBUG [main] - ==>Preparing: UPDATE SA_USER SET USER_NICKNAME= WHERE USER_ID = ?
> DEBUG [main] - ==> Parameters: aaa(String), 200309C6T8R7Y7MW(String)
> DEBUG [main] - <==    Updates: 1
> DEBUG [main] - Cache Hit Ratio [mapper.UserMapper]: 0.5
> DEBUG [main] - ==> Preparing: SELECT * FROM SA_USER WHERE USER_ID = ?
> DEBUG [main] - ==> Parameters: 200309C6T8R7Y7MW(String)
> DEBUG [main] - <==    Total: 1
> User [USER_ID=200309C6T8R7Y7MW, USER_NICKNAME=aaa, USER_GENDER=2, USER_CITY=Lanzhou, USER_COUNTRY=China, USER_AVATARURL=https://wx.qlogo.cn/mmopen/vi_32/QicHQvXgVQfwmyUqIiauuot28_ibbnQ03DeWrWP, USER_PROVINCE=Gansu, USER_OPENID=o4ugR5bACFUOwaNiPq6Vkmxyi3D0:,
>     order=null]

由此可知，第一次查询，发出 sql 语句，并将查询的结果放入缓存，但执行更新操作后第二次查询，由于上次更新操作，缓存数据已清空（防止数据脏读），因此必须再次发出 sql 语句。

## 5.13 MyBatis 整合 Spring

### 5.13.1 创建 Java 工程

第一步，打开 MyEclipse 软件，点击左上角的"File"→"New"→"Java Project"。

第二步，创建名为"MyBatisSpring"的项目，myeclipse 里面有自带的 jre，这里我们选择 1.7 版本，然后点击"Finish"完成创建。

### 5.13.2 导入 jar 包

（1）MyBatis 框架所需的 jar 包

MyBatis 框架所需的 jar 包有 asm-5.2.jar、cglib-3.2.5.jar、commons-logging-1.2.jar、javassist-3.22.0-GA.jar、log4j-1.2.17.jar、log4j-api-2.3.jar、log4j-core-2.3.jar、slf4j-api-1.7.25.jar、slf4j-log4j12-1.7.25.jar、mybatis-3.4.6.jar、jstl-1.2.jar、junit-4.13.1.jar。

（2）Spring 框架所需的 jar 包

Spring 框架所需的 jar 包有 aopalliance-1.0.jar、spring-tx-4.2.9.RELEASE.jar、spring-context-support-4.2.9.RELEASE.jar、spring-aop-4.2.9.RELEASE.jar、spring-aspects-

4.2.9.RELEASE.jar、spring-beans-4.2.9.RELEASE.jar、spring-context-4.2.9.RELEASE.jar、spring-core-4.2.9.RELEASE.jar、spring-web-4.2.9.RELEASE.jar、spring-jms-4.2.9.RELEASE.jar、spring-expression-4.2.9.RELEASE.jar、spring-jdbc-4.2.9.RELEASE.jar、spring-messaging-4.2.9.RELEASE.jar、spring-webmvc-4.2.9.RELEASE.jar、aspectjweaver-1.9.6.jar。

（3）MyBatis 框架与 Spring 框架整合的中间 jar 包

MyBatis 框架与 Spring 框架整合的中间 jar 包有 mybatis-spring-1.3.1.jar。

（4）数据库驱动 jar 包

数据库驱动 jar 包有 msbase.jar、mssqlserver.jar、msutil.jar、ojdbc14.jar、sqljdbc4-2.0.jar。

（5）数据源所需 jar 包

数据源所需 jar 包有 commons-pool-1.6.jar、commons-dbcp-1.4.jar。

项目右击"New"→"Folder"，创建名为 lib 的文件，将上述所述的 jar 包复制到 lib 文件下，选中全部 jar 包右击"build Path"→"Add to Build Path"，如图 5-16 所示。

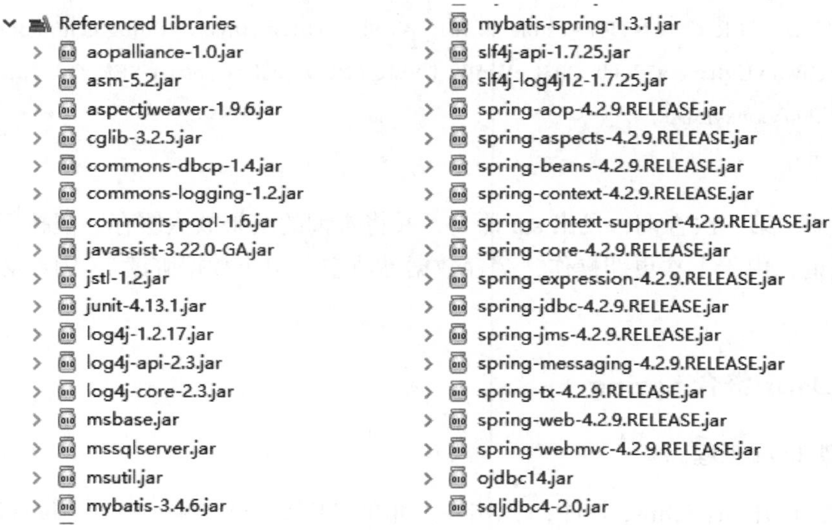

图 5-16 导入 jar 包

## 5.13.3 加载配置文件

创建资源文件夹 config。项目右击"New"→"Source Folder"。创建名为 config 的文件，将所有配置文件写在其下。

（1）SqlMapConfig.xml

创建 MyBatis 配置文件。src 文件夹右击"new"→"xml"，创建名为"SqlMapConfig.xml"的配置文件，具体代码如下：

```xml
<?xml version="1.0" encoding="UTF-8" ?>
<!DOCTYPE configuration
PUBLIC "-//mybatis.org//DTD Config 3.0//EN"
"http://mybatis.org/dtd/mybatis-3-config.dtd">
<configuration>
    <typeAliases>
            <package name="cn.gskeju.pojo" />
    </typeAliases>
    <mappers>
            <package name="cn.gskeju.mapper"/>
    </mappers>
</configuration>
```

其中，<typeAliases> 为指定扫描包，会为包内所有的类设置别名，别名就是类名；<mappers> 作用为对包下的所有 mapper 接口的引入。

（2）applicationContext.xml

创建 Spring 配置文件。该配置文件中主要配置数据源、MyBatis 工厂及 Mapper 代理开发等信息。

Src 文件夹右击 "new" → "xml"，创建名为 "applicationContext.xml" 的配置文件，具体代码如下：

```xml
<?xml version="1.0" encoding="UTF-8"?>
<beans xmlns="http://www.springframework.org/schema/beans"
    xmlns:context="http://www.springframework.org/schema/context" xmlns:p="http://www.springframework.org/schema/p"
    xmlns:aop="http://www.springframework.org/schema/aop" xmlns:tx="http://www.springframework.org/schema/tx"
    xmlns:xsi="http://www.w3.org/2001/XMLSchema-instance"
    xsi:schemaLocation="http://www.springframework.org/schema/beans http://www.springframework.org/schema/beans/spring-beans-4.0.xsd
    http://www.springframework.org/schema/context http://www.springframework.org/schema/context/spring-context-4.0.xsd
    http://www.springframework.org/schema/aop http://www.springframework.org/schema/aop/spring-aop-4.0.xsd
    http://www.springframework.org/schema/tx http://www.springframework.org/schema/tx/spring-tx-4.0.xsd
    http://www.springframework.org/schema/util http://www.springframework.org/schema/util/spring-util-4.0.xsd">
```

```xml
<!-- 加载配置文件 -->
<context:property-placeholder location="classpath:db.properties" />
    <!-- 数据库连接池 -->
    <bean id="dataSource" class="org.apache.commons.dbcp.BasicDataSource"
            destroy-method="close">
        <property name="driverClassName" value="${jdbc.driver}" />
        <property name="url" value="${jdbc.url}" />
        <property name="username" value="${jdbc.username}" />
        <property name="password" value="${jdbc.password}" />
        <property name="maxActive" value="10" />
        <property name="maxIdle" value="5" />
    </bean>
<!-- 添加事务支持 -->
<bean id="txManager"   class=
"org.springframework.jdbc.datasource.DataSourceTransactionManager">
    <property name="dataSource" ref="dataSource" />
</bean>
<!-- 注册事务管理驱动 -->
<tx:annotation-driven transaction-manager="txManager" />
    <!-- 配置 SqlSessionFactory -->
<bean id="sqlSessionFactory" class="org.mybatis.spring.SqlSessionFactoryBean">
    <property name="configLocation" value="classpath:sqlMapConfig.xml"/>
    <property name="dataSource" ref="dataSource"/>
</bean>
</beans>
```

（3）db.properties

创建数据连接配置文件。config 文件夹右键点击"new"→"file"，创建名为"db.properties"的配置文件，具体代码如下：

```
jdbc.driver=com.microsoft.sqlserver.jdbc.SQLServerDriver
jdbc.url=jdbc:sqlserver://localhost:1433;databaseName=mybatis
jdbc.username=sa
jdbc.password=123456
```

（4）log4j.properties

创建日志配置文件。config 文件夹右击"new"→"file"，创建名为"log4j.properties"的配置文件，具体代码如下：

```
# Global logging configuration
log4j.rootLogger=DEBUG, stdout
# Console output...
log4j.appender.stdout=org.apache.log4j.ConsoleAppender
log4j.appender.stdout.layout=org.apache.log4j.PatternLayout
log4j.appender.stdout.layout.ConversionPattern=%5p [%t] - %m%n
```

### 5.13.4 持久层的实现

创建 pojo 类并编写代码。右击"src"文件夹"New"→"Package",创建名为 cn.gskeju.pojo 的包,创建完成后右键创建名为 User.java 的类。示例代码如下:

```
package cn.gskeju.pojo;
public class User implements Serializable{
    private String USER_ID;      // 用户 ID
    private String USER_NICKNAME;// 用户昵称
    private String USER_GENDER;// 性别
    private String USER_CITY;// 城市
    private String USER_COUNTRY;// 国家
    private String USER_AVATARURL;// 头像地址
    private String USER_PROVINCE;// 省份
    private String USER_OPENID;// 用户 openid
    public String getUSER_ID() {
            return USER_ID;
    }
    public void setUSER_ID(String uSER_ID) {
            USER_ID = uSER_ID;
    }
    public String getUSER_NICKNAME() {
            return USER_NICKNAME;
    }
    public void setUSER_NICKNAME(String uSER_NICKNAME) {
            USER_NICKNAME = uSER_NICKNAME;
    }
    public String getUSER_GENDER() {
            return USER_GENDER;
    }
```

```java
        public void setUSER_GENDER(String uSER_GENDER) {
            USER_GENDER = uSER_GENDER;
        }
        public String getUSER_CITY() {
            return USER_CITY;
        }
        public void setUSER_CITY(String uSER_CITY) {
            USER_CITY = uSER_CITY;
        }
        public String getUSER_COUNTRY() {
            return USER_COUNTRY;
        }
        public void setUSER_COUNTRY(String uSER_COUNTRY) {
            USER_COUNTRY = uSER_COUNTRY;
        }
        public String getUSER_AVATARURL() {
            return USER_AVATARURL;
        }
        public void setUSER_AVATARURL(String uSER_AVATARURL) {
            USER_AVATARURL = uSER_AVATARURL;
        }
        public String getUSER_PROVINCE() {
            return USER_PROVINCE;
        }
        public void setUSER_PROVINCE(String uSER_PROVINCE) {
            USER_PROVINCE = uSER_PROVINCE;
        }
        public String getUSER_OPENID() {
            return USER_OPENID;
        }
        public void setUSER_OPENID(String uSER_OPENID) {
            USER_OPENID = uSER_OPENID;
        }
        @Override
        public String toString() {
            return "User [USER_ID=" + USER_ID + ", USER_NICKNAME=" + USER_NICKNAME+ ", USER_GENDER=" + USER_GENDER +
```

```
                        ", USER_CITY=" + USER_CITY+", USER_COUNTRY=" +
                        USER_COUNTRY + ",\n USER_AVATARURL="+ USER_
AVATARURL +
                        ",\n USER_PROVINCE=" + USER_PROVINCE
                        + ", USER_OPENID=" + USER_OPENID + "]";
    }
}
```

创建并编写 UserMapper.xml 配置文件。右击 "src" 文件 "New" → "Package"，创建名为 cn.gskeju.mapper 的包，创建完成后右键创建名为 UserMapper.xml 的映射文件。示例代码如下：

```xml
<?xml version="1.0" encoding="UTF-8"?>
<!DOCTYPE mapper
PUBLIC "-//mybatis.org//DTD Mapper 3.0//EN"
"http://mybatis.org/dtd/mybatis-3-mapper.dtd">
<mapper namespace="cn.gskeju.mapper.UserMapper">
    <select id="selectUserByUserId" parameterType="java.lang.String"
            resultType="cn.gskeju.pojo.User">
        SELECT * FROM SA_USER WHERE USER_ID = #{id}
    </select>
</mapper>
```

创建 UserMapper 接口并编写代码。右击 "cn.gskeju.mapper" 创建名为 UserMapper.java 的接口。示例代码如下：

```java
public interface UserMapper {
    User selectUserByUserId(String id);
}
```

在 applicationContext.xml 中配置 mapper 代理，添加示例代码如下：

```xml
<!-- 自动扫描 mapper 接口，并注入 sqlsession-->
<bean class="org.mybatis.spring.mapper.MapperScannerConfigurer">
    <property name="basePackage" value="cn.gskeju.mapper"/>
    <property name="sqlSessionFactoryBeanName" value="sqlSessionFactory"/>
</bean>
```

### 5.13.5 服务层的实现

创建 UserService 接口并编写代码。右击 "src" 文件夹 "New" → "Package"，创建名

为 cn.gskeju.service 的包，创建完成后右击创建名为 UserService.java 的类。示例代码如下：

```java
public interface UserService {
    User selectUserByUserId(String id);
}
```

创建实现类并编写代码。右击"cn.gskeju.service"创建名为 UserServiceImpl.java 的实现类。示例代码如下：

```java
@Service("userService")
public class UserServiceImpl implements UserService {
    @Autowired
    UserMapper userMapper;
    public User selectUserByUserId(String id) {
            return userMapper.selectUserByUserId(id);
    }
}
```

使用 @Service 注解表示给当前类命名一个别名，方便注入其他类中；使用 @Autowired 注解表示自动注入持久层的 mapper 对象。

在 applicationContext.xml 添加如下代码：

```xml
<!-- 指定需要扫描的包，使注解生效 -->
<context:component-scan base-package="cn.gskeju" />
```

### 5.13.6 控制层的实现

创建 UserController 接口并编写代码。右击"src"文件夹"New"→"Package"，创建名为 cn.gskeju.controller 的包，右击该包创建名为 UserController.java 的类。示例代码如下：

```java
@Controller("userController")
public class UserController {
    @Resource
    UserService userService;
    public void test() {
        User user = userService.selectUserByUserId("200309C6T8R7Y7MW");
        System.out.println(user);
    }
}
```

创建测试类并编写代码。右击"cn.gskeju.controller"，创建名为 TestController.java 的类。示例代码如下：

```java
public class TestController {
    public static void main(String[] args) {
        ApplicationContext applicationContext = new ClassPathXmlApplicationContext("classpath:applicationContext.xml");
        UserController userCon = (UserController) applicationContext
            .getBean("userController");
        userCon.test();
    }
}
```

控制台结果显示如下：

DEBUG [main] - ==>  Preparing: SELECT * FROM SA_USER WHERE USER_ID = ?

DEBUG [main] - ==> Parameters: 200309C6T8R7Y7MW(String)

DEBUG [main] - <==      Total: 1

DEBUG [main] - Closing non transactional SqlSession [org.apache.ibatis.session.defaults.DefaultSqlSession@6c38b60d]

DEBUG [main] - Returning JDBC Connection to DataSource

User [USER_ID=200309C6T8R7Y7MW, USER_NICKNAME=smile, USER_GENDER=2, USER_CITY=Lanzhou, USER_COUNTRY=China, USER_AVATARURL=https://wx.qlogo.cn/mmopen/vi_32/QicHQvXgVQfwmyUqIiauuot28 ibbnQ03DeWrWP, USER_PROVINCE=Gansu, USER_OPENID=o4ugR5bACFUOwaNiPq6Vkmxyi3D0:]

# 第六章 Java EE 轻量级集成框架

## 6.1 SSH 集成框架

### 6.1.1 SSH 框架介绍

SSH 是 Struts+Spring+Hibernate 的一个集成框架，是 2016 年之前较为流行的一种 Web 应用程序开源框架。集成 SSH 框架的系统从职责上分为 4 层：表示层、业务逻辑层、数据持久层和域模块层（图 6-1），以帮助开发人员在短期内搭建结构清晰、可复用性好、维护方便的 Web 应用程序。其中使用 Struts 作为系统的整体基础架构，负责 MVC 的分离，在 Struts 框架的模型部分，控制业务跳转；利用 Hibernate 框架对持久层提供支持；Spring 做管理，管理 Struts 和 Hibernate。

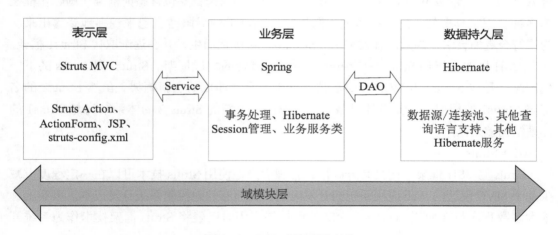

图 6-1 SSH 框架层次结构

由 SSH 构建系统的基本业务流程如下。

①在表示层中，首先通过 JSP 页面实现交互界面，负责传送请求 (Request) 和接收响应 (Response)，然后 Struts 根据配置文件 (struts-config.xml) 将 ActionServlet 接收到的 Request 委派给相应的 Action 处理。

②在业务层中，管理服务组件的 Spring IoC 容器负责向 Action 提供业务模型 (Model) 组件和该组件的协作对象数据处理 (DAO) 组件完成业务逻辑，并提供事务处理、缓冲池等容器组件以提升系统性能、保证数据的完整性。

③在持久层中，则依赖于 Hibernate 的对象化映射和数据库交互，处理 DAO 组件请

求的数据,并返回处理结果。

采用上述开发模型,不仅实现了视图、控制器与模型的彻底分离,而且还实现了业务逻辑层与持久层的分离。这样无论前端如何变化,模型层只需很少的改动,并且数据库的变化也不会对前端有影响,大大提高了系统的可复用性。而且由于不同层之间耦合度小,有利于团队成员并行工作,大大提高了开发效率。

SSH 框架集是现在大多数软件设计过程中都会使用的一种框架集。而这种框架是基于 MVC 开发的,且 MVC 模式已成为现代 J2EE 开发中的一种常用模式,受到越来越多 JSP、PHP 等开发者的喜欢。MVC 模式分别是模型(Model)、视图(View)、控制器(Controller)。应用程序被分割成这三大部分之后,各自处理自己的任务。视图层通过提取用户的输入信息,提交到控制器后,控制器根据某种选择来决定将请求交由模型层处理,模型层根据业务逻辑的代码处理用户请求并返回数据,最终以视图层展示给用户。

SSH 框架集就是很好地对应了 MVC 模式的开发使用。这种 Struts+Hibernate+Spring 的三大框架整合,契合着 MVC 模式的三层对象。其中 Struts 对应前台的控制层,Spring 负责实体 Bean 的业务逻辑处理,Hibernate 则是负责数据库的交接及使用 DAO 接口来完成操作。

目前,Struts 框架拥有两个主要版本,即 Struts1.x 和 Struts2.x。Struts1 是最早的基于 MVC 模式的轻量级 Web 框架,它能够合理划分代码结构,并包含验证框架、国际化框架等多种实用工具框架。随着技术的不断进步,Struts1 的局限性也越来越多地暴露出来。为了符合更加灵活、高效的开发需求,Struts2 框架应运而生,并在逐渐取代 Struts1 框架。

S2SH 框架是指用 Struts2+Hibernate+Spring 整合的集成框架。Struts2 是 Struts 的下一代产品,是在 Struts1 和 WebWork 的技术基础上合并而成的全新框架。虽然 Struts2 的名字与 Struts1 的相似,但其设计思路有很大不同,全新的 Struts 2 的体系结构与 Struts1 的体系结构差别巨大。

(1)Struts

Struts 与 SSH 框架一样具有开源性,合理恰当地使用 Struts 技术可以在一定程度上减少基于 MVC 模型的 Web 应用系统的开发时间,从而有效地控制系统开发成本。事实上,绝大多数程序员在使用 Servlet 和 JSP 的可扩展应用时已经将 Struts 框架技术作为系统开发的标准。

Struts 技术基于 MVC 框架,Struts 的实现依赖 Servlet 和 JSP 的实现。EJB 和 JavaBean 两个组件是 Struts 框架业务功能实现的基础部件;Action 和 ActionServlet 部件是框架实现控制力能的重要部件;视图部分则是由若干存在内在联系的 JSP 文件构成,用其来实现系统的功能。

Struts 的核心构成如图 6-2 所示。

1)Model

由 Action、ActionForm 组成,其中 ActionForm

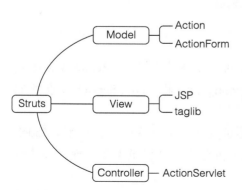

图 6-2　Struts 的核心构成

用于将用户请求的参数封装成为 ActionForm 对象，我们可以理解为实体，由 ActionServlet 转发给 Action，Action 处理用户请求，将处理结果返回到界面。

2）View

该部分由 JSP 加大量的 taglib 组成，来实现页面的渲染。

3）Controller

Controller 是 Struts 的核心控制器，负责拦截用户请求，通过调用 Model 来实现处理用户请求的功能。

Struts1 的工作原理如图 6-3 所示。

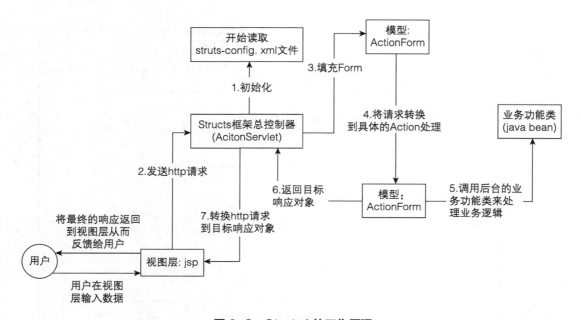

图 6-3　Struts1 的工作原理

第一步，Structs 框架总控制器，初始化，开始读取 strusts-config.xml 文件。Struts 框架总控制器 ActionServlet 是一个 Servlet，它在 web.xml 中配置成自动启动的 Servlet。在启动时，总控制器会读取配置文件 (struts-config.xml) 的配置信息，为 Struts 中不同的模块初始化相应的对象 (面向对象思想)。

第二步，视图层向总控制器发送 http 请求。用户提交表单或者通过 url 向 web 服务器提交请求，请求的数据用 http 协议传给 web 服务器。

第三步，填充 Form。Struts 框架总控制器 ActionServlet 在用户提交请求时将数据放到对应的 form 对象的成员变量中。

第四步，派发请求。控制器根据配置信息，对象 ActionConfig 将请求派发到具体的 Action 处理，并将对应的 formBean 一并传给这个 Action 的 excute() 方法。

第五步，处理业务逻辑。Action 一般只包含一个 excute() 方法，来负责执行相应的业务逻辑 (调用其他的业务模块)，执行完毕后返回一个 ActionForward 对象。服务器通过

ActionForward 对象进行转发工作。

第六步，返回目标响应对象。Action 将业务处理的不同结果返回一个目标响应对象给总控制器。

第七步，查找响应。总控制器根据 Action 处理业务返回的目标响应对象，找到对应的资源对象，一般情况下为 jsp 页面。

第八步，响应反馈至用户。目标响应对象将结果传递给资源对象，将结果展现给用户。

Struts2 的工作原理如图 6-4 所示。

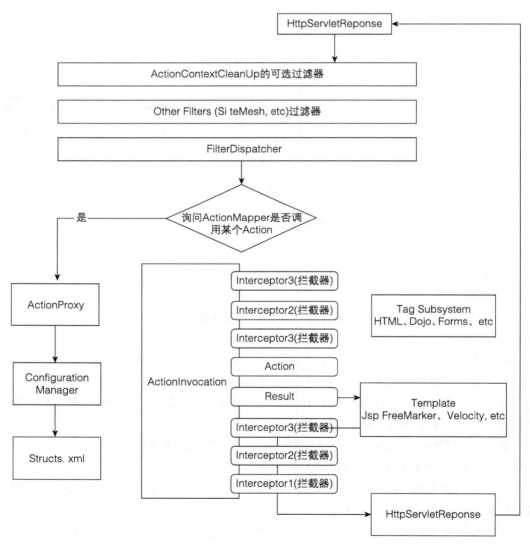

图 6-4　Struts2 工作原理

第一步，客户端初始化一个指向 Servlet 容器（如 Tomcat）的请求。

第二步，这个请求经过一系列的过滤器（Filters，这些过滤器中有一个叫 ActionContextCleanUp 的可选过滤器，该过滤器对于 Struts2 和其他框架的集成很有帮助，如 SiteMesh Plugin）。

第三步，FilterDispatcher 被调用，FilterDispatcher 询问 ActionMapper 来决定这一请求是否需要调用某个 Action。

第四步，如果 ActionMapper 决定需要调用某个 Action，FilterDispatcher 把请求的处理交给 ActionProxy。

第五步，ActionProxy 通过 Configuration Manager 询问框架的配置文件，找到需要调用的 Action 类。

第六步，ActionProxy 创建一个 ActionInvocation 实例。

第七步，ActionInvocation 实例使用命名模式来调用，在调用 Action 的过程前后，涉及相关拦截器（Interceptor）的调用。

第八步，一旦 Action 执行完毕，ActionInvocation 负责根据 struts.xml 中的配置找到对应的返回结果。返回结果通常是（但不总是，也可能是另外的一个 Action 链）一个需要被表示的 JSP 或者 FreeMarker 的模板。在表示的过程中可以使用 Struts2 框架中继承的标签。在这个过程中需要涉及 ActionMapper。

在上述过程中所有的对象（Action、Result、Interceptors 等）都是通过 ObjectFactory 来创建的 Struts2 框架的运行结构如图 6-5 所示。

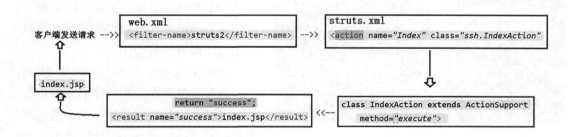

**图 6-5　Struts2 框架的运行结构**

客户端发送请求 (HttpServletRequest) 到服务器，服务器接收到请求就先进入 web.xml 配置文件看看有没有配置过滤器，发现有 struts2 的过滤器，就能找到 struts.xml 配置文件，struts.xml 配置文件里定义一个 Action，然后找到 IndexAction 类（此 Action 类必须是继承 ActionSupport 接口），并且实现了 execute() 方法，返回一个字符串为 "success" 给 struts.xml 配置文件，struts.xml 配置文件的 Action 会默认调用 IndexAction 类的 execute() 方法，result 接收到了返回的字符串，然后查找结果字符串对应的 (result)，result 就会调用指定的 jsp 页面将结果呈现，最后响应反馈至客户端。

（2）Hibernate

Hibernate 是一个开放源代码的对象关系映射框架，它对 JDBC 进行了非常轻量级的对象封装，它将 POJO 与数据库表建立映射关系，是一个全自动的 orm 框架，Hibernate 可以自动生成 SQL 语句、自动执行，使得 Java 程序员可以随心所欲地使用对象编程思维来操纵数据库、Hibernate 可以应用在任何使用 JDBC 的场合，既可以在 Java 的客户端程序使用，也可以在 Servlet/JSP 的 Web 应用中使用，最具革命意义的是，Hibernate 可以在应用 EJB 的 J2EE 架构中取代 CMP，完成数据持久化的重任。

Hibernate 负责与数据库的交接。通过持久化数据对象，进行对象关系的映射，并以对象的角色来访问数据库。通过封装 JDBC，使得开发人员可以以面向对象编程的思想来操控数据库，从而摆脱了以往使用 JDBC 编程时的"死板"操作。通过 hibernate.cfg.xml 文件来取代以往 JDBC 连接数据库的一大串代码，通过×××（实体 Bean 的类名）.hbm.xml 文件来与数据库的具体表进行映射。并且 Hibernate 有自己的 HQL 语句，与数据库的 SQL 语句相似，但不同的是 HQL 语句在面向对象编程时，通过 Session 的 createQuery 方法创建户一个 Query 对象，由该对象来完成数据库的增删改查等操作。通过 Struts2 中 Action 的返回值来调用 Dao 层中的业务处理。

Hibernate 的核心构成如图 6-6 所示。

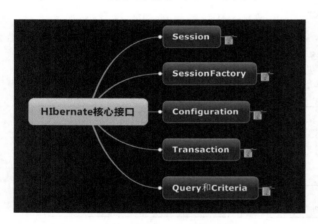

图 6-6　Hibernate 的核心构成

1）会话工厂 (SessionFactory)

配置对象被用于创造一个 SessionFactory 对象，使用提供的配置文件为应用程序依次配置 Hibernate，并允许实例化一个会话对象。SessionFactory 一个线程安全对象可供应用程序所有线程使用。

SessionFactory 是一个重量级对象，通常它都是在应用程序启动时创造然后留存，以便后续使用。每个数据库需要一个 SessionFactory 对象使用一个单独的配置文件。所以如果使用多种数据库就要创造多种 SessionFactory 对象。

2）会话 (Session)

会话是被用于与数据库的物理连接。Session 对象是轻量级的，并被设计为每次实例化都需要与数据库的交互。持久对象通过 Session 对象保存和检索。

Session 对象不应该长时间保持开启状态，因为它们通常情况下并非线程安全，并且它们应该按照所需创造和销毁。

3）事务 (Transaction)

事务对象指定工作的原子单位，它是一个可选项 .org.hibernate.Transaction 接口提供事务管理的方法。

4）Query 对象

Query 对象使用 SQL 或者 Hibernate 查询语言（HQL）字符串在数据库检索数据并创造对象。一个查询的实例被用于连结查询参数，限制由查询返回的结果数量，并最终执行查询。

5）Criteria 对象

Criteria 对象被用于创造和执行面向规则查询的对象来检索对象。

6）Configuration 对象

Configuration 对象是用户在任何 Hibernate 应用程序中创造的第一个 Hibernate 对象，并且经常只在应用程序初始化期间创造。它代表了 Hibernate 所需一个配置或属性文件，配置对象提供了两种基础组件。

①数据库连接，由 Hibernate 支持的一个或多个配置文件处理。这些文件是 hibernate.properties 和 hibernate.cfg.xml。

②类映射设置，这个组件创造了 Java 类和数据库表格之间的联系。

Hibernate 的执行流程如图 6-7 所示。

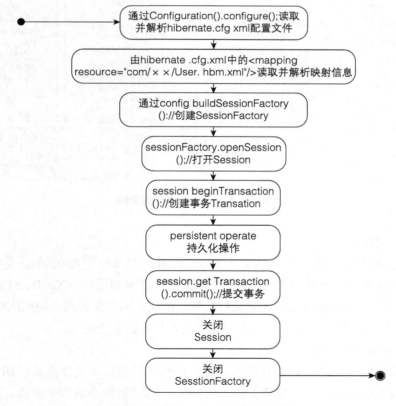

图 6-7　Hibernate 的执行流程

### （3）Spring

Spring 使用基本的实体 JavaBean 来完成以前只能用 EJB 才能完成的事。而其核心则是控制反转（IoC）和面向切面编程（AOP）。使用 Spring 意味着一个对象的创建再也不需要自己，而是全权交由 IoC 容器去实例化。与此同时，Spring 通过采用依赖注入（DI）的方式，利用属性的 Setter 和 Getter 方法来注入这个对象的属性，这样的好处是不完全依赖于容器的 API，且查询依赖与代码实现了解耦。而 AOP 则是将应用的业务逻辑和系统级服务（如事务）分离开来，进行内聚性的开发，应用对象只负责完成业务逻辑而不关心日志或者事务的处理。

Spring 框架是一个分层架构，由 7 个定义良好的模块组成。Spring 模块构建在核心容器之上，核心容器定义了创建、配置和管理 Bean 的方式。Spring 框架分层架构如图 6-8 所示。

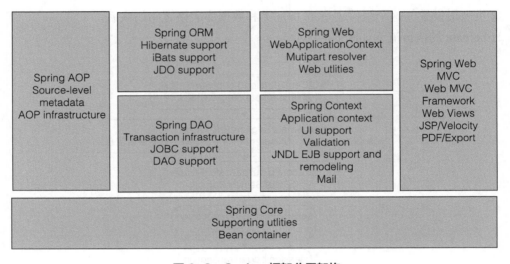

图 6-8　Spring 框架分层架构

1）IoC 控制反转

对象创建责任的反转，在 Spring 中 BeanFacotory 是 IoC 容器的核心接口，负责实例化、定位、配置应用程序中的对象及建立这些对象间的依赖。XmlBeanFacotory 实现 BeanFactory 接口，通过获取 xml 配置文件数据，组成应用对象及对象间的依赖关系。

spring 中有 3 种注入方式：set 注入、接口注入和构造方法注入。

2）AOP 面向切面编程

AOP 面向切面编程是一种编程技术，它允许程序员对横切关注点或横切典型的职责分界线的行为（如日志和事务管理）进行模块化。AOP 的核心构造是方面，它将那些影响多个类的行为封装到可重用的模块中。

Spring 的执行流程如图 6-9 所示。

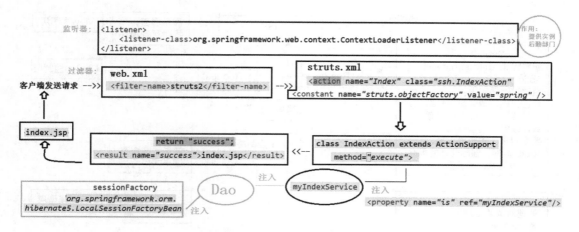

图 6-9  Spring 执行流程

图 6-9 是在 Struts 结构的基础上加入了 Spring 流程,在 web.xml 配置文件中加入了 Spring 的监听器,在 struts.xml 配置文件中添加 "<constant name="struts.objectFactory" value="spring" />" 是告知 Struts2 运行时使用 Spring 来创建对象,Spring 在其中的主要作用是注入实例,所有需要类的实例都由其 Spring 来管理。

### 6.1.2  S2SH 集成框架结构

S2SH 集成框架结构如图 6-10 所示。

Struts2 负责 Web 层 ActionFormBean 接收网页中表单提交的数据,然后通过 Action 进行处理,再 Forward 到对应的网页。

Spring 负责业务层管理,即 Service(或 Manager).service 为 action 提供统计的调用接口,封装持久层的 DAO。同时可以写一些自己的业务方法。Spring 负责统一 javaBean 管理方法和声明式事务管理,最后 Spring 来集成 Hiberante。

Hiberante 负责持久化层,完成数据库的 crud 操作,Hibernate 为持久层提供 ORM/ Mapping。它有一组 .hbm.xml 文件和 POJO,是跟数据库中的表相对应的。然后定义 DAO,其是跟数据库打交道的类。

在 Struts2+Spring+Hibernate 的系统中,对象的调用流程是:jsp → Action → Service → DAO → Hibernate。数据的流向是 ActionFormBean 接受用户数据,Action 将数据从 ActionFromBean 中取出,封装成 PO,再调用业务层的 Bean 类,完成各种业务处理后再 Forward。而业务层 Bean 收到 PO 对象后,会调用 DAO 接口方法,进行持久化操作。

系统从职责上分为 4 层:表示层、业务逻辑层、数据持久层和域模块层。其中使用 Struts2 作为系统的整体基础架构,负责 MVC 的分离;在 Struts 框架的模型部分,利用 Hibernate 框架对持久层提供支持,Spring 支持业务层。具体做法是:用面向对象的分析方法根据需求提出一些模型,将这些模型实现为基本的 Java 对象,然后编写基本的 DAO 接口,并给出 Hibernate 的 DAO 实现,采用 Hibernate 架构实现的 DAO 类来实现 Java 类与数据库之间的转换和访问,最后由 Spring 完成业务逻辑。

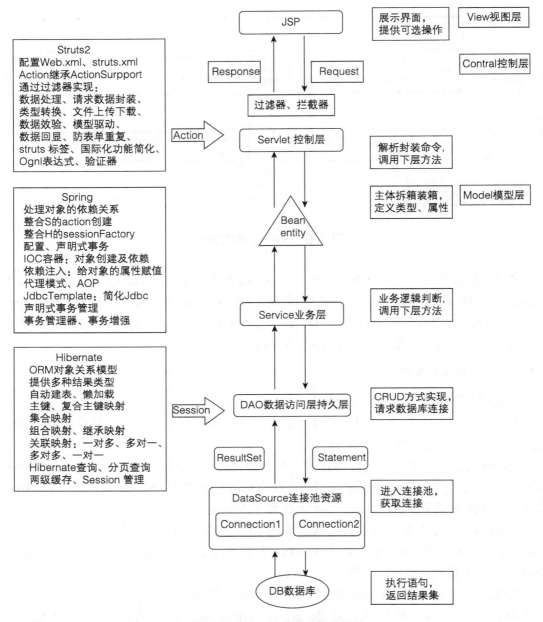

图 6-10 S2SH 的集成框架结构

系统的基本业务流程是：在表示层，首先通过 JSP 页面实现交互界面，负责传送请求 (Request) 和接收响应 (Response)，然后 Struts2 根据配置文件 (struts-config.xml) 将 ActionServlet 接收到的 Request 委派给相应的 Action 处理。在业务层，管理服务组件的 SpringIoC 容器负责向 Action 提供业务模型 (Model) 组件和该组件的协作对象数据处理 (DAO) 组件完成业务逻辑，并提供事务处理、缓冲池等容器组件以提升系统性能和保证数据的完整性。在持久层，则依赖于 Hibernate 的对象化映射和数据库交互，处理 DAO

组件请求的数据,并返回处理结果。

采用上述开发模型,不仅实现了视图、控制器与模型的彻底分离,而且还实现了业务逻辑层与持久层的分离。这样无论前端如何变化,模型层只需很少的改动,并且数据库的变化也不会对前端有所影响,大大提高了系统的可复用性。而且由于不同层之间耦合度小,有利于团队成员并行工作,大大提高了开发效率。

### 6.1.3 SSH框架技术优势

SSH框架技术是基于传统J2EE框架的新技术,SSH框架继承了J2EE的分层架构模式,二者的不同之处仅在于层与层之间的实现方法。当J2EE框架和SSH架构完成相同的运算任务时,SSH框架消耗的系统资源少。

SSH框架在业务对象的平台专用性上没有特殊的限定要求,在SSH框架中业务逻辑的实现通过普通的Java对象即可完成。

SSH组合框架技术优势体现在以下几个方面。

① SSH的技术优势使得采用SSH框架技术开发的系统具备了很强的可拓展性、可移植性。同时,采用开源的SSH框架能够大大简化系统开发的复杂度,缩短系统开发时间。

② 典型的三层构架体现MVC[模型(Model)、视图(View)和控制(Controller)]思想,可以让开发人员减轻重新建立解决复杂问题方案的负担。便于敏捷开发出新的需求,降低开发时间和成本。分离了Java代码和HIML代码,降低了对开发人员要求的复合度。

③ 良好的可扩展性,S2SH主流技术有强大的用户社区支持它,所以该框架可扩展性非常强,针对特殊应用时具有良好的可插拔性,避免因技术问题而不能实现的功能。

④ 良好的可维护性,业务系统经常会有新需求,三层构架因为逻辑层和展现层的合理分离,可使需求修改的风险降到最低。随着新技术的改进或系统的老化,系统可能需要重构,S2SH构架重构成功率要比其他构架高很多。SSH使系统的层与层之间的工作相对独立,代码耦合度低。

⑤ 良好的解耦性,很少有软件产品的需求从一开始就是完全固定的。客户对软件需求是随着软件开发过程的深入不断明晰起来的。因此,常常遇到软件开发到一定程度时,由于客户对软件需求发生了变化,使得软件的实现不得不随之更变。S2SH三层构架,控制层依赖于业务逻辑层,但绝不与任何具体的业务逻辑组件耦合,只与接口耦合;同样,业务逻辑层依赖于DAO层,也不会与任何具体的DAO组件耦合,而是面向接口编程。采用这种方式的软件实现,即使软件的部分发生改变,其他部分也不会改变。

## 6.2 SSM集成框架

### 6.2.1 SSM集成框架介绍

SSM(Spring+SpringMVC+MyBatis)集成框架由Spring、MyBatis两个开源框架整合而成(SpringMVC是Spring中的部分内容),常作为数据源较简单的Web项目的框架。SSM集成框架的内容结构如图6-11所示。

```
          ┌ SpringMVC
          │ 简介：Spring MVC属于SpringFrameWork的后续产品，已经融合在Spring Web Flow里。Spring
          │ 框架提供了构建Web应用程序的全功能MVC模块。使用Spring可插入的MVC架构，从而在使用
          │ Spring进行Web开发时，可以选择使用Spring的SpringMVC框架或集成其他MVC开发框架，如
          │ Struts1、Struts2等。
          │
          │ Spring
SSM框架 ──┤ 简介：Spring Framework是一个开源的Java/Java EE全功能栈的应用程序框架，以Apache许可证
          │ 形式发布，也有.NET平台上的移植版本。Spring Framework提供了一个简易的开发方式，这种开
          │ 发方式将避免那些可能致使底层代码变得繁杂混乱的大量的属性文件和帮助类
          │
          │ MyBatis
          └ 简介：MyBatis是一个Java持久化框架，它通过XML描述符或注解把对象与存储过程或SQL语句
            关联起来。
            MyBatis是在Apache许可证2.0下分发的自由软件，是iBATIS 3.0的分支版本。其维护团队也包含
            iBATIS的初创成员。
```

图 6-11　SSM 集成框架的内容结构

（1）SpringMVC

SpringMVC 在项目中拦截用户请求，它的核心 Servlet 即 DispatcherServlet 承担中介或是前台的职责，将用户请求通过 HandlerMapping 去匹配 Controller，Controller 就是具体对应请求所执行的操作。SpringMVC 相当于 SSH 框架中的 struts。

（2）Spring

Spring 就像是整个项目中装配 bean 的大工厂，在配置文件中可以指定使用特定的参数去调用实体类的构造方法来实例化对象。也可以称之为项目中的黏合剂。

Spring 的核心思想是 IoC（控制反转），即不再需要程序员去显式地 `new` 一个对象，而是让 Spring 框架帮你来完成这一切。

（3）MyBatis

MyBatis 是对 jdbc 的封装，它让数据库底层操作变得透明。MyBatis 的操作都是围绕一个 sqlSessionFactory 实例展开的。MyBatis 通过配置文件关联到各实体类的 Mapper 文件，Mapper 文件中配置了每个类对数据库所需进行的 sql 语句映射。在每次与数据库交互时，通过 sqlSessionFactory 得到一个 sqlSession，再执行 sql 命令。页面发送请求给控制器，控制器调用业务层处理逻辑，逻辑层向持久层发送请求，持久层与数据库交互后将结果返回给业务层，业务层将处理逻辑发送给控制器，控制器再调用视图展现数据。

### 6.2.2　SSM 框架特征

（1）SpringMVC

① 通过策略接口，Spring 框架是高度可配置的，而且包含多种视图技术，如 JavaServer Pages（JSP）技术、Velocity、Tiles、iText 和 POI。SpringMVC 框架并不知道使用的视图，所以不会强迫用户只使用 JSP 技术。SpringMvc 分离了控制器、模型对象、过滤器及处理程序对象的角色，这种分离让它们更容易进行定制。

②易于同其他 View 框架（Tiles 等）无缝集成，采用 IoC 便于测试。

（2）Spring

①轻量，从大小与开销两个方面而言，Spring 都是轻量的。Spring 非侵入式的、应用中的对象不依赖于 Spring 特定类。

②控制反转，Spring 通过一种控制反转的技术促进低耦合。不是对象从容器中查找依赖，而是容器在对象初始化时不等对象请求就主动将依赖传递给它。

③面向切面，Spring 提供了面向切面编程的丰富支持，通过分离应用的业务逻辑与系统级服务进行内聚性开发。

④容器，Spring 包含并管理应用对象的配置和生命周期，从这一意义上讲，它是一种容器。

（3）MyBatis

①易于上手和掌握。

② sql 写在 xml 里，便于统一管理和优化。

③解除 sql 与程序代码的耦合。

④提供 xml 标签，支持编写动态 sql。

### 6.2.3 SSM 框架的优点

SSM 框架的优点主要从以下 3 个方面叙述。

（1）Spring 的优势

通过 Spring 的 IoC 特性，将对象之间的依赖关系交给了 Spring 控制，方便解耦，简化了开发；通过 Spring 的 AOP 特性，对重复模块进行集中，实现事务、日志、权限的控制，提供了对其他优秀开源框架的集成支持。

（2）SpringMVC 的优势

SpringMVC 是使用了 MVC 设计思想的轻量级 Web 框架，对 Web 层进行解耦，使我们的开发更简洁；与 Spring 无缝衔接。灵活的数据验证、格式化和数据绑定机制。

（3）MyBatis 的优势

数据库的操作（sql）采用 xml 文件配置，解除了 sql 和代码的耦合；提供映射标签，支持对象和数据库 orm 字段关系的映射，支持对象关系映射标签，支持对象关系的组建；提供了 xml 标签，支持动态 sql。

### 6.2.4 SSM 框架配置

（1）导入 jar 包

SSM 框架配置过程中，需要导入的 jar 包如图 6-12 所示。

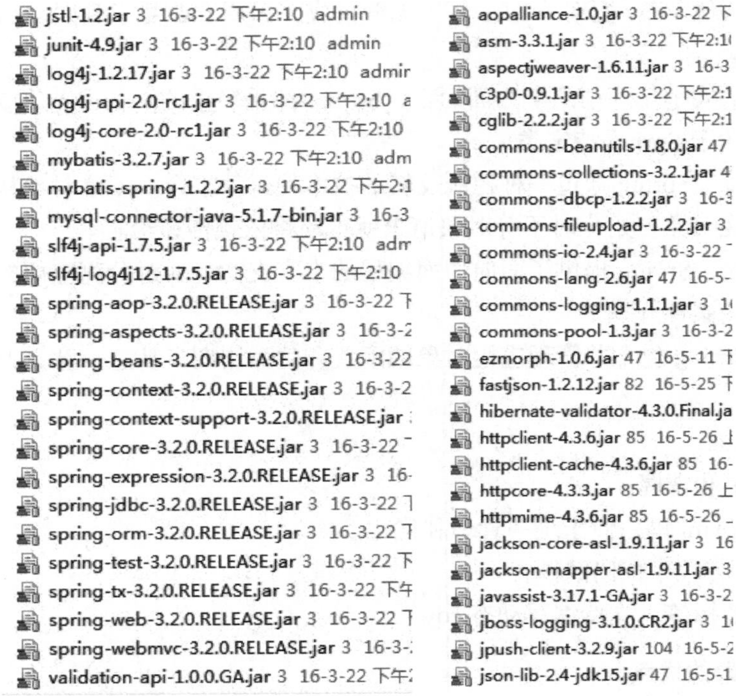

```
jstl-1.2.jar        3  16-3-22 下午2:10 admin         aopalliance-1.0.jar  3  16-3-22 下
junit-4.9.jar       3  16-3-22 下午2:10 admin         asm-3.3.1.jar        3  16-3-22 下午2:10
log4j-1.2.17.jar    3  16-3-22 下午2:10 admin         aspectjweaver-1.6.11.jar  3  16-3
log4j-api-2.0-rc1.jar  3  16-3-22 下午2:10 a          c3p0-0.9.1.jar       3  16-3-22 下午2:
log4j-core-2.0-rc1.jar  3  16-3-22 下午2:10           cglib-2.2.2.jar      3  16-3-22 下午2:
mybatis-3.2.7.jar   3  16-3-22 下午2:10 adm           commons-beanutils-1.8.0.jar  47
mybatis-spring-1.2.2.jar  3  16-3-22 下午2:           commons-collections-3.2.1.jar  4
mysql-connector-java-5.1.7-bin.jar  3  16-3          commons-dbcp-1.2.2.jar  3  16-3
slf4j-api-1.7.5.jar  3  16-3-22 下午2:10 adm          commons-fileupload-1.2.2.jar  3
slf4j-log4j12-1.7.5.jar  3  16-3-22 下午2:10          commons-io-2.4.jar   3  16-3-22
spring-aop-3.2.0.RELEASE.jar  3  16-3-22 下          commons-lang-2.6.jar  47  16-5-
spring-aspects-3.2.0.RELEASE.jar  3  16-3-           commons-logging-1.1.1.jar  3  1(
spring-beans-3.2.0.RELEASE.jar  3  16-3-22           commons-pool-1.3.jar  3  16-3-2
spring-context-3.2.0.RELEASE.jar  3  16-3-           ezmorph-1.0.6.jar  47  16-5-11 下
spring-context-support-3.2.0.RELEASE.jar             fastjson-1.2.12.jar  82  16-5-25 下
spring-core-3.2.0.RELEASE.jar  3  16-3-22            hibernate-validator-4.3.0.Final.ja
spring-expression-3.2.0.RELEASE.jar  3  16-          httpclient-4.3.6.jar  85  16-5-26 上
spring-jdbc-3.2.0.RELEASE.jar  3  16-3-22 下         httpclient-cache-4.3.6.jar  85  16-
spring-orm-3.2.0.RELEASE.jar  3  16-3-22 下          httpcore-4.3.3.jar  85  16-5-26 上
spring-test-3.2.0.RELEASE.jar  3  16-3-22 下         httpmime-4.3.6.jar  85  16-5-26
spring-tx-3.2.0.RELEASE.jar  3  16-3-22 下午         jackson-core-asl-1.9.11.jar  3  16
spring-web-3.2.0.RELEASE.jar  3  16-3-22 下          jackson-mapper-asl-1.9.11.jar  3
spring-webmvc-3.2.0.RELEASE.jar  3  16-3-            javassist-3.17.1-GA.jar  3  16-3-
validation-api-1.0.0.GA.jar  3  16-3-22 下午         jboss-logging-3.1.0.CR2.jar  3  1(
                                                     jpush-client-3.2.9.jar  104  16-5-2
                                                     json-lib-2.4-jdk15.jar  47  16-5-1
```

图 6-12  SSM 框架配置需要导入的 jar 包

其中，Spring 所需 jar 包如图 6-13 所示。

```
spring-aop-3.2.0.RELEASE.jar  3  16-3-22
spring-aspects-3.2.0.RELEASE.jar  3  16-3
spring-beans-3.2.0.RELEASE.jar  3  16-3-22
spring-context-3.2.0.RELEASE.jar  3  16-3-
spring-context-support-3.2.0.RELEASE.jar
spring-core-3.2.0.RELEASE.jar  3  16-3-22
spring-expression-3.2.0.RELEASE.jar  3  1(
spring-jdbc-3.2.0.RELEASE.jar  3  16-3-22
spring-orm-3.2.0.RELEASE.jar  3  16-3-22
spring-test-3.2.0.RELEASE.jar  3  16-3-22 下
spring-tx-3.2.0.RELEASE.jar  3  16-3-22 下
spring-web-3.2.0.RELEASE.jar  3  16-3-22
spring-webmvc-3.2.0.RELEASE.jar  3  16-3
```

图 6-13  Spring 所需 jar 包

MyBatis 所需 jar 包如图 6-14 所示。

```
mybatis-3.2.7.jar  3  16-3-
mybatis-spring-1.2.2.jar  3
```

图 6-14  MyBatis 所需 jar 包

还有以下几种其他实用的 jar 包。

① Apache Shiro［发音为"shee-roh"，日语"堡垒（Castle）"的意思］是一个强大易用的 Java 安全框架，提供认证、授权、加密和会话管理功能，可为任何应用提供安全保障——从命令行应用、移动应用到大型网络及企业应用。Shiro 干净的 API 和设计模式使它可以方便地与许多其他框架和应用进行集成。Shiro 可与 Spring、Grails、Wicket、Tapestry、Mule、Apache Camel、Vaadin 等第三方框架无缝集成。

② Lombok，使用 Lombok 可以减少很多重复代码的书写。例如，getter/setter 等方法不需要编写，直接使用注解就行。该 jar 包需安装到 IDE 编辑器及项目引用。

③ DRUID 是阿里巴巴开源平台上的一个数据库连接池实现，它结合了 C3P0、DBCP、PROXOOL 等 DB 池的优点，同时加入了日志监控，可以很好地监控 DB 池连接和 SQL 执行情况，可以说是针对监控而生的 DB 连接池。

④ MyBatis-Plus 在 MyBatis 的基础上进行扩展，只做增强不做改变，引入 MyBatis-Plus 不会对现有 MyBatis 构架产生任何影响，而且 MP 支持所有 MyBatis 原有的特性、代码生成器。Mapper 对应的 XML 支持热加载，对于简单的 CRUD 操作，甚至可以无 XML 启动等。

Jar 包仓库地址：https://search.maven.org/classic/ 或 http://mvnrepository.com/。Jar 包管理器：Maven 或者 Gradle( 如 compile group: 'com.baomidou', name: 'mybatis-plus', version: '2.3'，会自动的将相关依赖的包文件下载 )。

（2）基础配置

① Web.xml 基本信息配置代码如下：

```xml
<servlet> 配置SpringMVC的拦截器，以及拦截的请求路径
    <servlet-name>springmvc_rest</servlet-name>
    <servlet-class>org.springframework.web.servlet.DispatcherServlet</servlet-class>
    <init-param>
        <param-name>contextConfigLocation</param-name>
        <param-value>classpath:spring/springmvc.xml</param-value>
    </init-param>
</servlet>
<servlet-mapping>
    <servlet-name>springmvc_rest</servlet-name>
    <url-pattern>/</url-pattern>
</servlet-mapping>

<filter>设置编码UTF-8解决乱码问题
    <filter-name>CharacterEncodingFilter</filter-name>
    <filter-class>org.springframework.web.filter.CharacterEncodingFilter</filter-class>
    <init-param>
        <param-name>encoding</param-name>
        <param-value>utf-8</param-value>
    </init-param>
</filter>
<filter-mapping>
    <filter-name>CharacterEncodingFilter</filter-name>
    <url-pattern>/*</url-pattern>
</filter-mapping>

<context-param> 加载Spring配置文件
    <param-name>contextConfigLocation</param-name>
    <param-value>classpath:spring/application*.xml</param-value>
</context-param>
<listener>
    <listener-class>org.springframework.web.context.ContextLoaderListener</listener-class>
</listener>
```

② SpringMVC 基本信息配置代码如下：

```xml
<beans xmlns="http://www.springframework.org/schema/beans"
    xmlns:xsi="http://www.w3.org/2001/XMLSchema-instance" xmlns:mvc="http://www.springframework.org/schema/mvc"
    xmlns:context="http://www.springframework.org/schema/context"
    xmlns:aop="http://www.springframework.org/schema/aop" xmlns:tx="http://www.springframework.org/schema/tx"
    xsi:schemaLocation="http://www.springframework.org/schema/beans
        http://www.springframework.org/schema/beans/spring-beans-3.2.xsd
        http://www.springframework.org/schema/mvc
        http://www.springframework.org/schema/mvc/spring-mvc-3.2.xsd
        http://www.springframework.org/schema/context
        http://www.springframework.org/schema/context/spring-context-3.2.xsd
        http://www.springframework.org/schema/aop
        http://www.springframework.org/schema/aop/spring-aop-3.2.xsd
        http://www.springframework.org/schema/tx
        http://www.springframework.org/schema/tx/spring-tx-3.2.xsd ">

    <mvc:annotation-driven></mvc:annotation-driven>

    <mvc:resources location="/js/" mapping="/js/**"/>
    <mvc:resources location="/css/" mapping="/css/**"/>
    <mvc:resources location="/images/" mapping="/images/**"/>
    <mvc:resources location="/uploadFile/" mapping="/uploadFile/**"/>
    <bean id = "multipartResolver" class="org.springframework.web.multipart.commons.CommonsMultipartResolver">
        <property name="maxUploadSize">
            <value>5242880</value>
        </property>
    </bean>

    <!-- 自动扫描 -->
    <context:component-scan base-package = "cn.siti.controller"></context:component-scan>
    <!-- 视图解析器 -->
    <bean class = "org.springframework.web.servlet.view.InternalResourceViewResolver">
        <property name = "prefix" value = "/WEB-INF/jsp/"/>
        <property name = "suffix" value = ".jsp"/>
    </bean>

</beans>
```

③数据库基本信息配置如图 6-15 所示。

| jdbc.driver | com.mysql.jdbc.Driver |
|---|---|
| jdbc.url | jdbc:mysql://10.1.40.41:3306/renrenactivity?useUnicode=true&characterEncoding=UTF-8 |
| jdbc.username | root |
| jdbc.password | root |

图 6-15　数据库基本信息配置

④ MyBatis 基本信息配置代码如下：

```xml
<?xml version="1.0" encoding="UTF-8" ?>
<!DOCTYPE configuration
PUBLIC "-//mybatis.org//DTD Config 3.0//EN"
"http://mybatis.org/dtd/mybatis-3-config.dtd">

<configuration>
</configuration>
```

⑤ Spring 数据源的基本信息配置代码如下：

```xml
<context:property-placeholder location="classpath:jdbc.properties" />

<bean id="dataSource" class="com.mchange.v2.c3p0.ComboPooledDataSource" destroy-method="close">
    <property name="jdbcUrl" value="${jdbc.url}"></property>
    <property name="driverClass" value="${jdbc.driver}"></property>
    <property name="user" value="${jdbc.username}"></property>
    <property name="password" value="${jdbc.password}"></property>
    <!-- 其他配置 -->
    <!--初始化时获取三个连接，取值应在minPoolSize与maxPoolSize之间。Default: 3 -->
    <property name="initialPoolSize" value="3"></property>
    <!-- 连接池中保留的最小连接数。Default: 3 -->
    <property name="minPoolSize" value="3"></property>
    <!-- 连接池中保留的最大连接数。Default: 15 -->
    <property name="maxPoolSize" value="5"></property>
    <!-- 当连接池中的连接耗尽的时候c3p0一次同时获取的连接数。Default: 3 -->
    <property name="acquireIncrement" value="3"></property>
    <!-- 控制数据源内加载的PreparedStatements数量。如果maxStatements与maxStatementsPerConnection均为0，则缓存被关闭。Default: 0 -->
    <property name="maxStatements" value="8"></property>
    <!--maxStatementsPerConnection定义了连接池内单个连接所拥有的最大缓存statements数。Default: 0 -->
    <property name="maxStatementsPerConnection" value="5"></property>
    <!-- 最大空闲时间,1800秒内未使用则连接被丢弃。若为0则永不丢弃。Default: 0 -->
    <property name="maxIdleTime" value="1800"></property>
</bean>
```

a. Spring SessionFactory 和 Mapper 接口扫描器配置代码如下：

```xml
<!-- sqlSessionFactory -->
<bean id = "sqlSessionFactory" class = "org.mybatis.spring.SqlSessionFactoryBean">
    <!-- 数据库连接池 -->
    <property name="dataSource" ref="dataSource"></property>
    <!-- 加载mybatis的配置文件 -->
    <property name="configLocation" value = "classpath:mybatis/mybatisConfig.xml"></property>
    <!-- 扫描mappers目录以及子目录下的所有xml文件 -->
    <property name="mapperLocations" value="classpath:cn/siti/mapper/*.xml" />
</bean>

<!-- 定义Mapper接口扫描器：让其自动生成接口的代理实现类 -->
<bean class = "org.mybatis.spring.mapper.MapperScannerConfigurer">
    <property name="basePackage" value="cn.siti.dao"></property>
    <property name="sqlSessionFactoryBeanName" value = "sqlSessionFactory"></property>
</bean>
```

b. Spring Service 层 Bean 配置代码如下：

```xml
<beans xmlns="http://www.springframework.org/schema/beans"
    xmlns:xsi="http://www.w3.org/2001/XMLSchema-instance" xmlns:mvc="http://www.springframework.org/schema/mvc"
    xmlns:context="http://www.springframework.org/schema/context"
    xmlns:aop="http://www.springframework.org/schema/aop" xmlns:tx="http://www.springframework.org/schema/tx"
    xsi:schemaLocation="http://www.springframework.org/schema/beans
        http://www.springframework.org/schema/beans/spring-beans-3.2.xsd
        http://www.springframework.org/schema/mvc
        http://www.springframework.org/schema/mvc/spring-mvc-3.2.xsd
        http://www.springframework.org/schema/context
        http://www.springframework.org/schema/context/spring-context-3.2.xsd
        http://www.springframework.org/schema/aop
        http://www.springframework.org/schema/aop/spring-aop-3.2.xsd
        http://www.springframework.org/schema/tx
        http://www.springframework.org/schema/tx/spring-tx-3.2.xsd ">

    <bean id = "userService" class = "cn.siti.service.impl.UserServiceImpl"/>
    <bean id = "groupService" class = "cn.siti.service.impl.GroupServiceImpl"/>
</beans>
```

c. Spring 事务管理基础配置代码如下：

```xml
<beans xmlns="http://www.springframework.org/schema/beans"
    xmlns:xsi="http://www.w3.org/2001/XMLSchema-instance" xmlns:mvc="http://www.springframework.org/schema/mvc"
    xmlns:context="http://www.springframework.org/schema/context"
    xmlns:aop="http://www.springframework.org/schema/aop" xmlns:tx="http://www.springframework.org/schema/tx"
    xsi:schemaLocation="http://www.springframework.org/schema/beans
    http://www.springframework.org/schema/beans/spring-beans-3.2.xsd
    http://www.springframework.org/schema/mvc
    http://www.springframework.org/schema/mvc/spring-mvc-3.2.xsd
    http://www.springframework.org/schema/context
    http://www.springframework.org/schema/context/spring-context-3.2.xsd
    http://www.springframework.org/schema/aop
    http://www.springframework.org/schema/aop/spring-aop-3.2.xsd
    http://www.springframework.org/schema/tx
    http://www.springframework.org/schema/tx/spring-tx-3.2.xsd ">

    <bean id = "transactionManager" class = "org.springframework.jdbc.datasource.DataSourceTransactionManager">
        <!-- 数据源在applicationContext-dao.xml中已经配置了 -->
        <property name="dataSource" ref = "dataSource"></property>
    </bean>

</beans>
```

## 6.2.5 SSM 框架程序执行

① SSM 框架程序执行流程如图 6-16 所示。

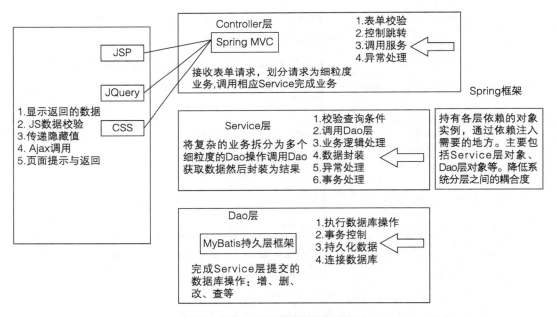

图 6-16　SSM 框架程序执行流程

② SSM 框架程序执行流程实例如图 6-17 所示。

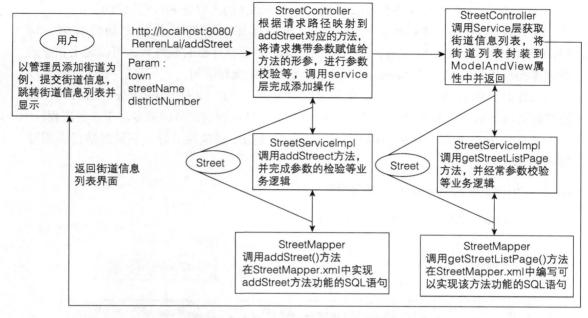

图 6-17 SSM 框架程序执行流程实例

## 6.3 SSH 和 SSM 对比

### 6.3.1 SSH 和 SSM 定义

SSH 通常指的是 Struts2 作控制器 (Controller)，Spring 管理各层的组件，Hibernate 负责持久化层。

SSM 则指的是 SpringMVC 作控制器 (Controller)，Spring 管理各层的组件，MyBatis 负责持久化层。

### 6.3.2 共同点与不同点

（1）共同点
① Spring 依赖注入 DI 来管理各层组件。
② 使用面向切面编程 AOP 管理事物、日志、权限等。
（2）不同点
① Struts2 和 SpringMVC 控制器 (Controller) 控制视图和模型的交互机制的不同。
② Struts2 是 Action 类级别，SpringMVC 是方法级别，更容易实现 RESTful 风格。
③ Struts 和 Spring-MVC 都是负责转发的，但是二者针对 Request 的请求上面区别很大，Struts 是针对一个 Action 类来进行请求的，即一个 Action 类对应于一个请求，所以类拦截，请求的数据类共享。而 Spring-MVC 则是针对方法级别的请求，也就是一个方法对应于一个请求，属于方法拦截，请求的数据方法不共享。
④ Spring-MVC 的配置文件相对来说较少，容易上手，可以加快软件开发的速度。

⑤ Spring-MVC 的入口是 Servlet 级别的，而 Struct 的入口是 Filter 级别的。

⑥ Hibernate 是一种 O/R 关系型，即完成数据库表和持久化类之间的映射，而 MyBitas 是针对的 SQL-Maping，是一种 Hibernate 把数据库给封装好后，可以调用相应的数据库操作语句 HQL，而 MyBitas 则是用原始数据库操作语句。

⑦ 针对高级查询，MyBatis 需要手动编写 SQL 语句，以及 ResultMap。而 Hibernate 有良好的映射机制，开发者无需关心 SQL 的生成与结果映射，可以更专注于业务流程。

⑧ Hibernate 数据库移植性很好，MyBatis 的数据库移植性不好，不同的数据库需要写不同 SQL。

### 6.3.3 Struts2 和 SpringMVC 的实现原理

（1）Struts2 的实现原理如图 6-18 所示。

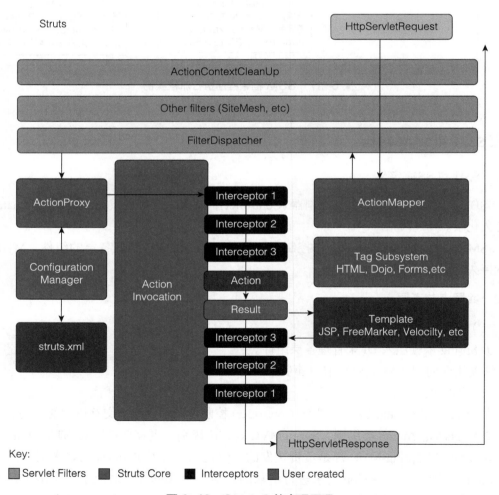

图 6-18　Struts2 的实现原理

①客户端初始化一个指向 Servlet 容器（如 Tomcat）的请求。

②这个请求经过一系列的过滤器（Filter），这些过滤器中的 ActionContextCleanUp 为可选过滤器，该过滤器对于 Struts2 和其他框架的集成很有帮助。

③接着 FilterDispatcher 被调用，FilterDispatcher 询问 ActionMapper 来决定该请求是否需要调用某个 Action。

④如果 ActionMapper 决定需要调用某个 Action，FilterDispatcher 把请求的处理交给 ActionProxy。

⑤ActionProxy 通过 Configuration Manager 询问框架的配置文件，找到需要调用的 Action 类。

⑥ActionProxy 创建一个 ActionInvocation 的实例。

⑦Action Invocation 实例使用命名模式来调用，在调用 Action 过程的前后，涉及相关拦截器（Intercepter）的调用。

⑧一旦 Action 执行完毕，Action Invocation 负责根据 struts.xml 中的配置找到对应的返回结果。返回结果通常是（但不总是，也可能是另外的一个 Action 链）一个需要被表示的 JSP 或者 FreeMarker 的模板。

⑨将处理结果返回给客户端。

（2）SpringMVC 的实现原理如图 6-19 所示。

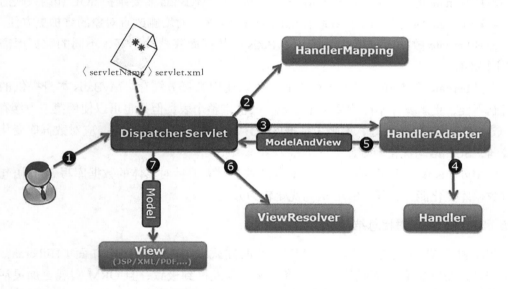

图 6-19　SpringMVC 的实现原理

①客户端发出 http 请求给 Web 服务器，Web 服务器对 http 请求进行解析，如果匹配 DispatcherServlet 的请求映射路径（在 web.xml 中指定），Web 服务器将请求转交给 DispatcherServlet。

②DipatcherServlet 接收到该请求后将根据请求的信息（包括 URL、Http 方法、请求报文头和请求参数 Cookie 等）及 HandlerMapping 的配置找到处理请求的处理器(Handler)。

③ DispatcherServlet 根据 HandlerMapping 找到对应的 Handler，将处理权交给 Handler（Handler 将具体的处理进行封装），再由具体的 HandlerAdapter 对 Handler 进行调用。

④ Handler 对数据处理完成后将返回一个 ModelAndView() 对象给 DispatcherServlet。

⑤ Handler 返回的 ModelAndView() 只是一个逻辑视图并不是一个正式的视图，DispatcherSevlet 通过 ViewResolver 将逻辑视图转化为真正的视图 View。

⑥ Dispatcher 通过 Model 解析出 ModelAndView() 中的参数，最终展现出完整的 View 并返回给客户端。

### 6.3.4 Hibernate 和 MyBatis 两种 ORM 框架对比

（1）两者的相同点

① Hibernate 与 MyBatis 都可以是通过 SessionFactoryBuider 由 XML 配置文件生成 SessionFactory，然后由 SessionFactory 生成 Session，最后由 Session 来开启执行事务和 SQL 语句。其中 SessionFactoryBuider、SessionFactory、Session 的生命周期都是差不多的。

② Hibernate 和 MyBatis 都支持 JDBC 和 JTA 事务处理。

（2）两者各自的优势

① MyBatis 可以进行更为细致的 SQL 优化，减少查询字段。

② MyBatis 容易掌握，而 Hibernate 的门槛较高。

③ Hibernate 的 DAO 层开发比 MyBatis 的简单，MyBatis 需要维护 SQL 和结果映射。

④ Hibernate 对对象的维护和缓存要比 MyBatis 好，对增删改查对象的维护更方便。

⑤ Hibernate 数据库移植性很好，MyBatis 的数据库移植性不好，不同的数据库需要写不同 SQL。

⑥ Hibernate 有更好的二级缓存机制，可以使用第三方缓存。MyBatis 本身提供的缓存机制不佳，更新操作不能刷新指定记录，会清空整个表，但是也可以使用第三方缓存。

⑦ Hibernate 封装性好，屏蔽了数据库差异，自动生成 SQL 语句，应对数据库变化能力较弱，SQL 语句优化困难。

⑧ MyBatis 仅实现了 SQL 语句和对象的映射，需要针对具体的数据库写 SQL 语句，应对数据库变化能力较强，SQL 语句优化较为方便。

### 6.3.5 SSH 和 SSM 对比总结

SSH 和 SSM 不同主要体现在 MVC 实现方式及 ORM 持久化方面（Hiibernate 与 MyBatis）。SSM 配置越来越轻量级，将注解开发发挥到极致，且 ORM 实现更加灵活，SQL 优化更简便；而 SSH 较注重配置开发，其中的 Hiibernate 对 JDBC 的完整封装更面向对象，对增删改查的数据维护更自动化，但 SQL 优化方面较弱，且入门门槛较高。

## 6.4 SpringBoot 框架

### 6.4.1 SpringBoot 框架产生背景

多年以来，Spring IO 平台饱受非议的一点就是大量的 XML 配置及复杂的依赖管理。

在 2013 年的 "SpringOne 2GX" 会议上，Pivotal 的 CTO Adrian Colyer 回应了这些批评，并且特别提到该平台未来的目标之一是实现免 XML 配置的开发体验。Boot 所实现的功能超出了这一任务描述，开发人员不仅不再需要编写 XML，而且在一些场景中甚至不需要编写烦琐的 import 语句。在对外公开的 beta 版本刚刚发布之时，Boot 描述了如何使用该框架在 140 个字符内实现可运行的 Web 应用，从而获得了极大的关注度，该样例发表在 Twieet 上。

随着动态语言的流行（Ruby、Groovy、Scala、Node.js），Java 的开发显得格外笨重，繁多的配置、低下的开发效率、复杂的部署流程及第三方技术集成难度大。在上述环境下，Spring Boot 应运而生。它使用"习惯优于配置"（项目中存在大量的配置，此外还内置一个习惯性的配置，用户无须手动配置）的理念让项目快速运行起来。使用 SpringBoot 很容易创建一个独立运行（运行 jar，内嵌 Servlet 容器）、准生产级别的基于 Spring 框架的项目，使用 SpringBoot 不用或者只需要很少的 Spring 配置。近年来随着微服务技术的流行，SpringBoot 也成了时下炙手可热的热点技术。

### 6.4.2 SpringBoot 框架简介

SpringBoot 框架是由 Pivotal 团队提供的用来简化 Spring 的搭建和开发过程的全新框架。Pivotal 团队于 2013 年开始对其的研发，2014 年 4 月发布第一个版本的全新开源轻量级框架。它基于 Spring4.0 设计，不仅继承了 Spring 框架原有的优良特性，而且还通过简化配置来进一步简化了 Spring 应用的整个搭建和开发过程。另外，SpringBoot 通过集成大量的框架使得依赖包的版本冲突及引用的不稳定性等问题得到很好的解决。SpringBoot 是所有基于 SpringFramework5.0 开发的项目起点。SpringBoot 的设计是为了让用户尽可能快地跑起 Spring 应用程序且为用户尽可能减少配置文件。

SpringBoot 使用了特定的方式来进行配置，从而使开发人员不需再定义样板化的配置。通过这种方式，SpringBoot 致力于在蓬勃发展的快速应用开发领域成为领导者。SpringBoot 去除了大量的 XML 配置文件，简化了复杂的依赖管理，配合各种 starter 使用，基本上可以做到自动化配置。用 Springboot 可以做 Spring 做的事情。

从最根本上讲，SpringBoot 就是一些库的集合，它能够被任意项目的构建系统使用。它使用"习惯优于配置"（项目中存在大量的配置，此外还内置一个习惯性的配置）的理念让项目快速运行起来。SpringBoot 其实不是什么新的框架，它默认配置了很多框架的使用方式，就像 maven 整合了所有的 jar 包，SpringBoot 整合了所有框架。

SpringBoot 是由 Pivotal 团队提供的全新框架，SpringBoot 并不是要成为 Spring IO 平台里面众多 "Foundation" 层项目的替代者。SpringBoot 的目标不在为已解决的问题域提供新的解决方案，而是为平台带来另一种开发体验，从而简化对这些已有技术的使用。该框架使用了特定的方式(继承 starter，约定优先于配置)来进行配置，从而使开发人员不再需要定义样板化的配置。通过这种方式，Boot 致力于在蓬勃发展的快速应用开发领域成为领导者。SpringBoot 是基于 Spring4 进行设计，继承了原有 Spring 框架的优秀基因。它并不是一个框架，从根本上讲，它就是一些库的集合，maven 或者 gradle 项目导入相应依赖即可使用 SpringBoot，而且无须自行管理这些库的版本。

### 6.4.3 为什么使用 SpringBoot

① SpringBoot 是为简化 Spring 项目配置而生的，使用它使得 jar 依赖管理及应用编译和部署更为简单。SpringBoot 提供自动化配置，使用 SpringBoot，只需编写必要的代码和配置必要的属性即可。

② 使用 SpringBoot，只需 20 行左右的代码即可生成一个基本的 Spring Web 应用，并且内置了 tomcat，构建的 fat Jar 包通过 java -jar 就可以直接运行。

③ 如下特性使得 Spring Boot 非常契合微服务的概念，可以结合 Spring Boot 与 Spring Cloud 和 Docker 技术来构建微服务并部署到云端：一个可执行 jar 即为一个独立服务；很容易加载到容器，每个服务可以在自己的容器（如 docker）中运行；通过一个脚本就可以实现配置与部署，很适合云端部署，并且自动扩展也更容易。

### 6.4.4 SpringBoot 框架在应用中的角色

① SpringBoot 是基于 SpringFramework 构建的，SpringFramework 是一种 J2EE 的框架。
② SpringBoot 是一种快速构建 Spring 应用。
③ SpringCloud 是构建 SpringBoot 的分布式环境，也就是常说的云应用。
④ SpringBoot 是 SpringFramework 和 SpringCloud 的中流砥柱，具有承上启下的作用，如图 6-20 所示。

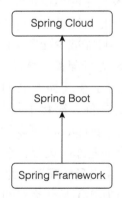

图 6-20　SpringBoot 是 SpringFramework 和 SpringCloud 的中流砥柱

### 6.4.5 SpringBoot 框架的优缺点

（1）优点

① 快速构建项目。
② 是对主流开发框架的无配置集成。
③ 提供运行时的应用监控。
④ 极大地提高了开发、部署效率。

⑤ 与云计算天然集成。

⑥ 为所有 Spring 开发提供一个更快更广泛的入门体验。

⑦ 零配置。无冗余代码生成和 XML 强制配置，遵循"约定大于配置"。Spring Boot 尝试根据用户添加的 jar 依赖自动配置用户的应用。

⑧ 集成了大量常用的第三方库的配置，SpringBoot 应用为这些第三方库提供了几乎可以零配置的开箱即用的能力。

⑨ 提供一系列大型项目常用的非功能性特征，如指标、健康检查、嵌入式服务器、安全性、度量、运行状况检查、外部化配置等。

⑩ SpringBoot 不是 Spring 的替代者，Spring 框架是通过 IoC 机制来管理 Bean 的。SpringBoot 依赖 Spring 框架来管理对象的依赖。SpringBoot 并不是 Spring 的精简版本，而是为使用 Spring 做好各种产品级准备。

⑪ 可以创建独立的 Spring 应用程序，并且基于其 Maven 或 Gradle 插件，可以创建可执行的 JARs 和 WARs。SpringBoot 默认将应用打包成一个可执行的 jar 包文件，构建成功后使用 java -jar 命令即可运行应用。或者在应用项目的主程序中运行 main 函数即可，不需要依赖 tomcat、jetty 等外部的应用服务器。

⑫ 内嵌 Tomcat 或 Jetty 等 Servlet 容器，项目可独立运行，无须外部依赖 Servlet 容器。Spring Boot 的 Web 模块内置嵌入的 Tomcat、Jetty、Undertow 来构建自包含的 Servlet 容器。Web 应用打包成可执行 jar 包时，相应的 Servlet 容器也会被嵌入应用 jar 中。并且 Servlets、filters 和 listeners 都可以通过声明为 Bean 来被容器注册。Servlet 容器还可以通过外部化配置来相关定制属性，如 Server.port, server.session.persistence 等。

⑬ 提供自动配置的 "starter" 项目对象模型（POMS）以简化 Maven 配置。

⑭ 尽可能自动配置 Spring 容器。

⑮ 无须手动管理依赖 jar 包的版本，Spring-boot-* 的 jar 包已对一些功能性 jar 包进行了集成。

⑯ 外部化配置。Spring Boot 可以使用 properties 文件、YAML 文件，环境变量，命令行参数等来外部化配置。属性值可以使用 @Value 注解直接注入 Bean 中，并通过 Spring 的 Environment 抽象或经过 @ConfigurationProperties 注解绑定到结构化对象来访问。

⑰ 开启 Devtools 特性。Devtools 的热部署和自动重启，要想在 Eclipse 中使用 Devtools 的重启功能，需要将自动编译功能打开。每次保存文件并自动编译后，Devtools 会检测到 classpath 内容的修改，并触发应用重启。重启时实际只重新加载了一部分类，因此速度会非常快。

（2）缺点

① 版本迭代速度很快，一些模块改动很大。

② 由于不用自己做配置，报错时很难定位。

③ 网上现成的解决方案比较少。

④ 缺少注册、发现等外围方案。

⑤ 缺少外围监控集成方案。

⑥ 缺少外围安全管理方案。
⑦ 缺少 REST 落地的 URI 规划方案。

### 6.4.6 SpringBoot 注解

（1）@SpringBootApplication

申明让 SpringBoot 自动给程序进行必要的配置，该配置等同于 @Configuration、@EnableAutoConfiguration 和 @ComponentScan 3 个配置。

（2）@ResponseBody

该注解修饰的函数会将结果直接填充到 http 的响应体中，一般用于构建 RESTful 的 api，该注解一般会配合 @RequestMapping 一起使用。

示例代码如下：

```
@RequestMapping("/test")
@ResponseBody
public String test(){
  return"ok";
}
```

（3）@Controller

用于定义控制器类，在 Spring 项目中由控制器负责将用户发来的 URL 请求转发到对应的服务接口（Service 层），一般这个注解在类中，通常方法需要配合注解 @RequestMapping。

（4）@RestController

@ResponseBody 和 @Controller 的合集。

（5）@EnableAutoConfiguration

SpringBoot 自动配置（auto-configuration）：尝试根据添加的 jar 依赖自动配置 Spring 应用。例如，如果 classpath 下存在 HSQLDB，并且用户没有手动配置任何数据库连接 beans，那么我们将自动配置一个内存型（in-memory）数据库。

可将 @EnableAutoConfiguration 或者 @SpringBootApplication 注解添加到一个 @Configuration 类上来选择自动配置。如果发现应用了用户不想要的特定自动配置类，可使用 @EnableAutoConfiguration 注解的排除属性来禁用它。

（6）@ComponentScan

表示将该类自动发现（扫描）并注册为 Bean，可以自动收集所有的 Spring 组件，包括 @Configuration 类。我们经常使用 @ComponentScan 注解搜索 Beans，并结合 @Autowired 注解导入。如果没有配置的话，SpringBoot 会扫描启动类所在包下及子包下的使用了 @Service、@Repository 等注解的类。

（7）@Configuration

相当于传统的 xml 配置文件，如果有些第三方库需要用到 xml 文件，建议仍然通过

@Configuration 类作为项目的配置主类——可以使用 @ImportResource 注解加载 xml 配置文件，示例代码如下：

```
@Configuration
@EnableAutoConfiguration
public class RedisConfig {
    @Bean(name="jedisPoolConfig")
    @ConfigurationProperties(prefix="spring.redis")
    public JedisPoolConfig getRedisConfig(){
        return new JedisPoolConfig();
    }
}
```

（8）@PropertySource

如果需要加载有自定义的属性文件，可以使用该注解进行注入，并与 @Value 配合使用，示例代码如下：

```
@Component
@PropertySource(value = "classpath:config.properties")
public class ConfigUtil {
    @Value("${hos.id}")
    private String hosId;
    @Value("${hos.name}")
    private String hosName;
}
```

（9）@ImportResource

用来加载 xml 配置文件。

（10）@Bean

@Bean 等价于 xml 配置的 Bean。

（11）@Value

注入 Spring boot application.properties 配置的属性值，示例代码如下：

```
@Value(value = "#{message}")
private String message
```

（12）Environment

org.springframework.core.env.Environment 环境类，在 spring3.1 以后开始引入，如 JDK 环境、Servlet 环境、Spring 环境等，每个环境都有自己的配置数据。例如，

System.getProperties()、System.getenv() 等可以拿到 JDK 环境数据；ServletContext.getInitParameter() 可以拿到 Servlet 环境配置数据等；也就是说 Spring 抽象了一个 Environment 来表示环境配置。

在 SpringBoot 中使用直接用 @Resource 注入，即可获得系统配置文件 application.properties/yml 的属性值，如果是自定义的配置文件，则需要预先通过 @PropertySource 等其他注解注入后，才能获取。获取通过 getProperty()。

### 6.4.7 SpringBoot 应用配置

（1）与 MyBatis 的集成

```
<dependency>
    <groupId>org.mybatis.spring.boot</groupId>
    <artifactId>mybatis-spring-boot-starter</artifactId>
    <version>1.1.1</version>
</dependency>
```

（2）与 Redis 的集成

```
<dependency>
    <groupId>org.springframework.boot</groupId>
    <artifactId>spring-boot-starter-redis</artifactId>
</dependency>
```

（3）Junit 单元测试

```
<dependency>
    <groupId>org.springframework.boot</groupId>
    <artifactId>spring-boot-starter-test</artifactId>
</dependency>
```

### 6.4.8 SpringBoot 框架的重要策略

SpringBoot 框架中还有两个非常重要的策略：开箱即用和约定优于配置。开箱即用（Outofbox）是指在开发过程中，通过向 MAVEN 项目的 pom 文件中添加相关依赖包，然后使用对应注解来代替烦琐的 XML 配置文件以管理对象的生命周期。这个特点使得开发人员摆脱了复杂的配置工作及依赖的管理工作，更加专注于业务逻辑。约定优于配置（Conventionoverconfiguration）是一种由 SpringBoot 本身来配置目标的结构，由开发者在结构中添加信息的软件设计范式。这一特点虽降低了部分灵活性，增加了 BUG 定位的复杂性，但减少了开发人员需要做出决定的数量，同时减少了大量的 xml 配置，并且可以将代码编译、测试和打包等工作自动化。

SpringBoot 应用系统开发模板的基本架构设计从前端到后台进行说明：前端常使用模板引擎，主要有 FreeMarker 和 Thymeleaf，它们都是用 Java 语言编写的，渲染模板并输出相应文本，使得界面的设计与应用的逻辑分离，同时前端开发还会使用到 Bootstrap、AngularJS、JQuery 等；在浏览器的数据传输格式上采用 Json、非 xml，同时提供 RESTfulAPI；SpringMVC 框架用于数据到达服务器后处理请求；到数据访问层主要有 Hibernate、MyBatis、JPA 等持久层框架；数据库常用 MySQL；开发工具推荐 IntelliJIDEA。

### 6.4.9 SpringBoot 框架的安装方式

从最根本上来讲，SpringBoot 就是一些库的集合，它能够被任意项目的构建系统所使用。简便起见，该框架也提供了命令行界面，它可以用来运行和测试 Boot 应用。框架的发布版本，包括集成的 CLI（命令行界面），可在 Spring 仓库手动下载和安装。一种更为简便的方式是使用 Groovy 环境管理器（GroovyenVironmentManager，GVM），它会处理 Boot 版本的安装和管理。Boot 及其 CLI 可以通过 GVM 的命令行 gvminstallspringboot 进行安装。在 OSX 上安装 Boot 可以使用 Homebrew 包管理器。为了完成安装，首先要使用 brewtappivotal/tap 切换到 Pivotal 仓库中，然后执行 brewinstallspringboot 命令。

要进行打包和分发的工程会依赖于 Maven 或 Gradle 等构建系统。为了简化依赖图，Boot 的功能是模块化的，通过导入 Boot 所谓的"starter"模块，可以将许多依赖添加到工程之中。为了更容易地管理依赖版本和使用默认配置，框架提供了一个 parentPOM，工程可以继承它。

### 6.4.10 SpringBoot 的发布

（1）将 SpringBoot 项目打包成 jar

可以使用 Maven 将项目打包成 jar 文件，并使用 java -jar 命令运行主 main 方法，将项目运行起来。

（2）将 SpringBoot 项目打包成 war

① pom 文件的命令将 <packaging>jar</packaging> 修改为 war。

② 入口类实现 SpringBootServletInitializer 方法，重写方法：

```
@Override
protected SpringApplicationBuilder   configure(SpringApplicationBuilder application) {
    return application.sources(Application.class);
}
```

（3）这里指定打包的时不再需要 tomcat 相关的包

```
<exclusions>
  <exclusion>
```

```xml
        <groupId>org.springframework.boot</groupId>
        <artifactId>spring-boot-starter-tomcat</artifactId>
    </exclusion>
</exclusions>
```

### 6.4.11 SpringBoot 框架的核心功能

①独立运行的 Spring 项目。SpringBoot 可以以 jar 包的形式独立运行，运行一个 SpringBoot 项目只需通过 java–jarxx.jar 即可。

②内嵌 Servlet 容器。SpringBoot 可选择内嵌 Tomcat、Jetty 或者 Undertow，这样我们无须以 war 包形式部署项目。

③ starter 简化 Maven 配置。Spring 提供了一系列的 starterpom，来简化 Maven 的依赖加载。

④自动配置 Spring。SpringBoot 会根据所在类路径中的 jar 包、类，为 jar 包里的类自动配置 Bean，这样会极大地减少我们要使用的配置。当然，SpringBoot 只是考虑了大多数的开发场景，并不是所有场景，若在实际开发中我们需要自动配置 Bean，而 SpringBoot 没有提供支持，则可以自定义自动配置。

⑤准生产的应用监控 SpringBoot 提供基于 http、ssh、telnet，对运行时的项目进行监控。

⑥无代码生成和 XML 配置。SpringBoot 的神奇的不是借助于代码生成来实现的，而是通过条件注解来实现的，这是 Spring4.x 提供的新特性。Spring4.x 提倡使用 Java 配置和注解配置组合，而 SpringBoot 不需任何 XML 配置即可实现 Spring 的所有配置。

# 第七章 SSM 框架实战项目之一：科技项目管理信息系统

## 7.1 系统简介

科技项目管理信息系统从集成管理信息系统入手，利用最先进的计算机技术和网络技术，基于计算机的大容量数据处理的功能，有效、及时地处理科技计划管理的各类信息，从而为科技计划的制订、执行、监督全过程提供信息技术支持，使科技计划管理工作向科学化、规范化的方向发展。

科技项目管理信息系统基于 Java EE 平台，采用云计算、数据挖掘、短信推送和工作流管理等技术和手段，实现科技项目的全流程信息化管理，有效降低学术不端现象，提升科研诚信，为科技项目管理部门和科研人员提供科研项目全生命周期一站式精细化管理服务。

科技项目管理信息系统实现科技计划项目的网上申报、评审、受理、立项、监理验收、资金效能分析、绩效评价和经费预算等功能，为申报和实施单位、科技项目评审专家及科技计划管理部门提供了一个功能齐全、操作便捷、实用高效的工作流平台。

## 7.2 系统建设背景分析

根据《国务院关于改进加强中央财政科研项目和资金管理的若干意见》（国发〔2014〕11号）和《国务院印发关于深化中央财政科技计划（专项、基金等）管理改革方案的通知》（国发〔2014〕64号）等相关文件要求，甘肃省全面进行科技计划管理体系再造，对科技资源配置方式、科技计划管理流程、计划项目管理设计等进行全面改革。科技项目管理信息系统的更新构建，是甘肃省科技计划管理体系再造行动实施方案的一个重要内容与任务。同时，随着大数据时代的来临，云计算技术迅速在国内发展起来，信息技术的飞速发展，使基于早期技术标准建设的业务管理系统渐显落后，在服务器、数据库软件、数据挖掘等方面亟待改进。为此，建设甘肃省科技项目管理信息系统。

## 7.3 系统建设目标

大力加强科研项目管理的信息化建设，通过信息化系统的"物化"平台来保障科研项目管理的制度化、规范化，提高科技项目管理效率，保障科技项目管理的公开、公平、公正。利用云计算、大数据处理等最新技术，重新打造一个可以有效连通国家、省、市各级科技主管部门和科研任务承担单位，充分实现信息共享、信用体系共享、信息公开、责任落实的省、市协同管理、涵盖全省所有科技计划管理的"甘肃省科技项目管理信息系统"，实现科技计划全流程"痕迹"管理，科技项目信息面向全社会公开公示，构建社会公众与省科技主管部门的沟通交流渠道，多级多部门协同审查的监督功能，以及面向科研单位和科技人员全方位服务。要求系统能支撑起特殊业务流程管理、数据信息资源共享服务、业务全流程管理、上下与国家和市（州）相连，左右与相关政府部门相通，并充分共享科研信用信息、专家信息等。具体目标如下：

①省级科技计划统一平台管理。实现省科技计划统一平台管理，系统内所有用户统一入口登录，使用一套账号处理系统中权限范围内的科技项目管理业务；实现系统中信息资源整合服务、信息联动服务。

②一站式全流程业务管理。广大科技工作者使用一套账号登录平台，即可办理部门所有业务。科技计划类业务从项目申报、评审、立项审批、合同签订、过程管理、结题验收等全部流程信息化管理。

③科研诚信建设。对系统中的项目申报人、承担单位、项目管理机构、科技咨询专家进行科研诚信管理，提高科技服务社会经济的能力。

④完善的科技监管服务。灵活的项目申报控制、资格审查和条件丰富的项目查重服务，全面的科研诚信服务，相关审计、监察等部门实时在线监管功能，有效地监管科技项目管理业务。

⑤智能统计分析。对系统中的业务管理数据进行深入挖掘、全面统计分析，按区域、时间、业务等多维度出具统计报表、图形服务，并可汇总得出统计分析报告。

⑥集成专家库管理与应用服务。实现专家征集服务，专家—项目—评审活动一体化管理与应用服务，共享国家系统专家库。

⑦开放的数据接口服务。优先采用国家、省信息化有关标准和要求进行系统建设，方便与国家、省、市其他政府部门系统的对接服务，并实现科技报告管理与国家科技报告共享服务系统对接。

⑧公共信息共享。实现单位、人员等基本公共信息及业务管理流程关键节点信息在各级科技主管部门间、监管部门间的共建共享。

⑨扩展服务渠道。实现系统与邮件系统、短信平台信息互通，向用户推送各类科技信息，反馈项目节点信息。

## 7.4 需求分析

### 7.4.1 科技用户需求

科技计划业务平台用户包括所有的科研人员、科研单位及全省各级科技主管部门、项目管理机构、评估机构。结合甘肃省的科技管理模式，科技业务遵循逐级管理模式，业务申报由企事业单位到科技主管部门，项目下达则由科技主管部门到企事业单位。同时，在每一级业务管理工作中，财政、审计、监察等部门互相配合、制衡、协同管理本级科技业务。

（1）企事业用户

科技业务承担主体主要为各企事业单位，在实际业务处理中，业务工作由具体经办人、财务人员、单位业务管理人员等完成，要求平台根据业务管理规定，厘清企事业单位内部人员管理权限，支持各类用户处理权限范围内的工作，提供便捷的服务模式，支持个人主页服务。企事业用户要定期完善本单位的信息，与本单位人事部门一起督促单位内部人员对基本信息、从事的科研活动、取得的科研成果等进行更新完善。

（2）各级科技主管部门用户

各级科技主管部门用户主要是各推荐单位、科技主管部门；各推荐单位主要包括地市（州）科技主管部门、科研院所、有关高校、省直部门、大型企业等，可进行并行推荐和串行推荐灵活配置，实现多部门联合推荐。系统支持同一单位或同一用户多重身份，如市（州）科技主管部门在省厅业务处理时可为推荐单位也可为申报单位，在市（州）本级科技业务处理时又变为科技主管部门。

（3）相关政府部门用户

科技业务管理不仅是科技主管部门事务，还涉及其他政府部门，如监察、审计、财政、纪检、工商、税务、公安、学籍管理等。根据部门职责不同分管工作内容各有侧重，要求突出各用户管理的工作重点，有针对性地设计服务内容；要求支持与相关部门之间系统的数据收集、交换与推送服务。

（4）项目管理机构

项目管理机构是在科技业务管理中协助科技主管部门管理项目的相关服务机构，管理业务包括项目受理、项目评审、中期检查、项目验收、科技报告等各个环节，要求根据业务流程和内容灵活分配管理内容。

（5）科技咨询专家

在系统中，科技咨询专家的具体工作是对科技业务进行评议。要求提供专家信息采集、推荐、审核、入库、应用、信用评价，专家与项目自动匹配服务，专家查重、回避服务，专家个人主页服务。

### 7.4.2 功能需求

（1）发布项目指南

科技主管部门根据征集到的项目指南建议和科技计划管理的要求，制定年度项目申报指南，经专家论证通过后，统一通过科技管理信息系统公开发布项目申报指南。

（2）项目申报受理

根据科技业务管理的环节，实现科技重大专项、重点研发计划、技术创新引导专项、创新基地与人才等科技项目的指南征集、三查（项目查重、科技查新、专利检索）、科技业务在线填报、推荐和受理。具体包括项目申报材料、经费预算材料、合同、执行情况、变更申请、项目终止、结题验收、科技报告及纸质材料受理等。支持不同业务申报流程，同一业务多表单、多版本、多流程、多批次并行管理；支持同一项目合并多项业务申请；支持项目结转管理；支持委托管理。

系统涵盖各计划类别，统一平台面向甘肃省各企业、事业单位和个人开放网上申报。系统可将申报书生成带条形码的 PDF 文件供打印，并保证网上填报和提交的纸质材料一致。同时可以对数据进行提取和挖掘分析。其包含的主要功能有：单位和管理员用户注册；项目申报人管理；项目结转、委托管理；在线申报、打印和电子提交；网上受理、清单导出和回执打印；按主管部门进行后台自动分拣。

（3）项目网上评审

支持同行评议、会议评审、网络视频评审、现场考察、经费预算评审等不同的评审方式，能灵活配置技术、管理、财务、经费评审相关指标和流程，支持多轮评审，支持多方面的评审活动同时开展，支持系统中所有业务同时进行评审并使用不同的评审协议。实现匿名评审、异地评审、双盲评审、评审录音录像等功能，实现专家评审现场和评审意见的"痕迹"管理。严格执行专家信息的保密制度，实现评审项目分组、专家遴选、专家邀请、专家通知自动化。支持评审意见修改和完善服务，支持评审结果信息即时公开、事后公开或依申请公开的灵活配置。支持根据管理规则自动回避专家，支持专家催评、专家投诉、专家与项目管理机构互动，支持委托评审并引入第三方机构评审机制。其主要功能如下。

①按同行评议原则，对项目进行聚类分组；
②按同行评议、关键词匹配方式，智能推荐评审专家；
③支持专家抽取、项目指派、评审通知、评审结果导出；
④支持评审表定制功能，可根据资金分项、轮次配置评审表；
⑤专家在线输入评审意见，完成项目评审，并提交评审结果；
⑥支持会评、包括各类专家评审表批量打印；
⑦支持网络视频会议评审，将评审过程资料留痕；
⑧支持现场考察，为现场考察提供材料，并支持录入考察结果；
⑨支持按照技术、管理、财务、经费等不同的专家设定评审指标；
⑩支持打印每位专家评审项目清单，用于计算和发放评审费用。

（4）项目集中审批

项目分拣到各项目管理机构后，由项目管理机对项目组织评审、预审、考察等，并对项目的情况进行初步审核，形成拟立项项目清单，由各科技主管部门将拟立项清单提交到厅级联席会议。联席会议对项目进行讨论，形成最终结论，并由省科技厅会同各相关主管部门联合下达。进行项目立项时可以及时进行立项项目预警，项目下达时，能够对超预算立即提醒。其主要功能如下。

①支持审批过程可以按照角色定义流程，且审批留痕；
②分管部门初审，输入项目初审意见，并生成拟立项清单；
③支持对初审、复审意见的批量导入、导出，批量项目立项下达；
④计划处项目复审，输入最终立项小组意见；

⑤审批结果支持对外进行公示；

⑥企业获得资助信息提醒，分管部门超预算、单位扶持是否超限等进行检查和校验，同时可以查到该单位在获得国家、省等的资助情况；

⑦项目下达，由领导小组复审之后，由财政进行项目下达。

另外，对于审批审核类业务，如科技奖励、高新技术企业认定等事项，支持网上登记各类审批结果，并形成相应的证书，完成办结，支持不同的业务有不同的审批流程。

（5）项目查重比对

在项目获得受理后，经过组织项目评审，初步形成立项审批意见，提交科技厅统一立项下达。这个过程中，需要由系统进行智能分析比对，包括以下方面内容：

①系统可以自动根据各个专项类别的政策条件设定比对规则，在项目预审阶段能够自动对不符合申报条件的项目给出预警，甚至拒绝申报或立项。

②系统可以根据项目的申报信息、基于内容特征进行全面查重，对历年立项项目及当年申报的所有项目进行检查，避免一个项目重复申报或者重复立项。

③对于相同的项目，不同的单位进行重复申报，可通过单位信息进行查重预警。同时可设定一个单位申报或立项项目的数量、立项金额的上限。

④对各科技主管部门资助企业的项目数量和金额进行统一标准管理。

（6）在线签订合同

对于同意立项的评审类项目，需要重新签订合同的，在下达项目后，由系统自动初始化合同书，然后项目管理机构根据任务安排，以短信和邮件的方式通知项目负责人进入系统填写合同书。

系统将自动提取申报书中的部分内容复制到合同书，完成合同信息初始化，项目负责人登录系统中只需对需要调整的地方进行修改即可轻松完成合同书的填写和提交。

单位管理员对本单位项目负责人提交的合同进行初审，将不合格的合同退回项目负责人进行修改，将审核通过的合同书上报到市（州）科技主管部门审核，市（州）科技主管部门审核后上报到科技主管部门审核。

科技主管部门在线审核合同书，可退回修改并填写需要修改的内容。若审核通过，需要对项目的拨款计划进行整理，确定年度拨款计划，默认立项年度为全额拨款年度。项目合同审核通过后，系统将自动按照预定的格式生成项目合同的 PDF 文件，供单位下载打印成纸质合同。

如果合同双方协商不成，可由科技主管部门立项责任人撤销合同，不进入后续的项目执行跟踪及项目验收结题等环节。

在线合同管理主要功能如下。

①合同签订通知管理，向承担单位和项目负责人发送短信和邮件通知；

②系统自动根据项目申请书内容初始化项目合同；

③承担单位或项目负责人网上签订合同；

④主管部门在线审核合同书，审核通过后，由单位打印成书面合同；

⑤纸质合同状态跟踪，对企业或个人上交的纸质合同进行状态跟踪，流转状态包括

收取纸质合同、部门已盖章、纸质合同分发等。

（7）项目资金拨付

签订合同后，由财政部门按相关管理办法办理资金拨付，系统支持按项目信息为主线的资金拨付管理，实现对项目资金的拨付申请、审定、状态跟踪、异常处理，并部分可向社会公开（如受助企业可以跟踪自己项目的拨款状态）。

（8）项目跟踪管理

科技主管部门为准确掌握立项项目的执行情况，建立项目跟踪和监督检查制度，依托项目管理机构，在项目执行期间组织项目跟踪调查，对项目的实际进度、指标数据进行核查。项目跟踪主要反映扶持期内项目实施情况和绩效目标完成情况及企业财务表。项目实施单位要自觉接受有关业务主管部门和财政部门对项目的监督检查。接受基金资助和扶持的企业，定期（如应于每月前10日内）选择在研项目或已经验收一年内的项目向有关业务主管部门提交项目中期检查报告和项目绩效情况，包含拨款项目实施进度表、资金使用情况、企业的销售税收情况和预期绩效完成情况表。同时，各科技主管部门可以跟踪企业和市（州）科技主管部门提交项目绩效报告的情况。项目承担单位上报的项目实施情况和绩效报告作为信誉评定的一个方面，并作为以后是否给予专项扶持的依据。

对于研发类项目，在签订项目合同后，项目进入项目执行阶段，必须按照资金使用计划使用资金，专款专用，同时向科技主管部门报告项目进展或发展状况，包括：项目实施进度跟踪；项目绩效进度跟踪；项目经费使用情况跟踪。

项目批准后，在项目执行过程中，若有重要信息变化时，需要由项目负责人、单位或主管部门提交变更申请，变更申请得到通过后，系统及时更新项目信息，保证项目信息处于与现实相吻合的有效状态。变更审批流程应能根据管理要求灵活配置。变更申请单由主管部门审核通过后生效。

（9）项目结题验收

项目签订任务书后，由项目负责人根据自己的实际情况提出项目的验收申请。项目负责人填完验收申请书后，提交到申报单位审核，申报单位管理员审核后再把验收书提交至项目管理机构。项目管理机构可以根据项目的申请情况设置验收方式，按照验收方式在线下进行专家评审，之后项目管理机构把专家评审意见录入系统，并根据评审结果对验收书进行审核。

只有审核通过的验收书才可能产生验收证书，项目负责人完善验收书之后就可以提交到申报单位审核，申报单位管理员审核后再把验收书提交至项目管理机构，项目管理机构审核后会生成一份正式的PDF验收书，供项目负责人打印并上交纸质材料。

①项目结题验收，合同即将到期时，自动提醒主管部门、承担单位、项目负责人，承担单位在网上从系统向主管部门提出验收结题申请。

②主管部门组织项目验收，包括专家验收等。

③建立项目绩效，形成各类资金产生的成果库。

④并由监察、审计部门对项目的相关资料、项目执行流程进行监督检查。

（10）科技报告管理

首先，建立科技报告管理制度，成立科技报告管理中心、科技主管部门、项目承担单位，项目负责人积极参与实施，同时制定规范的科技报告统一分类及格式。

其次，科技报告管理工作要始终贯穿科技计划项目管理的全过程。在科技项目管理的过程中，加强引导和宣传科技报告呈交的必要性，强制新立项和在研项目提交科技报告，否则不能进行项目验收，特别是新立项项目，要将科技报告提交的类型及份数，明确要求写到合同书里。申报指南中应加强引导，尽量明确各类计划需要提交的科技报告的类型，作为项目评审的重要依据。对于近三年实施、已验收的项目，对重大、重点项目通过鼓励措施，推动补充和追溯科技报告呈交。

再次，将科技报告呈交系统和科技项目管理有机结合，提交中期报告时，可在验收时提交，也可在验收后提交。由项目负责人提交后，承担单位审核上报至省科技厅科技报告管理中心。中心人员对科技报告内容是否符合格式要求进行审核，审核通过后进入科技报告审定库。

然后，在科技报告审定库，对科技报告进行密级设定，确定发布的时限等内容。一方面，建成科技报告对公众分类发布展示平台；另一方面，在项目立项时，利用科技报告进行查新工作，推动科研创新。

最后，省科技报告管理平台，要起到承上启下的作用，一方面，收集各市（州）科技主管部门的科技立项项目的所形成的科技报告数据，集中到省平台发布；另一方面，也要将甘肃省的科技报告向国家科技报告管理系统推送。

（11）决策分析管理

在全省科技计划项目管理统一平台、统一数据的基础上，进行深度数据挖掘，通过结构分析、总体分析、进度分析、比较分析等手段，从资金统计、项目统计等方面，为省政府、财政厅及各科技主管部门提供决策分析支持。数据挖掘分析结果支持图形化、图表化及表格等多种展示形式。

对申报单位提交的申请书信息进行数据挖掘，支持按照申请书的内容字段进行组合条件查询，以及按单位特性、主管部门、所在区域等字段进行分类汇总。按照字段自由定义后，用户可自定义生成不同的统计报表。

对全省科技计划资金对应的政策法规进行集中梳理，划分各个计划类别对应的政策依据及项目类别管理模式，形成专项清单，可从功能类别、主管部门、资金类别等不同角度进行分析。另外，对全省的政策及全国其他省份的政策进行整合梳理，并按照政策内容进行比对，辅助省科技主管部门及相关单位制定或修改甘肃省科技计划各项政策。

（12）项目管理机构

项目管理机构包括受理、评审、中期检查、项目验收、科技报告等各个环节的管理单位，可以指定不同的单位进行负责，不仅是省科技厅的业务部门。项目机构管理包括增加新机构、机构的基本信息、联系人信息及账号信息等管理。各个项目机构的管理员，可以自行添加内部工作人员，并按照权限划分，完成指定的各项工作。科技主管部门为各个环节指定项目管理机构，并分配相应的管理业务。各个项目管理机构的管理项目范围不能越权。各个机构建立评价体系，对项目管理的情况进行跟踪管理，并提交管理工作报告。

用户和系统功能的对应关系如表 7-1 所示。

表 7-1　用户和系统功能的对应关系

| 用户 | 系统功能 |
| --- | --- |
| 项目申报单位 | 单位注册、单位信息维护、子账户管理、项目创建、项目编辑、项目上报、下载申报书、填写任务书、科技创新券查询、科技服务预约、订单在线支付、科技服务交易明细查询、科技报告填写、科技报告呈交、提交项目验收材料、打印项目验收材料 |
| 项目推荐单位 | 推荐项目、退回项目、新增专家、专家推荐 |
| 项目管理处室 | 项目受理、项目退回、专家信息查询、专家入库、专家出库、分配评审专家、短信通知专家评审、汇总评审结果、打印拟立项项目清单、分配项目批次、生成项目立项编号、填写项目支持经费、科技创新券分配、通知填写任务书、审核任务书、签署任务书、审核验收材料、填写验收意见、打印验收证书 |
| 评审专家 | 专家信息维护、查看项目信息、填写评审意见、提交评审意见 |
| 科技报告管理中心 | 科技报告审核、科技报告发布、打印科技报告收录证书 |
| 系统管理员 | 系统参数设置、基础信息维护、用户管理、角色管理、权限分配 |

### 7.4.3　数据流图

数据流图（DFD）是结构化分析（SA）方法中用于表示系统逻辑模型的一种工具，使用数据流、加工、数据存储、数据的源点/终点 4 种基本图形符号，以图形的方式描绘数据在系统中的流动和处理过程。科技项目综合管理服务平台中数据的处理过程如下。

①项目申报单位上报科技项目申报书至推荐单位。

②推荐单位查阅审核项目申报书，若审核通过，填写推荐意见，进行项目推荐；若审核未通过，填写退回意见，进行项目退回。

③项目主管处查阅审核已推荐的项目，若审核通过，进行项目评审；若审核未通过，填写退回意见，进行项目退回。

④评审专家收到评审项目通知，查阅项目信息，提交评审意见。

⑤项目管理处查看评审结果，编制项目立项清单，进行项目立项，并通知项目申报单位填写任务书。

⑥项目申报单位收到项目立项通知和填写任务书通知，填写并提交任务书。

⑦项目主管处室查阅项目申报单位提交的任务书，若审核通过，进行项目任务书签署；若审核未通过，退回任务书。

⑧根据项目实施进度，项目申报单位提交项目科技报告。

⑨科技报告管理中心查看审核科技报告，若审核通过，打印科技报告收录证明；若审核未通过，退回科技报告。

⑩项目实施完成，项目申报单位提交项目验收申请。

⑪项目主管处查看项目验收申请，若同意验收，组织项目验收，填写验收意见，打印项目验收证书；若不同意验收，退回项目验收申请。

系统的顶层数据流图如图7-1所示。

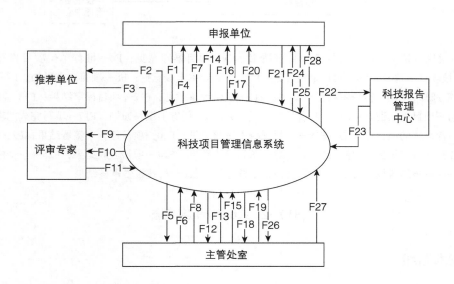

F1—项目申请书；F2—待推荐项目申请书；F3—项目推荐意见；F4—推荐单位项目推荐意见；F5—待审核项目申请书；F6—项目审核意见；F7—主管处室审核意见；F8—项目评审通知；F9—主管处室项目评审通知；F10—待评审项目申请书；F11—项目评审意见；F12—项目评审结果；F13—项目立项意见；F14—项目立项通知；F15—签署任务书通知；F16—任务书填写通知；F17—填写完成的项目任务书；F18—待审核的项目任务书；F19—项目任务书审核意见；F20—项目任务书签署结果；F21—呈交的科技报告；F22—待审核的科技报告；F23—科技报告审核意见；F24—科技报告审核结果；F25—项目验收申请；F26—待审核的项目验收申请；F27—项目验收意见；F28—项目验收结果

**图7-1 系统的顶层数据流**

分解顶层图的科技项目综合管理服务平台为若干子系统，得到系统的0层数据流，如图7-2所示。

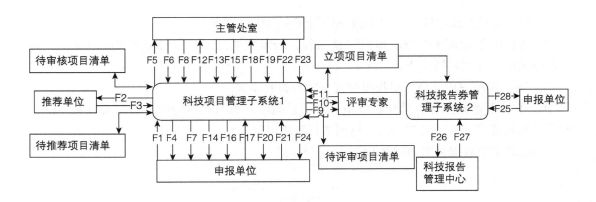

F1—项目申请书；F2—待推荐项目申请书；F3—项目推荐意见；F4—推荐单位项目推荐意见；F5—待审核项目申请书；F6—项目审核意见；F7—主管处室审核意见；F8—项目评审通知；F9—主管处室项目评审通知；F10—待评审项目申请书；F11—项目评审意见；F12—项目评审结果；F13—项目立项意见；F14—项目立项通知；F15—签署任务书通知；F16—任务书填写通知；F17—填写完成的项目任务书；F18—待审核的项目任务书；F19—项目任务书审核意见；F20—项目任务书签署结果；F21—项目验收申请；F22—待审核的项目验收申请；F23—项目验收意见；F24—项目验收结果；F25—呈交的科技报告；F26—待审核的科技报告；F27—科技报告审核意见；F28—科技报告审核结果

图 7-2　系统的 0 层数据流

## 7.5　技术路线

系统建设遵循云架构模式，以适应不同主管部门的横向扩展，同时适应各市（州）主管部门的扩展需求。云计算服务平台遵循云计算经典服务模型，提供 IaaS 层服务。平台通过云计算操作系统实现对底层服务器、存储、网络等硬件资源的虚拟化和统一调度管理，并抽象出弹性计算云和数据库云两类云服务，提供面向最终用户的自助服务门户。用户可在线申请弹性计算云服务，部署应用服务和 WEB 服务，并可申请云数据库实例来导入业务数据。平台提供内在的安全性设计，多个租户之间通过虚拟防火墙实现安全隔离和访问控制，并支持强身份认证和可选数据加密措施。系统技术路线如图 7-3 所示。

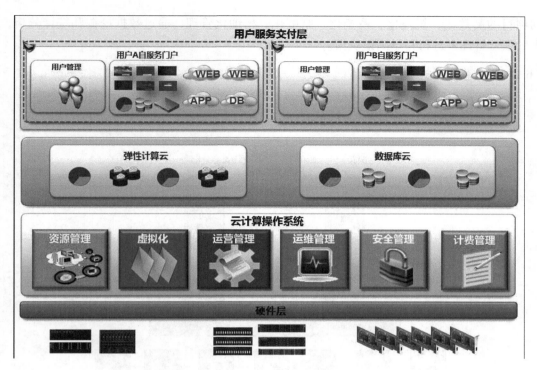

图 7-3 系统技术路线

特别提出，云存储是指通过集群应用、网格技术或分布式文件系统等技术，将网络中大量各种不同类型的存储设备通过应用软件集合起来协同工作，共同对外提供数据存储和业务访问功能的一个系统。

（1）单系统纵向扩展（scale-up）

传统存储设备只具有局部的纵向扩展（scale-up）能力，即通过增加磁盘扩展存储设备的容量，通过增加控制器的 Cache 扩展存储设备的性能。为了获得更好的存储性能，可以通过增加存储设备（如另一台磁盘阵列）的方式来扩展汇聚带宽。但是在存储设备中，特定数据被存放在指定的 LUN 中，且只能通过指定的控制器访问，因此，即使扩展了存储设备，也不能提高特定数据的访问速度。

（2）多系统横向扩展（scale-out）

云计算环境中，对存储提出如下诸多挑战：
①大容量。存储系统需要支撑虚拟机、数据库、海量用户数据等。
②弹性扩展。计算资源通过虚拟化弹性扩展，要求存储系统具备扩展能力。
③高性能。多租户的云应用环境的并发访问、突发流量对存储系统提出较高的要求。
④数据安全。云存储系统支撑所有业务系统，对数据安全提出较高的要求。

## 7.6 系统设计

系统的建设以规范和创新甘肃省各类科技计划项目管理为目的，实现对全省科技计划项目的高效化、规范化、系统化、制度化、精细化管理，通过数据挖掘和统计分析，帮助项目管理者进行科学高效决策。

### 7.6.1 业务总体架构

业务总体架构如图 7-4 所示。

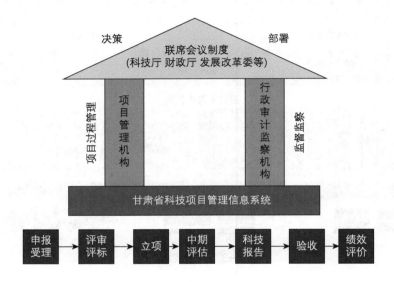

图 7-4 业务总体架构

①联席会议制度，由科技行政主管部门牵头，财政、发展改革等相关部门参加，充分发挥各部门的作用，形成统筹协调与决策机制。

②项目管理机构，由项目管理机构负责项目的过程管理，政府部门不直接管理项目。项目管理机构进行项目受理、项目评审、项目跟踪、项目验收及绩效评估等工作。

③行政审计监察机构：省各类科技计划资金的管理和使用必须遵守法律法规和财政资金预算管理相关规定，符合我省经济与社会发展规划及产业发展政策，并接受省人大、监察、审计等部门的监督和检查。

### 7.6.2 系统架构设计

本系统基于 B/S 模式，面向科技项目申报单位、推荐单位、主管处室、评审专家、科技服务机构、科技报告管理中心及创新券管理单位等用户，依托《甘肃省科技项目管理办法》《甘肃省科技创新券实施管理办法》《科技项目综合管理服务平台安全保障体系》《科技项目综合管理服务平台运营管理体系》等管理办法，建设一个统一的科技项目综合管理服务平台。采用多层架构设计理念，平台划分为用户层、表示层、应用管理层、应用数据层和基础设施层。平台的总体架构如图 7-5 所示。

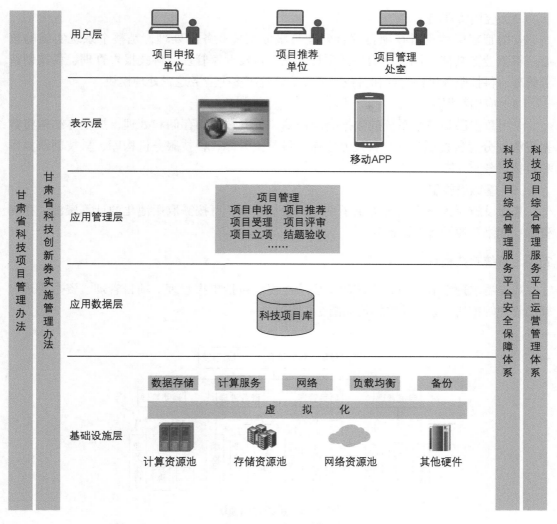

图 7-5 平台总体架构

（1）用户层

用户层是指科技项目综合管理服务平台的各类用户，包括项目申报单位、项目推荐单位、项目管理处室、评审专家、科技服务机构、科技报告管理中心及创新券管理单位等用户。用户端设备可以是笔记本电脑和台式机，也可以是平板电脑、智能手机等移动终端设备，用户利用这些终端通过 Web 浏览器访问科技项目综合管理服务平台，无须维护任何基础架构或软件运行环境。

（2）表示层

表示层是用户层与应用管理层的接口，包括 Web 接口、移动 APP 接口、微信接口等。表示层为各类终端用户访问应用程序提供接口，负责接受用户的请求，并将请求信息发送到应用管理层进行处理，应用管理层处理完后，将处理结果返回表示层，并展现给终端用户。

（3）应用管理层

应用管理层负责科技项目综合管理与服务相关业务的处理，是整个系统实施的核心。根据业务功能不同，分为科技项目管理、科技专家管理、科技报告管理、科技创新券管理、科技服务机构管理和科技服务交易管理等多个业务逻辑处理模块。

（4）应用数据层

应用数据层是整个系统的数据资源保障，负责数据的存储和处理，按整体结构将数据资源划分为科技项目库、科技专家库、科技报告库、科技服务机构库、科技创新券库和科技服务交易库。

（5）基础设施层

基础设施层为整个系统提供了良好的运行环境，可按需取用池化的计算资源、存储资源、网络资源及备份设备等。

### 7.6.3 系统功能模块

基于需求理解和分析，系统的主要功能模块包括申报管理、项目管理、资金管理、辅助管理等模块。系统功能模块如图 7-6 所示。

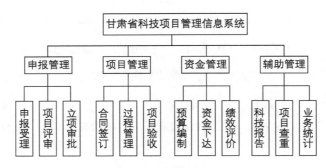

图 7-6 系统功能模块

①申报管理子系统是指从科技主管部门发布项目申报指南，开通项目申报，到企业在线填报申请书，经市（州）科技主管部门推荐，项目管理机构审核通过后，组织专家评审、提交立项意见，科技主管部门确定立项项目并发布下达文件的全过程。从细化的角度划分为申报受理、申报评审、项目立项等过程。

②项目管理子系统是指评审类的项目获得立项，签订合同任务书并对项目的执行情况进行跟踪，包括进度目标、绩效目标等，以及对项目执行过程中产生的延期变更、绩效目标、经费明细等变更的管理，直至完成项目验收结题。

③资金管理子系统是指主要由省财政部门对历年科技计划资金预算导入、资金审核发文、资金执行跟踪、立项时进行项目比对，最终执行项目经费拨款到企业的全过程监管及根据科技计划资金管理要求，组织第三方机构对立项的项目进行绩效评价，包括财务审计、目标评价等。

④辅助管理子系统是指为科技业务管理各个环节提供辅助管理、决策等支持服务，

包括科技报告管理、专家管理、项目查重、业务统计等。

### 7.6.4 用户类别

系统的用户类别分为申报单位、推荐单位、处室人员、厅领导、专家用户和系统管理员等。用户类别和功能模块对应关系如表 7-2 所示。

表 7-2 用户类别和功能模块对应关系

| 用户类别 | 功能模块 |
| --- | --- |
| 申报单位 | 项目申报、任务书签署、年度进展报告、项目验收申请、信息维护 |
| 推荐单位 | 项目推荐、专家信息、计划打印、批次通知、信息维护 |
| 处室人员 | 项目受理、项目审核、计划处理、项目查询、项目评审、项目管理、历史项目查询、项目归档 |
| 厅领导 | 项目查询、项目归档、计划浏览 |
| 专家用户 | 专家信息、历史项目查询、项目归档 |
| 系统管理员 | 参数设置、权限维护、密码查询 |

### 7.6.5 业务流程

业务流程分为两个闭环：资金管理和项目管理。资金管理流程包括资金预算、跟踪、决算等环节；项目管理流程包括项目申报、评审、签订合同、在研、验收等环节。业务流程如图 7-7 所示。

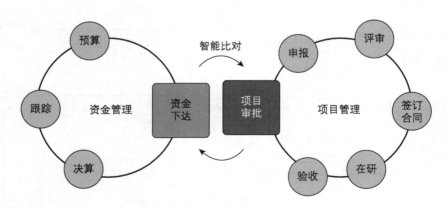

图 7-7 业务流程

### 7.6.6 系统流程

系统流程包括单位注册、项目申报、项目受理、项目评审、审核审批、合同签订、经费管理、项目跟踪、项目验收等环节。系统实现全过程的信息化管理流程如图7-8所示。

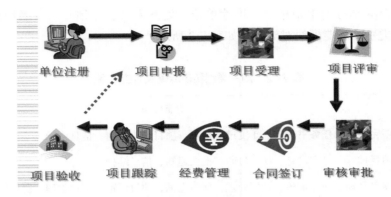

图 7-8 系统实现全过程的信息化管理流程

### 7.6.7 系统流程细化

对系统流程进行细化，分为申请单位、系统、项目管理机构、评审机构、评审专家和科技主管部门等几个部分。系统细化流程如图7-9所示。

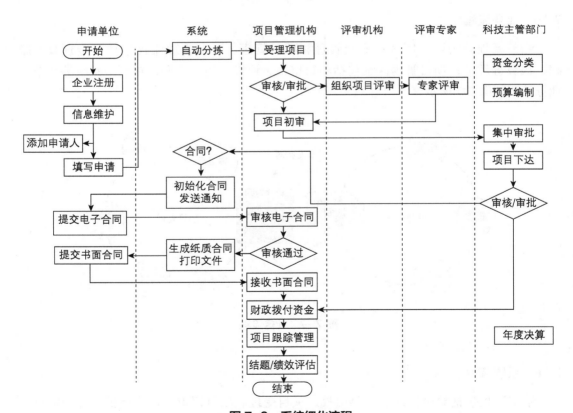

图 7-9 系统细化流程

流程相关说明如下。

①预算编制，由厅际联席会议协调各科技主管部门，制定项目类别体系，并根据类别体系制定年度资金预算，支持按照部门、资金、功能支出等多种方式的跟踪，直至年度决算。

②统一受理，申报单位在同一平台使用同一套账号和密码完成各类科技计划申报工作，系统根据分项所属主管部门进行自动分拣，项目进入对应项目管理机构和主管部门的工作窗口，整个专项资金项目对所有主管部门不设密码，主管部门以外的单位仍然可以查看到整体情况。

③分类评审，由项目管理机构对所分管的科技计划项目进行评审（或审核），并可以制定不同的评审标准，按不同的方式进行评审；系统支持网上评审、网读会评、投票等多种形式，并可以组织多轮次评审。

④集中审批，联席会议小组作为决策和审批机构，对所有科技计划项目进行集中审批，系统将所有项目管理机构的评审和初审结果进行汇总，并对企业的限额、限项指标原则进行设卡。

⑤跟踪管理，由科技主管部门/项目管理机构对批准项目进行跟踪，包括项目合同签订、中期管理、信息变更、绩效评估等。

⑥闭环管理，系统自动将企业执行情况与申报受理平台联通，根据预置条件自动对申报单位的申报资格等进行审查，实现专项资金闭环管理。例如，系统可以限制到期未及时验收的申报单位不能再申请其他项目等。

### 7.6.8 数据库设计

数据库设计在系统总体设计中占有重要地位，数据库设计关乎系统业务需求的准确实现、系统的性能、可扩展性、数据存储效率、数据完整性和数据冗余等多个方面。在系统总体设计阶段，数据库设计主要包括概念设计和逻辑设计两个部分。

（1）概念设计

概念设计阶段的目标是将用户的需求归纳、抽象为一个独立于 DBMS 和计算机硬件的概念模型。概念模型常用的表示方法是 E-R 图，通过 E-R 图形象地表示出实体、属性及实体之间的联系。本系统的简要 E-R 图如图 7-10 所示。

（2）逻辑设计

逻辑设计阶段的任务是将概念设计阶段设计的 E-R 图转换为适应于某种特定 DBMS 所支持的数据模型。逻辑设计决定了数据库的整体性能，必须遵守数据库的规范化理论。

由于系统涉及的信息较多，需要设计多张数据表，本文选取部分核心数据表来说明数据库的逻辑结构设计。

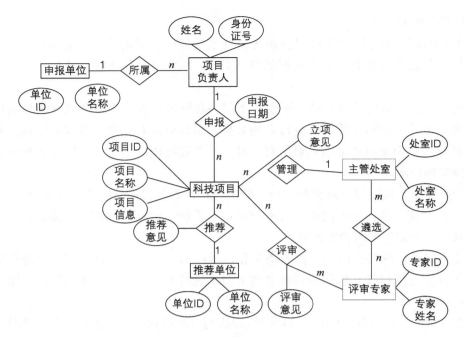

图 7-10 系统的简要 E-R 图

①项目基本信息表（T_PROJECT）。项目信息表是该系统最核心的一张数据表，包括项目 ID、项目名称、申报单位 ID、推荐单位 ID、申报日期、技术领域 ID、计划类别 ID 等项目基本信息，如表 7-3 所示。

表 7-3 项目基本信息表（T_PROJECT）

| 字段名 | 字段描述 | 数据类型 | 长度① | 主键 | 备注 |
|---|---|---|---|---|---|
| PROJECT_ID | 项目 ID | varchar | 32 | 主键 | |
| PROJECT_NAME | 项目名称 | varchar | 100 | | |
| DECLARE_UNIT_ID | 申报单位 ID | varchar | 32 | | |
| COMMEND_UNIT_ID | 推荐单位 ID | varchar | 32 | | |
| APPLICATION_DATE | 填报日期 | datetime | | | |
| TECHNIC_DOMAIN_ID | 技术领域 ID | varchar | 8 | | |
| PLAN_TYPE_ID | 计划类别 ID | varchar | 4 | | |
| MANAGE_UNIT_ID | 主管处室 ID | varchar | 4 | | |
| PROJECT_NUMBER | 项目编号 | varchar | 16 | | |

续表

| 字段名 | 字段描述 | 数据类型 | 长度① | 主键 | 备注 |
|---|---|---|---|---|---|
| INNOVATE_TYPE | 创新类型 | varchar | 2 | | 1 首创<br>2 重大改进<br>3 较大改进<br>4 引进吸收<br>5 一般 |
| PROJECT_INTRODUCTION | 项目简介 | varchar | 1000 | | |
| EXPECT_HARVEST | 预期成果 | varchar | 1000 | | |
| MEMBER_NUMBER_TOTAL | 项目组总人数 | int | | | |
| MEMBER_NUMBER_SENIOR | 其中高级职称 | int | | | |
| MEMBER_NUMBER_MIDDLE | 其中中级职称 | int | | | |
| MEMBER_NUMBER_JUNIOR | 其中初级职称 | int | | | |
| MEMBER_NUMBER_OTHER | 其他人数 | int | | | |
| TARGET_AND_TASK | 项目目标与任务 | varchar | 4000 | | |
| BASIC_AND_ADVANTAGE | 现有工作基础与优势 | varchar | 2000 | | |
| ASSIGNMENT_AND_ASSESS | 任务分解与考核指标 | varchar | 8000 | | |
| OUTLAY_BUDGET | 经费预算 | varchar | 2000 | | |
| PLAN_AND_AIM | 项目的年度计划及年度目标 | varchar | 2000 | | |
| RISK_AND_WAY | 项目风险分析及对策 | varchar | 2000 | | |
| PROJECT_YEAR | 项目申报年度 | varchar | 4 | | |
| PROJECT_STEP | 项目所处阶段 | varchar | 2 | | |
| STATUS | 记录状态 | varchar | 1 | | |

注：①空白表示默认长度，余同。

②项目申报单位信息表（T_DECLARE_UNIT）。申报单位信息表存储申报单位相关的信息，包括单位 ID、单位名称、单位类型、法人代表、联系地址等信息，如表 7-4 所示。

表 7-4 项目申报单位信息表（T_DECLARE_UNIT）

| 字段名 | 字段描述 | 数据类型 | 长度 | 主键 | 备注 |
|---|---|---|---|---|---|
| DECLARE_UNIT_ID | 单位 ID | varchar | 32 | 主键 | |

续表

| 字段名 | 字段描述 | 数据类型 | 长度 | 主键 | 备注 |
|---|---|---|---|---|---|
| UNIT_NAME | 单位名称 | varchar | 100 | | |
| UNIT_ORGANIZATION_CODE | 统一社会信用代码 | | | | |
| UNIT_TYPE | 单位类型 | varchar | 2 | | 1 企业单位<br>2 科研院所<br>3 高等院校<br>4 政府机构<br>5 其他单位 |
| UNIT_CORPORATION | 法人代表 | varchar | 50 | | |
| LINKMAN | 联系人 | varchar | 50 | | |
| LINKMAN_MOBILE | 联系电话 | varchar | 32 | | |
| LINKMAN_EMAIL | 电子邮箱 | varchar | 50 | | |
| UNIT_ADDRESS | 单位地址 | varchar | 200 | | |
| UNIT_POSTAL_CODE | 单位邮编 | varchar | 8 | | |
| EMPLOYEE_TOTAL_NUM | 单位总人数 | int | | | |
| STATUS | 记录状态 | varchar | 1 | | A 正常状态<br>T 注销状态 |

③项目任务书信息表（T_PROJECT_CONTRACT）。项目任务书信息表存储项目考核任务相关的信息，包括项目任务书 ID、项目 ID、项目名称、项目编码、计划起止日期、主管处室等信息，如表 7-5 所示。

表 7-5 项目任务书信息表（T_PROJECT_CONTRACT）

| 字段名 | 字段描述 | 数据类型 | 长度 | 主键 | 备注 |
|---|---|---|---|---|---|
| PROJECT_CONTRACT_ID | 项目任务书 ID | varchar | 32 | 主键 | |
| PROJECT_ID | 项目 ID | varchar | 32 | | |
| PROJECT_NAME | 项目名称 | varchar | 100 | | |
| PROJECT_NUMBER | 项目编号 | varchar | 16 | | |
| MANAGE_UNIT_ID | 主管处室 ID | varchar | 32 | | |
| START_TIME | 项目起始日期 | datetime | | | |
| END_TIME | 项目结束日期 | datetime | | | |
| TARGET_AND_TASK | 目标与任务 | varchar | 4000 | | |

续表

| 字段名 | 字段描述 | 数据类型 | 长度 | 主键 | 备注 |
|---|---|---|---|---|---|
| YEAR_PLAN | 年度计划 | varchar | 2000 | | |
| OUTLAY_BUDGET | 经费预算 | varchar | 2000 | | |
| EXAMINATION_INDEX | 项目考核指标简述 | varchar | 4000 | | |
| ANTICIPATED_ACHIEVEMENT | 预期成果 | varchar | 4000 | | |
| SCIENTIFIC_REPORT_QUANTITY | 提交科技报告的份数 | int | | | |
| CONTRACT_STATUS | 任务书状态 | varchar | 1 | | |

### 7.6.9 软硬件环境

平台的开发和运行对计算机的软硬件环境有一定的要求，计算机软硬件资源对平台的开发效率和使用性能有重要影响。

（1）服务器端环境

1）软件要求

操作系统：Windows Server 2008/2012/2016，Linux；

数据库管理系统：SQL Server 2008/2012/2014/2016；

Web 应用服务器：Tomcat 7.0/8.0/8.5/9.0，WebLogic Server 11g/12c；

系统 JVM：JDK 1.8。

2）硬件要求

CPU：4 核以上；内存：8G 以上；硬盘：1T 以上；网卡：100M 以上。

（2）客户端环境

1）软件要求

操作系统：Windows 7/8/10；浏览器：IE9.0 以上。

2）硬件要求

CPU：2 核以上；内存：4G 以上；硬盘：200G 以上。

## 7.7 系统实现

### 7.7.1 功能描述

科技项目管理系统主要包括单位注册、子账户管理、项目信息填写、项目提交、项目上报、项目推荐、项目受理、下载申报书、项目评审、项目立项、填写任务书、任务书签署、项目验收等功能模块。

（1）申报单位注册

申报单位科研管理人员进入系统用户注册界面，阅读并同意《单位注册协议条例》，填写单位名称、单位类型、组织机构代码或统一社会信用代码、法人代表、联系人姓名、联系电话、传真、注册资本、成立日期、职工总数、研发人员数、单位地址、邮编等单位基本信息和登录名、密码、联系电话、手机、E-mail 等账号信息，完成申报单位账号注册。

（2）子账户管理

科研管理人员使用单位账号登录系统为科研人员分配子账号，并对所有子账号信息进行更新维护。

（3）项目信息填写

科研人员下载查阅申报指南，根据研究方向和研究性质，选择申报科技重大专项计划、重点研发计划、技术创新引导计划、创新基地和人才计划等专项计划的项目，填写项目名称、项目负责人、推荐单位、填报日期、单位名称、单位性质、组织机构代码或统一社会信用代码、法人代表、联系人姓名、联系电话、注册资本、成立日期、职工总数、研发人员数、单位地址、邮编、开户银行、户名、银行账号、其他参加单位信息、项目所属技术领域、计划起止日期、技术来源、项目活动类型、创新类型、预期技术水平（包括创新型、先进性、预期成果、预期技术标准制定）、预期知识产权（包括预期获国外发明专利、国内发明专利、项目现处阶段、是否产学研项目）、现有知识产权（包括已获发明专利、已获实用新型专利、正在申请发明专利数、正在申请实用新型专利数）、项目简介、考核指标简述、查重关键词、项目组成员信息（包括姓名、性别、身份证号、年龄、职称、最高学历、职务、手机、联系电话、E-mail、传真、项目分工）、计划投资总额（包括申请科技经费、自筹、贷款、其他）、科技计划经费预算明细、项目概述、项目目标与任务（包括项目确定的项目目标与任务需求分析、项目目标与任务解决的主要技术难点和问题分析）、现有工作基础与优势（包括国内外现有技术、知识产权和技术标准现状、项目申请单位和主要参与单位研究基础）、任务分解与考核指标（包括项目研究内容、技术路线、创新点、主要技术指标、主要经济、社会、环境效益、项目实施中可能形成的示范基地、中试线、人才队伍建设）、经费预算（包括项目总投资预算、各项任务经费分配及分年度经费需求、资金筹措方案及配套资金落实情况）、项目年度计划及年度目标、实施机制（包括项目的组织管理措施、项目参与单位的任务分工及国拨专项经费分配、产学研结合模式、知识产权与成果管理及权益分配）、项目风险分析及对策、附件清单、相关照片、相关视频等科技项目相关信息。

（4）项目提交

科研人员填写完项目信息，确认无误后提交至单位科研管理人员审核。项目提交后不可修改。

（5）项目上报

单位科研管理人员对科研人员提交的项目信息进行审核，审核通过上报至推荐单位；审核未通过则退回，科研人员根据审核意见修改后重新提交。

（6）项目推荐

推荐单位对科研单位上报的项目进行审核，审核通过推荐至项目主管处室；审核未通过则退回，科研人员根据审核意见修改后重新提交。

（7）项目受理

处室人员对推荐单位推荐的项目进行审核，审核通过进行会议评审或网上在线评审；审核未通过则退回，科研人员根据审核意见修改后重新提交。

（8）下载申报书

项目经处室人员审核通过后，科研人员在系统中下载申报书。

（9）项目评审

处室人员将待评审项目按研究领域进行分组，分组后将项目分送至 2~3 名评审专家进行评审，评审专家依据评审指标在线对项目进行打分并填写评审意见，评审结果可暂时保存，确认无误后提交评审结果，提交后不能再修改评审指标。全部评审专家提交评审结果后系统自动计算评审分数。

（10）项目立项

处室人员汇总项目评审结果，形成拟立项项目清单，并经相关会议讨论决定最终立项项目清单和各项目的支持经费。处室人员根据最终立项项目清单在系统中录入项目支持总经费和各个年度的项目经费、项目起止日期、项目的预期指标等立项信息。并分配立项批次，生成项目编号，通知承担单位填写任务书。

（11）填写任务书

科研人员收到立项通知和填写任务书通知，在系统中填写项目起止年限、提交科技报告份数、项目人员总人数、高中初级职称人员数、博硕学士人员数、项目所属技术领域、预期成果、预期知识产权、预期技术标准、目标与任务、项目人员信息、项目进度、项目经费预算明细等任务书相关信息。确认无误后将任务书逐级提交。

（12）任务书签署

处室人员对科研人员提交的项目任务书信息进行审核，审核通过则完成项目任务书签署；审核未通过则退回，科研人员根据审核意见修改后重新提交。

（13）项目验收

项目实施完成后，科研人员在系统中申请项目验收，填写验收申请提交时间、任务书规定的研究任务、考核目标及主要技术经济指标、项目执行情况评价（包括目标、任务完成情况、解决的关键技术、取得的重大科技成果、专利情况、获得的各种奖励情况、整体水平及配套性以及项目完成后建成的试验基地、中试线、生产线，人才培养等情况）、成果转化、产业化情况及所取得的直接效益和间接效益（经济、社会和环境效益）、成果推广应用前景的评价、经费决算和经费使用评价、组织管理经验（包括科技工作面向经济、社会发展、成果转化及产业化的经验）、主要成果（包括新产品、新技术、新工艺、新材料，获国外发明专利、国内发明专利，示范点、中试线、生产线，获国家级奖、省部级奖，培养博士后、博士、硕士，发表国际论文、国内论文）、应用情况（包括成果转让合同数、成果转让合同金额、已商品化成果数、实际应用成果数、已获综合经济效益）、直接经济效益（包括新增产值、新增利税、出口创汇）、项目经费决算信息等相关信息。

处室人员对科研人员提交的验收申请信息进行审核，审核通过，则组织专家对项目进行验收；审核未通过则退回，科研人员根据审核意见修改后重新提交。

验收申请审核通过后，科研人员下载验收证书，填写项目名称、项目编号、完成单位、组织验收单位、验收日期、项目负责人、联系电话、通信地址、邮编、项目主要完成人员信息、项目实施起止日期、任务书签订的研究内容、验收考核指标、项目完成考核指标情况简述及取得成果和应用情况、项目存在的技术问题或不足等信息，并打印验收证书。验收专家填写专家验收意见并签字，主持验收单位填写验收意见并盖章，组织验收单位填写验收意见并盖章。相关单位和验收专家组全部同意验收通过则完成项目验收。

### 7.7.2 业务处理流程

申报单位科研管理人员注册单位账号，并向科研人员分配子账号。科研人员使用子账号登录系统填写项目信息，填写完成提交单位科研管理人员审核。审核通过则上报至推荐单位；审核未通过则退回至科研人员，科研人员根据审核意见修改后重新提交。推荐单位审核上报的项目，审核通过推荐至主管处室，审核未通过则退回至申报单位。主管处室审核推荐的项目，审核通过则组织项目评审，审核未通过则退回至推荐单位。

主管处室将待评审的项目按研究领域进行分组，并根据项目领域在科技专家库遴选同行业的专家。主管处室通过短信平台征询评审专家是否同意参加评审，评审专家不同意参加评审则告知主管处室重新遴选专家，同意参加评审则告知主管处室发送网上评审的账号和动态口令。评审专家获取账号和动态口令进入系统对项目进行打分、填写评审意见，评审完成则提交评审结果，评审未完成则保存临时评审信息，可继续进行打分、填写评审意见。全部参评专家提交评审结果后，主管处室根据系统自动计算的评审分数对评审结果进行汇总。

科研人员完成项目任务中规定的研究内容，撰写验收材料，在线填写验收申请，填写完成提交至单位科研管理人员审核。审核通过则提交至推荐单位审核；审核未通过则退回至科研人员，科研人员根据审核意见修改后重新提交。推荐单位审核提交的验收申请，审核通过提交至主管处室，审核未通过则退回至申报单位。主管处室审核提交的验收申请，审核通过则组织项目验收，审核未通过则退回至推荐单位。主管处室组织对项目进行验收，验收专家组讨论形成验收意见，若同意通过验收则主管处室在验收证书签章，并逐级通知推荐单位、申报单位、科研人员项目通过验收，科研人员获得项目验收证书，项目验收完成；若不同意通过验收则逐级通知推荐单位、申报单位项目未通过验收，然后申报单位通知科研人员项目未通过验收并提出整改意见，科研人员根据整改意见重新申请项目验收或申请终止项目。

由于篇幅所限，图 7-11 给出了科技项目管理子系统的部分核心业务流程。

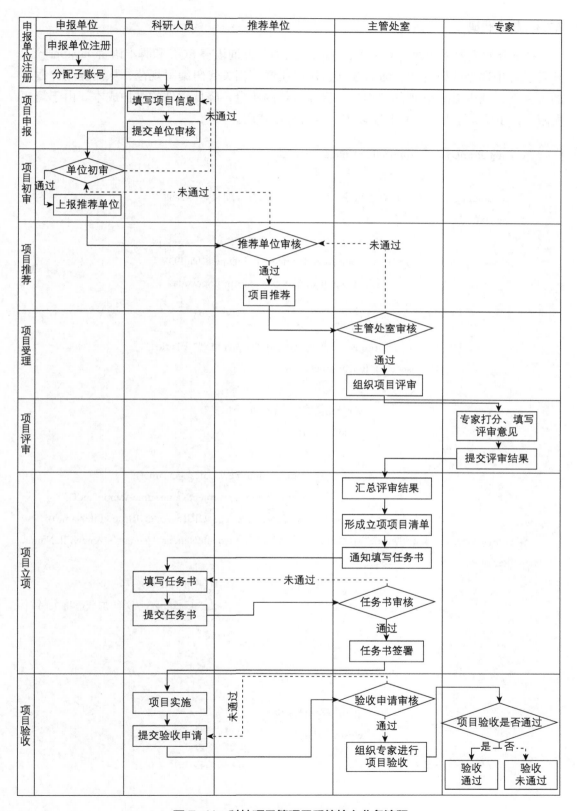

图 7-11 科技项目管理子系统核心业务流程

### 7.7.3 核心代码

系统开发主要采用面对对象语言 Java、结构化查询语言 SQL 和脚本语言 JavaScript。开发过程中遵循代码优化、命名规则、代码注释等相关代码编写规范，从而提高源程序的可读性，减少 Bug 处理的工作量，提高软件的质量，降低软件的维护成本。由于篇幅所限，以下给出下载项目申报书功能的部分核心代码。

```javascript
function downLoadPDF(projectId,planId,projectName)
{
    loadingPage(" 申报书正在生成中，请稍候 ...");// 打开加载等待页面
    $.ajax(
            {
                url:"CommonAction.do?method=doDownLoadPDF ",
                contentType:"application/x-www-form-urlencoded",
                type:"post",
                dataType:"json",
                data:{"projectId":""+projectId+"","planId":""+planId+""},
                success: function(data)
                {
                    var json=eval(data);
                    if(json!=null)
                    {
                        var timestamp=new Date().getTime();
                        var newFileName=projectName+timestamp+".pdf";
                        newFileName=encodeURI(encodeURI(newFileName));
$("#downLoadLink").attr("href","jsp/common/downloadFile.jsp?fileName="+json.url+"&newFileName="+newFileName);
                        $("a")[0].click();
                        closeLoading();// 关闭加载等待页面
                    }
                },
                error: function()
                {
                    alert(' 数据请求失败！ ');
                    closeLoading();
                }});}
```

### 7.7.4 实现界面展示

系统前端界面的开发采用开源 HTML5 前端框架 Bootstrap，界面简洁明了、美观大方，具有良好的用户体验。图 7-12 为重大科技专项计划项目信息填写界面。

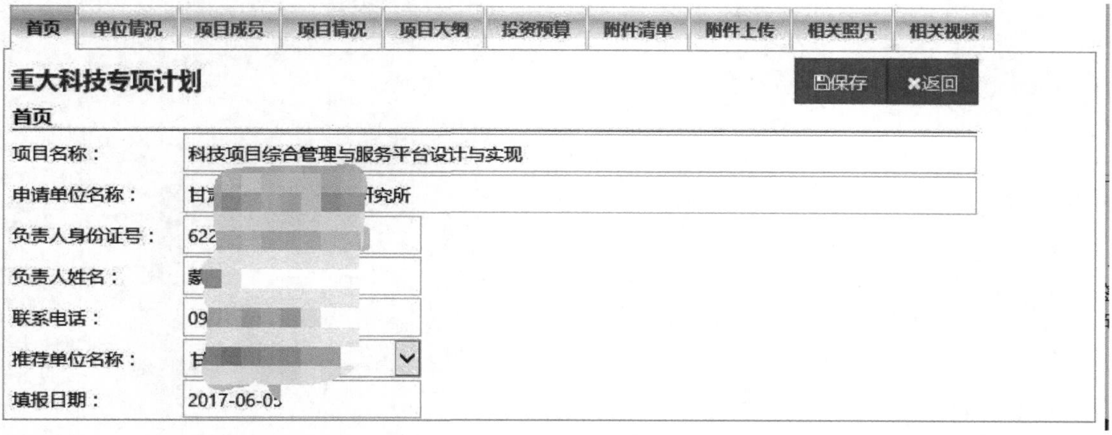

**图 7-12 重大科技专项计划项目信息填写界面**

重大科技专项计划项目信息录入界面分为首页、单位情况、项目成员、项目情况、项目大纲、投资预算、附件清单、附件上传、相关照片、相关视频 10 个标签页，每个标签页从不同角度描述了科技项目所包含的信息。科研人员在线填写项目信息并上报，单位科研管理人员、推荐单位、主管处室、评审专家等系统用户即可按权限查看浏览项目信息。

# 第八章 SSM 框架实战项目之二：科技报告管理系统

## 8.1 系统简介

科技报告作为一种全面记录科研人员从事技术研发中的内容过程与成败经验的特种文献，要求能够如实、完整、及时地描述科研的基本原理、方法、技术、工艺和过程等，以便科技工程人员之间、政府部门之间快速交流和共享最新的前沿技术和核心研究结果。

科技报告主要围绕研究对象、研究过程、研究方法和研究结果等进行描述。包括研究的数据、图表等详细内容，通过科技报告可以重现研究过程。不仅包括成功的经验也包括失败的教训。

在数字化时代，开发建设功能完善、流程规范的科技报告管理系统，实现科技报告的数字化产生、网络化呈交、电子版保存、计算机存储，实行科技报告的编写、呈交、收集、管理和交流共享的一体化集成管理，为科技报告的有效管理提供良好的技术支撑和管理平台。

## 8.2 系统设计

科技报告管理系统的建设需要立足国家科技报告制度建设的重大需求，根据国家科技报告制度管理框架、机制和流程，构建集科技报告模板化编写和网络化呈交、质量控制和评价、知识化加工和整合发布和科技报告共享服务为一体的通用化、集成化管理平台，为部门和地方科技报告管理提供技术支撑和一体化解决方案，实现科技报告制度建设的网络化、数字化和集成化管理，确保科技报告工作的有序推进和可持续发展。

### 8.2.1 系统功能设计

科技报告管理系统以科技报告业务一体化管理为需求，实现对科技报告的一站式信息化管理，主要包括科技报告撰写、科技报告呈交、科技报告审核、科技报告发布共享、科技报告检索、打印收录证书、科技报告统计分析、用户管理、系统管理等功能模块。科技报告管理系统的功能结构如图 8-1 所示。

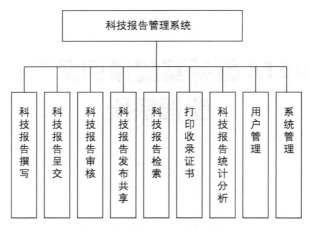

图 8-1 科技报告系统的功能结构

### 8.2.2 系统权限设计

基于 RBAC 权限管理模型，根据系统用户的角色不同，将用户分为专业技术人员、管理人员、社会公众用户和系统管理员。用户和系统功能权限对应关系如表 8-1 所示。

表 8-1 用户和系统功能权限对应关系

| 用户类别 | 功能模块 |
| --- | --- |
| 专业技术人员 | 用户注册、科技报告撰写、科技报告呈交、科技报告检索、科技报告浏览 |
| 管理人员 | 科技报告审核、科技报告发布共享、科技报告检索、科技报告浏览 |
| 社会公众用户 | 科技报告检索、科技报告浏览 |
| 系统管理员 | 用户管理、系统权限管理、短信平台管理 |

### 8.2.3 责任主体划分

科技报告体系建设相关责任主体包括科技管理部门、科技报告管理服务单位、科研人员、项目承担单位、社会公众。

科技管理部门是科技报告体系形成的组织主体，布置科技报告的撰写任务，强制呈交科技报告。科技报告管理服务单位是科技报告的管理主体，负责接收、加工、保存，推动科技报告交流共享，提供平台和技术支持。科研人员是科技报告形成的核心主体，既是科技报告的撰写者，又是科技报告主要使用人。项目承担单位是科技报告形成的责任主体，督促科研人员撰写科技报告、审查科技报告密级。社会公众是科技报告的监督主体，科技报告作为政府公共财政投入的产出成果，理应接受社会公众的监督，使其了解政府公共投入效果。

### 8.2.4 业务流程设计

专业技术人员根据项目实施情况，在系统中填写科技报告（最终报告、进展报告、专题报告或立项报告），填写完成后提交至科技报告管理中心审核。科技报告审核通过则打印收录证书，若科技报告可公开，则对外发布科技报告；审核未通过则退回，专业技术人员根据审批意见修改后重新提交。科技报告管理系统业务处理流程如图8-2所示。

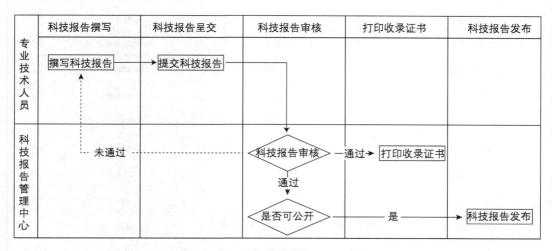

**图 8-2　科技报告管理系统业务处理流程**

### 8.2.5 数据库设计

（1）科技报告表（stis_project_tech_report），包括项目ID、报表编号、表单模板ID、报告数据、入库状态等信息，如表8-2所示。

**表 8-2　科技报告表（stis_project_tech_report）**

| 字段名 | 字段描述 | 数据类型 | 长度 |
| --- | --- | --- | --- |
| id | 主键 | varchar | 64 |
| project_id | 项目ID | varchar | 64 |
| stis_year | 业务年度 | int | |
| submit_person_id | 项目负责人ID | varchar | 64 |
| submit_person_name | 项目负责人姓名 | varchar | 100 |
| submit_org_id | 申报单位ID | varchar | 64 |
| submit_org_name | 申报单位名称 | varchar | 100 |
| report_number | 报表编号 | varchar | 50 |

续表

| 字段名 | 字段描述 | 数据类型 | 长度 |
| --- | --- | --- | --- |
| form_tpl_id | 表单模板 ID | varchar | 64 |
| form_data | 报告数据 | json | |
| report_status | 报告状态 | varchar | 30 |
| create_by | 创建者 | varchar | 64 |
| create_dept | 创建部门 | varchar | 64 |
| create_time | 创建时间 | datetime | |
| update_by | 更新者 | varchar | 64 |
| update_time | 更新时间 | datetime | |
| update_ip | 更新 IP | varchar | 100 |
| remark | 备注 | varchar | 10 |
| version | 版本 | int | |
| del_flag | 删除标志（0 代表存在 1 代表删除） | char | 1 |
| title_zh | 报告名称 | varchar | 1000 |
| submit_time | 申报人提交时间 | datetime | |
| process_status | 状态（00 未填写 01 填写中 02 待提交审核系统 03 审核中 04 通过 05 退回修改） | varchar | 30 |
| report_type | 报告类型 | varchar | 30 |
| third_warehousing_status | 入库状态（001 入库成功。002 报告下载失败。003 重复报告。004 非退回报告） | char | 3 |
| third_system_status | 科技报告审批系统状态（0：待改写；1：改写中；2：审核中；3：审核完成；4：退回中） | char | 3 |
| third_task_no | 科技报告审批系统任务单号 | varchar | 64 |
| third_pre_task_no | 退回重新提交：上次科技报告审批系统任务单号 | varchar | 64 |
| pdf_desc_data | PDF 描述数据（包括文件状态、文件 ID、版本号、生成时间等） | json | |

（2）科技报告呈交日志表（stis_project_tech_report_submit_log），包括科技报告 xml、创建人、创建时间、版本号等信息，如表 8-3 所示。

表 8-3 科技报告呈交日志表（stis_project_tech_report_submit_log）

| 字段名 | 字段描述 | 数据类型 | 长度 |
| --- | --- | --- | --- |
| id | 主键 | varchar | 64 |
| submit_xml | 科技报告 xml | longtext | |
| return_update_status | 更新状态 | varchar | 2000 |
| tech_report_ids | 科技报告主键 | varchar | 4000 |
| create_time | 创建时间 | datetime | |
| create_by | 创建人 | varchar | 64 |
| create_dept | 创建部门 | varchar | 64 |
| update_by | 更新者 | varchar | 64 |
| update_time | 更新时间 | datetime | |
| update_ip | 更新 ID | varchar | 100 |
| remark | 备注 | varchar | 100 |
| version | 版本号 | int | |
| del_flag | 删除状态 | char | 1 |

（3）科技报告退回日志表（stis_project_tech_report_return_log），包括科技报告 xml 数据，更新状态等信息，如表 8-4 所示。

表 8-4 科技报告退回日志表（stis_project_tech_report_return_log）

| 字段名 | 字段描述 | 数据类型 | 长度 |
| --- | --- | --- | --- |
| id | 主键 | varchar | 64 |
| return_xml | 科技报告 xml | longtext | |
| return_update_status | 更新状态 | varchar | 2000 |
| tech_report_ids | 科技报告主键 | varchar | 4000 |
| create_time | 创建时间 | datetime | |

## 8.3 系统实现

### 8.3.1 科技报告撰写

专业技术人员根据项目的研究进展情况，在系统中填写科技报告（包括最终报告、进展报告、专题报告、立项报告)。科技报告主要信息主要包括报告中文名称、英文名称、编号、所属计划、报告类型、使用范围、密级、报告编号、编制单位、编制时间、报告作者、中文摘要、英文摘要、中文关键词、英文关键词、备注、项目（课题）名称、主管部门、项目（课题）编号、科技领域、承担单位、合作单位、总经费、国拨经费、负责人、起止日期、联系人、联系电话、E-mail、正文部分（包括引言部分、主体部分、结论部分）。

一份完整的科技报告由前置部分、正文部分和结尾部分组成。前置部分包括封面、基本信息表、摘要、目录、插图和附表清单，正文部分包括引言部分、主体部分、结论部分和参考文献，结尾部分包括附录等。

科技报告填写页面如图 8-3 所示。

图 8-3　科技报告填写页面

### 8.3.2 科技报告呈交

专业技术人员根据科技报告填写说明和报告正文模板要求,填写完成科技报告信息,并上传科技报告呈交承诺书,提交至科技报告管理中心进行审核。

科技报告的撰写应遵守科技报告编写规则。科技报告编写规则主要是对科技报告的结构、构成要素、编写及编排格式等进行规定,确保科技报告结构规范、段落清晰、格式统一,便于收集、管理和用户检索查询。

### 8.3.3 科技报告审核

科技报告管理中心对提交的科技报告内容和格式进行审核,审核通过则进行发布;审核未通过则退回,科研人员根据审核意见修改后重新提交。

科技报告虽不需要同行评议,但需要进行多级严格审核。科技报告由课题负责人组织科研人员按照标准格式撰写,并进行内容把关,标注使用级别或提出密级建议。非涉密项目(课题)产生的科技报告如涉及国家安全等相关内容,应进行脱密处理。项目(课题)承担单位在呈交之前应对科技报告进行全面审核,包括格式审核、内容审核和密级审核。项目管理部门审核科技报告内容是否覆盖课题任务内容;对涉密项目(课题)科技报告的密级和保密期限建议进行审核。科技报告管理服务单位对其格式进行审核,确认是否合格,对于不合格的科技报告,应退回呈交单位修改。

科技报告的审核内容主要包括格式审核、内容审核和密级审核。格式审查主要依据《科技报告编写规则》的有关要求,检查各部分的必备要素是否完备,各数据项的填写是否准确、完整、一致。按照《科技报告编号规则》(GB/T 15416—2014)的有关规定赋予科技报告编号。内容审查主要是从专业读者的角度,对科技报告的论述是否清晰、系统、完整、可读等进行分析评判。例如,对于试验报告,要审查这类报告是否包含了试验条件、试验设备、试验数据及相应的结果分析等关键内容,描述是否有参考利用价值等。密级审查主要是审查科技报告的密级设置是否合理,确保对科技报告中涉及的技术秘密、商业秘密、专利等知识产权信息进行了标记和适当的处理,确保对科技报告的使用范围等进行了合理的设定。以在保证国家对核心技术资源的知情权和合理控制权的同时,保护项目承担单位和科研人员的合法权益。

### 8.3.4 科技报告检索

科技报告管理中心、专业技术人员可在权限范围内,根据项目编号、项目类别、项目名称、项目负责人、承担单位、报告名称等信息检索查询的相关科技报告及全文信息。科技报告检索页面如图 8-4 所示。

图 8-4 科技报告检索页面

### 8.3.5 科技报告发布

科技报告管理中心将通过审核且可公开的科技报告进行发布共享。科技报告将采取"分级管理、授权使用"的方式进行使用管理。通过科技报告共享服务平台，实现公开科技报告的开放共享和受限科技报告的授权使用。对于公开科技报告全文，以及使用范围为"延迟公开"的科技报告的摘要等元数据信息，将在共享服务平台上向全社会开放。对于使用范围为"延迟公开"的科技报告，延迟期内将分级分领域向科学技术部计划管理人员、相关组织部门及计划管理专家公开，或经报告撰写单位授权公开进行受限查询使用。

### 8.3.6 打印科技报告收录证书

科技报告审核通过后，系统自动生成电子版科技报告收录证书。科技报告编制作者可在线打印科技报告收录证书。科技报告收录证书如图 8-5 所示。

图 8-5 科技报告收录证书

## 8.4 核心代码

由于篇幅所限，科技报告申请功能的部分核心代码如下。

```
/**
 * 科技报告填写模板渲染 controller
 */
@GetMapping(value = "/form/{id}")
public AjaxResult getForm(@PathVariable String id) {
    StisProjectTechReport report = stisProjectTechReportService.get(id);
    StisProject project = stisProjectService.get(report.getProjectId());
    Map<String, Object> variables = new HashMap<>(8);
    variables.put("project", JsonUtil.convertToMap(project));
    variables.put("contract", JsonUtil.convertToMap(stisProjectContractService.get(project.getContractId())));
    if (StringUtils.isEmpty(report.getFormTplId())) {
        AjaxResult form = stisCategoryService.getForm(report.getSubmitOrgId(), report.getCategoryId(), CategoryTemplateType.PROJECT_TECH_REPORT.getCode(), variables);
        ((Map)form.get("formData")).put("reportType", ProjectTechReportType.of(report.getReportType()).getDesc());
        return form;
    } else {
```

```java
        boolean refresh = ServletUtils.getParameterToBool("refresh", false);
        if (refresh) {
            String formTplId = stisCategoryService.refreshForm(CategoryTemplateType.PROJECT_TECH_REPORT, report.getCategoryId(), report.getSubmitPersonId(), report.getSubmitOrgId(), report.getFormData(), variables);
            if (StringUtils.isNotEmpty(formTplId)) {
                report.setFormTplId(formTplId);
            }
            report.getFormData().put("reportType", ProjectTechReportType.of(report.getReportType()).getDesc());
        }
        return AjaxResult
            .success(stisFormTemplateService.get(report.getFormTplId()).getFormConfig())
            .put("formTplId", report.getFormTplId())
            .put("formData", report.getFormData());
    }
}
/**
 * 获科技报告填写模板渲染 service
 * @param orgId 部门 id
 * @param categoryId 类别 id
 * @param templateType 模板类型
 * @param variables 数据变量
 * @return 结果
 */
@Override
public AjaxResult getForm(String orgId, String categoryId, String templateType, Map<String, Object> variables) {
    StisCategoryTemplate categoryTemplate = getTemplate(categoryId, templateType);
    if (categoryTemplate == null) {
        throw new BizException(" 暂未开通该业务 ");
    }
    String formTplId = categoryTemplate.getFormTplId();
    if (!BaseEntity.STATUS_NORMAL.equals(categoryTemplate.getStatus()) || StringUtils.isEmpty(formTplId)) {
        throw new BizException(" 暂未开通该业务 ");
    }
    StisFormTemplate stisFormTemplate = stisFormTemplateService.get(formTplId);
```

```java
if (stisFormTemplate == null) {
    throw new BizException(" 暂未开通该业务 ");
}

SocietyOrganization organization = societyOrganizationService.get(orgId);
SocietyPerson person = societyPersonService.get(SecurityUtils.getUserId());
StisCategory category = super.get(categoryId);

ObjectMapper mapper = new ObjectMapper();
mapper.setTimeZone(TimeZone.getDefault());

JSONObject formData = new JSONObject();
variables.put("form", formData);
variables.put("org", mapper.convertValue(organization, HashMap.class));
variables.put("person", mapper.convertValue(person, HashMap.class));
variables.put("category", mapper.convertValue(category, HashMap.class));
List<StisCategoryTemplateScriptDTO> formScriptConfig = categoryTemplate.getFormScriptConfig();
formScriptConfig.forEach(scriptConfig -> {
    String script = scriptConfig.getScript();
    if (StringUtils.isEmpty(script)) {
        return;
    }
    switch (scriptConfig.getLifeCycle()) {
        case FORM_CREATED:
            scriptContext.execute(script, variables);
            break;
        default:
            break;
    }
});

return AjaxResult
    .success(stisFormTemplate.getFormConfig())
    .put("formTplId", stisFormTemplate.getId())
    .put("formData", formData);
}
```

# 第九章 SSM 框架实战项目之三：科技专家库管理信息系统

## 9.1 系统简介

科技专家库管理信息系统基于 Spring+SpringMVC+MyBatis 轻量级复合框架，采用 Apache Shiro、Thymeleaf 等技术对科技专家进行统一管理。本系统是完全响应式布局，支持计算机、手机等多设备登录。完善的 XSS 防范及脚本过滤，杜绝 XSS 攻击，使得该系统更加安全可靠。采用 Apache Shiro 技术，支持按钮及数据权限，使得各个角色同一页面拥有不同权限。将各行业、各部门专家纳入库中统一管理。打破地域、行业垄断，构建网络互连、信息共享、安全可靠的科技专家库管理系统，使得工作效率极大提高，从而节省人力、方便管理。

## 9.2 系统设计

### 9.2.1 系统功能设计

本系统主要有用户管理、角色管理、专家账号管理、专家信息维护、专家审核、专家使用查询、专家使用统计等功能模块。

①用户管理模块实现了对用户进行信息查询、重置密码等功能。若为系统管理员可添加、修改、删除角色为专家管理员、专家库使用用户的登录账号等用户信息。

②角色管理模块实现了角色删除、添加、权限修改、对应角色分配用户等功能。

③专家账号管理模块实现了新增专家账号、修改专家账号等功能。

④专家信息维护模块实现了专家信息修改、入库等功能。专家信息维护包括姓名、证件照片、所在单位、从事专业、熟悉学科等信息。

⑤专家信息审核模块实现了对专家信息查看、入库、退回等功能模块。

⑥专家使用查询模块针对角色为专家库使用用户，主要实现了库中所有专家查询、详细信息查看等功能。

⑦专家使用统计模块实现了对专家使用用途进行统计。

科技专家库系统功能结构如图 9-1 所示。

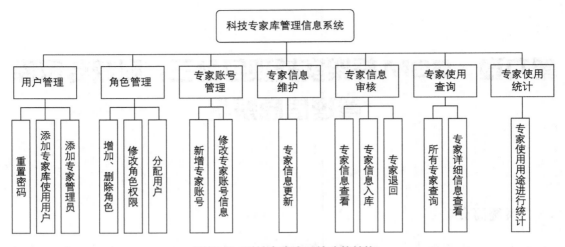

图 9-1 科技专家库系统功能结构

## 9.2.2 业务流程

（1）科技专家业务流程

科技专家登录系统，完善相关信息，完成后提交信息，若审核通过则专家入库否则退回，专家根据退回意见重新修改信息后再提交。科技专家业务流程如图 9-2 所示。

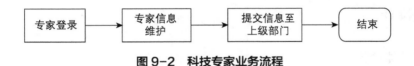

图 9-2 科技专家业务流程

（2）单位管理员业务流程

单位管理员登录系统查看本单位专家信息，若专家信息符合专家库入库规则提交至上级部门审核，否则填写审核意见并退回至专家。单位管理员业务流程如图 9-3 所示。

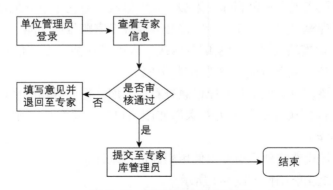

图 9-3 单位管理员业务流程

（3）专家库管理员业务流程

专家库管理员登录系统查看本单位专家信息，若专家信息符合入库要求则入库，否则填写审核意见并退回至专家。专家库管理员业务流程如图 9-4 所示。

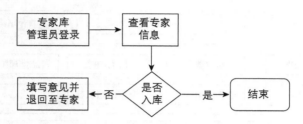

图 9-4　专家库管理员业务流程

（4）专家使用用户业务流程

专家使用用户登录系统筛选所需专家，若选中专家说明使用用途后可查看专家详细信息。专家库使用用户业务流程如图 9-5 所示。

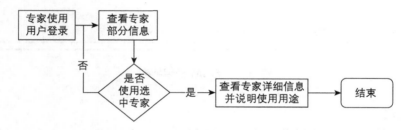

图 9-5　专家使用用户业务流程

### 9.2.3　系统架构

系统采用 Spring+SpringMVC+MyBatis 框架，框架设计方面采用分层的思想，并为各层次的支持提供一个整合框架的策略，以隔离各层次间的依赖性，便于系统扩充。SSM 架构从总体上分为 4 个逻辑层，自顶向下依次是视图层、业务层、持久层和数据源层。SSM 框架结构如图 9-6 所示。

（1）视图层

完成与用户的交互功能，负责传送客户请求，接收系统响应，显示处理结果。主要由 HTML 代码、Bootstrap 框架和 Thymeleaf 标签组成，属应用系统的前端界面部分。

（2）业务层

负责处理用户请求的业务逻辑。业务层采用 Spring 具有控制反转（IoC）特性，它通过配置 XML 文件进行各层间的交互，为表示层提供业务模型组件。业务模型组件通过调用持久层（数据访问对象）操纵数据库，完成业务逻辑。IoC 还提供事务处理、缓冲池等容器组件，提升系统性能，保证数据的完整性。

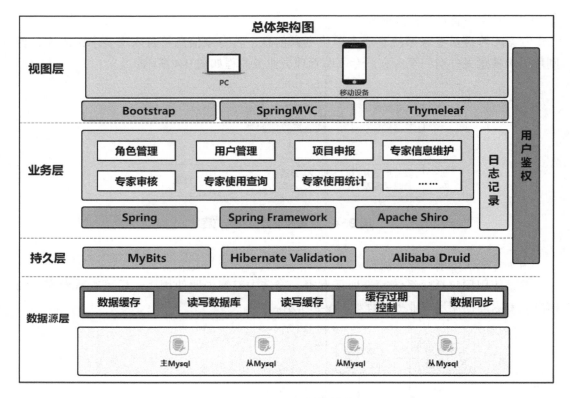

图 9-6　SSM 框架结构

（3）持久层

主要实现对数据库的操作。MyBits 框架工作在持久层，MyBits 通过调用 SQL Map，完成对数据库的操作，实现业务层的调用。MyBits SQL Map 使用 XML 描述符将 JavaBeans 等映射到 SQL 语句，通过 JDBC 实现与底层关系数据库的交互。

（4）数据源层

由关系型数据库系统（）如 Mysql、Oracle 等构成数据源层。集成后的框架具备了两种框架的技术优势，SpringBoot 的控制反转机制，以及 MyBits 的 SQL Map 映射机制融合在一起。

### 9.2.4　设计原则

设计遵循以下原则。

①实用性原则。这是所有应用软件设计最基本的原则，直接衡量系统的成败，每一个系统都应该是实用的，能解决工作中的实际问题。

②适应性和可扩展性原则。系统具备一定的适应能力，特别是 Web 应用要能适应于多种运行环境，来应对未来变化的环境和需求。可扩展性主要体现在系统易于扩展，如可以采用分布式设计、系统结构模块化设计，系统架构可以根据网络环境和用户的访问量而适时调整，从某种程度上说，这也是系统的适应性。

③可靠性原则。系统的可靠性是指在出现异常的时候，应该有人性化的异常信息方便用户理解原因，或采取适当的应对方案，在设计业务量比较大的时候，可采用先进的嵌入式技术来保证业务的流畅运行。

④可维护性和可管理性原则。Web 系统应该有一个完善的管理机制，而可维护性和可管理性是重要的两个指标。

⑤安全性原则。现在的计算机病毒几乎都来自网络，Web 应用采用 5 层安全体系，即网络层安全、系统安全、用户安全、用户程序安全和数据安全。系统必须具备高可靠性，对使用信息进行严格的权限管理。技术上，应采用严格的安全与保密措施，保证系统的可靠性、保密性和数据的一致性等。

⑥总体规划、分层实施原则。基于 J2EE 技术的应用系统是一个融合了多元信息的集成系统，现在一般都采用分层开发：视图层、业务逻辑层、持久层、数据访问层等，在适应系统需求的准则下，设计低耦合的分层结构，利于团队成员的分工协作，提高开发效率，降低项目风险，实现各个模块的功能设计，完成整个系统的开发。

## 9.3 系统实现

### 9.3.1 系统功能

（1）单位管理员注册

若单位在此系统中没有账号则注册账号，注意项目申报人和单位二级部门账号由单位管理员分配，无须注册。单位管理员注册界面如图 9-7 所示。

图 9-7 单位管理员注册界面

### （2）系统管理

1）用户管理

若用户类型为系统管理员，登录进入页面后可创建角色为专家库管理员和专家库使用用户的账号，并能重置密码、修改账号信息。系统管理员用户管理界面如图9-8所示。

**图9-8　系统管理员用户管理界面**

若用户类型为单位管理员（二级部门管理员），登录进入页面后可对本单位（本部门）用户账号进行密码重置操作。单位管理员用户管理界面如图9-9所示。

**图9-9　单位管理员用户管理界面**

2）角色管理

若用户类型为系统管理员，登录进入页面后可对其进行角色菜单权限分配、设置角色按机构进行数据范围权限划分等操作。角色管理界面如图 9-10 所示。

图 9-10　角色管理界面

3）专家账号管理

若用户类型为单位管理员（二级本门管理员），登录进入页面后可创建角色为专家用户的本单位（本部门）专家账号，并可修改账号信息。专家账号管理界面如图 9-11 所示。

图 9-11　专家账号管理界面

4）部门管理

若用户类型为单位管理员，登录进入页面后可创建本单位的部门。部门管理界面如图 9-12 所示。

图 9-12　部门管理界面

（3）专家管理

1）专家信息维护

若用户类型为专家用户登录进入页面，若当前状态为保存或退回，完善个人信息后提交；若当前状态为入库，可修改维护个人信息无须再次提交。专家信息维护界面如图 9-13 所示。

图 9-13　专家信息维护界面

2）专家审核

若用户类型为单位管理员、二级部门管理员或专家库管理员。登录进入页面，若专家审核列表有待审核的专家即可查看专家信息进行审核，若信息符合入库规则，则入库；若不符合入库规则，则填写审核意见并退回。专家审核界面如图 9-14 所示。

图 9-14　专家审核界面

3）专家查询

若用户类型为单位管理员（二级部门管理员），登录进入页面可查询本单位（本部门）所有专家相关信息；若用户类型为专家库管理员，登录进入页面可查询本单位（本部门）所有入库专家相关信息。专家查询界面如图 9-15 所示。

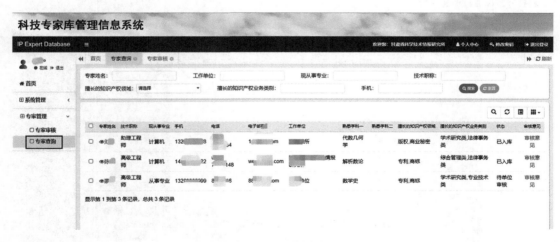

图 9-15　专家查询界面

4）专家使用查询

若用户类型为专家使用用户，登录界面后可查看专家部分信息。专家使用查询界面如图 9-16 所示。

图 9-16　专家使用查询界面

5）专家使用统计

若用户类型为单位管理员，登录进入页面可查看专家使用用途。专家使用用途界面如图 9-17 所示。

图 9-17　专家使用用途录入界面

### 9.3.2 开发环境

开发工具采用丰富的 J2EE 集成开发环境 IntelliJ IDEA 2021.1，使用 Sybase PowerDesigner 15.0 建模工具进行系统建模。采用 TortoiseSVN 负责项目文件管理和源代码版本控制。

## 9.4 系统安全

（1）系统设计安全

在服务器端正式处理数据之前对其进行合法性检查，替换或删除敏感字符、字符串，封装客户端提交信息及对出错信息进行屏蔽处理，有效防范了 SQL 注入攻击和跨站攻击（XSS）。

（2）系统环境安全

把 Web 应用服务器和数据库服务器置于 DMZ 区，并在 DMZ 区和防火墙之间配置了代理缓存服务器，所有用户对系统的访问都经过代理缓存服务器，没有访问到真实的主机，避免了主机的暴露，保证了主机的安全。另外，通过配置防火墙策略，禁用不需要开放的端口，进一步保证了系统的安全。

## 9.5 系统部署

服务器操作系统采用 Linux，Web 应用服务器采用 Apache Tomcat 9.0.50，采用 Mysql 8.0.26 作为系统的据库服务器。系统的部署如图 9-18 所示。

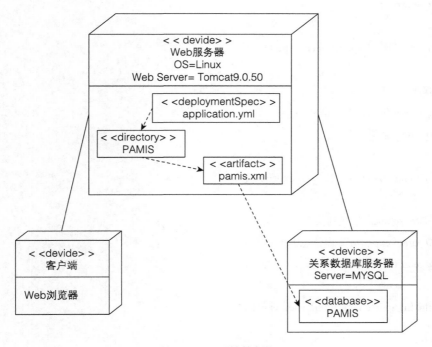

图 9-18 系统的部署

## 9.6 核心代码

由于篇幅所限，以下给出科技专家库管理信息系统业务逻辑层接口部分的核心代码。

```java
public interface IExpertService
{
    /**
     * 查询专家信息列
     * @param expertId 专家信息列 ID
     * @return 专家信息列
     */
    public Expert selectExpertById(Long expertId);
    /**
     * 查询专家信息列列表
     * @param expert 专家信息列
     * @return 专家信息列集合
     */
    public List<Expert> selectExpertList(Expert expert);
    /**
     * 新增专家信息列
     * @param expert 专家信息列
     * @return 结果
     */
    public int insertExpert(Expert expert);
    /**
     * 修改专家信息列
     * @param Expert 专家信息列
     * @return 结果
     */
    public int updateExpert(Expert expert);
    /**
     * 修改专家状态信息列信息
     * @param expertId 专家信息列 ID
     * @return 结果
     */
    public int updateStateById(Expert expert);
    /**
```

     * 批量删除专家信息列
     * @param ids 需要删除的数据 ID
     * @return 结果
     */
    public int deleteExpertByIds(String ids);
    /**
     * 删除专家信息列信息
     * @param expertId 专家信息列 ID
     * @return 结果
     */
    public int deleteExpertById(Long expertId);
    /**
     * 查询专家更新日期
     * @param expertId 专家信息列 ID
     * @return 专家信息列
     */
    public Date selectUpdateTimeById(Long expertId);
}
public interface IExpertStatisticService {
    /**
     * 查询专家总人数
     * @param expertState 专家状态
     * @return 结果
     */
    public int selectExpertTotal(Expert expert);

    /**
     * 查询专家使用情况总人数
     * @param expertState 专家使用总数
     * @return 结果
     */
    public int selectExpertUsageTotal();

    /**
     * 根据 id 查询专家信息
     * @param expertId 专家 id

```java
     * @return 结果
     */
    public String selectExpertStateById(Long expertId);
}
public interface IExpertUsageService
{
    /**
     * 根据使用 id 查询专家使用信息
     * @param usageId 使用 id
     * @return 专家使用信息
     */
    public ExpertUsage selectExpertUsageById(Long usageId);
    /**
     * 查询专家使用信息列表
     * @param expertUsage 专家使用
     * @return 专家使用信息集合
     */
    public List<ExpertUsage> selectExpertUsageList(ExpertUsage expertUsage);
    /**
     * 新增专家使用
     * @param expertUsage 专家使用信息
     * @return 结果
     */
    public int insertExpertUsage(ExpertUsage expertUsage);
    /**
     * 修改专家使用信息
     * @param expertUsage 使用信息
     * @return 结果
     */
    public int updateExpertUsage(ExpertUsage expertUsage);
    /**
     * 批量删除专家使用信息
     * @param ids 需要删除的数据 ID
     * @return 结果
     */
    public int deleteExpertUsageByIds(String ids);
```

```java
/**
 * 删除专家使用信息
 * @param usageId 使用 ID
 * @return 结果
 */
public int deleteExpertUsageById(Long usageId);
}
```

# 参考文献

[1] 陈学明. Spring+SpringMVC+MyBatis 整合开发实战 [M]. 北京：机械工业出版社，2020.

[2] 江荣波. MyBatis 3 源码深度解析 [M]. 北京：清华大学出版社，2019.

[3] 段鹏松，曹仰杰. 轻量级 Java Web 整合开发 [M]. 北京：清华大学出版社，2020.

[4] 李刚. Spring+Mybatis 企业应用实战 [M]. 北京：电子工业出版社，2017.

[5] 缪勇，施俊. Spring+SpringMVC+MyBatis 框架技术精讲与整合案例 [M]. 北京：清华大学出版社，2019.

[6] 陈浩翔，厉森彪，石雷. SSM（SpringMVC+Spring+MyBatis）源码深入解析与企业项目实战 [M]. 北京：中国水利水电出版社，2023.

[7] 黄文毅. Web 轻量级框架 Spring+SpringMVC+MyBatis 整合开发实战 [M]. 北京：清华大学出版社，2020.

[8] 蒙杰. 科技项目综合管理服务平台的设计与实现 [D]. 兰州：兰州大学，2017.

[9] 罗果. 企业级 Java EE 架构设计精深实践 [M]. 北京：清华大学出版社，2016.

[10] 郑阿奇. Java EE 基础实用教程 [M]. 北京：电子工业出版社，2019.

[11] 刘增辉. MyBatis 从入门到精通 [M]. 北京：电子工业出版社，2017.

[12] 徐郡明. MyBatis 技术内幕 [M]. 北京：电子工业出版社，2017.

[13] 李刚. 轻量级 Java Web 企业应用实战 SpringMvc+Spring+MyBatis 整合 [M]. 北京：电子工业出版社，2020.

[14] 王福强. SpringBoot 揭秘：快速构建微服务体系 [M]. 北京：机械工业出版社，2016.

[15] 李兴华. Java 微服务架构实战 [M]. 北京：清华大学出版社，2019.

[16] 丁振凡. Spring 与 Spring Boot 实战 [M]. 北京：中国水利水电出版社，2021.

[17] 柳伟卫. Spring Boot 2.0 企业级应用开发实战 [M]. 北京：北京大学出版社，2018.

[18] BRUCE E. Java 编程思想 [M]. 北京：机械工业出版社，2007.

[19] 晁鹏飞. Spring Cloud 微服务快速上手 [M]. 北京：清华大学出版社，2022.

[20] 朱建昕. Spring Boot+Vue 开发实战 [M]. 北京：电子工业出版社，2022.